제어공학

김상길 저

도서출판 태영문화사

머리말

자동제어는 현대 산업 사회의 모든 생활 주변에서 필수적인 요소로 적용되고 있다. 산업 현장에서 제품을 생산하는 공장에서의 자동화는 생산 제품의 품질 향상, 생산성의 향상, 작업 인력의 감소 등의 원가 절감에 크게 기여하여 제품 생산의 경제성을 높이고 있다. 자동제어 장치는 가정용 전기기기에서부터 대규모 산업기기에 이르기까지 여러 공학 분야에 널리 이용되어 효율적이고 안정된 생산관리가 이루어지고 있다.

자동제어는 이론적으로나 실제 응용에서도 공학계의 어느 특정한 분야가 아니고 전기·전자산업, 자동차의 전자화 시스템, 화학 공업, 전력의 생산 및 계측, 정보통신 산업, 우주 항공 산업, 로봇 제어 시스템, 미사일 제어 등의 현대 병기 산업 등 첨단산업 및 일상생활에서의 자동제어에 대한 비중은 과히 놀랄 만큼 중요한 자리에 있다. 이러한 산업분야의 발전에 적응하기 위해서 제어공학의 기초이론에서부터 응용에 이르기까지 폭넓게 현대적 이론과 기법을 익혀야 한다.

따라서 제어 시스템의 기본 요소와 동작 원리 및 특성의 이해를 돕고 응용 능력을 배양하는데 도움이 될 수 있도록 다음과 같이 집필하였다.

첫째. 예제와 연습문제를 활용하여 제어이론을 기초부터 응용에 이르기까지 체계적으로 이해할 수 있도록 하였다.

둘째. 자동제어 이론을 이해하는데 도움이 되도록 예제 문제와 연습 문제의 해설을 수록하였다.

셋째. 제어 시스템의 활용력을 높일 수 있도록 시퀀스제어 실용 분야를 수록하였다.

본 서가 대학교재와 현장 실무자에게도 좋은 지침서가 되었으면 하는 바람이며, 내용에 충실하려고 노력을 하였지만 부족하고 미비한 점이 많이 있을 것으로 생각되지만 이점은 계속 수정 보완할 것을 약속드리며 끝으로 이 책이 출판되도록 기획에서부터 출판까지 수고하신 도서출판 태영문화사 사장님 이하 임직원들의 노고에 깊은 감사의 말씀을 드립니다.

저자 씀

차 례

제1장 제어 시스템의 개요

제2장 라플라스 변환

제3장 전달함수

제4장 블록선도와 신호흐름선도

제5장 제어 시스템의 응답 특성

제6장 제어 시스템의 안정도(安定度)

제7장 제어 시스템의 주파수 영역 해석

제8장 물리계통의 전기적 유추

제9장 상태 변수 해석

제10장 디지털 제어 시스템

제11장 시퀀스 제어 회로

제 1 장 제어 시스템의 개요

1.1 제어의 개념

일반적으로 제어(control)라 함은 어떤 주어진 동작을 하도록 만들어진 물리계에 그 물리계가 원하는 대로 동작을 하도록 필요한 조작을 가하는 것을 말한다. 여기서 물리계(物理系)란 물체, 전기, 전자, 기계, 공업 프로세스 등의 모든 분야가 될 수 있다.

제어는 수동제어와 자동제어로 분류할 수 있는데 자동제어는 일반가정에서 편리하고 쾌적한 생활을 할 수 있게 하는 온도, 습도를 조절하는 냉난방장치와 안전을 지켜주는 도난 방지 및 보안시스템, 가정에서의 편리한 생활을 하게 해주는 HA(home automation) 시스템, 사무실에서의 효율적이고 경제적인 업무를 가능하게 해주는 OA(office automation) 시스템, 제철, 제강 등의 금속분야, 석유화학분야, 전기전자계측 제어분야, 기계나 공구분야의 자동장치 및 자동차 등의 수송기계 분야의 전자화 시스템 등의 제조업 및 공정산업에 있어서의 FA(factory automation) 시스템에 중요한 역할을 하고 있다.

자동제어가 산업사회에 미치는 영향으로서는 인간을 단순하고 반복적인 지루한 일상 업무에서 벗어나게 하고, 생산제품의 정확도나 정밀도가 증대되며, 제품의 대량생산을 가능하게 해준다. 또 로봇이나 자동제어장치 등을 사용함으로써 위험한 장소나 업무, 작업환경이 나쁜 공정에서 인간을 대신하게 함으로써 인간의 삶을 보다 안전하고 자유롭게 하는 장점이 있는 반면 자동화로 인한 생산 공정과 단순 반복적인 업무의 감소 등에 의한 미숙련공과 잉여 인력 등의 실직으로 인한 실업자의 증대, 초기 자동화 시설을 위한 생산 시설투자에 따른 막대한 설비비, 자동제어

장치의 운전 및 보수에 고도의 기술과 자금이 필요하며, 장치의 일부에 고장이 발생하더라도 전체 생산 공정에 영향을 미치는 단점도 있다.

1.2 제어계(control system)

제어하는 방법으로서는 인간의 판단과 조작에 의해서 움직이는 **수동제어**(manual control)와 제어장치(control device)에 의해서 자동적으로 움직이는 **자동제어**(automatic control)로 구분할 수 있다. 여기서 제어장치란 제어 대상(controlled object)에 제어를 행하는 장치를 말하며, 제어장치와 제어대상과의 계통적인 조합을 **제어계**(制御系, control system)라 한다.

제어계를 구성하는 기본 요소를 그림 1-1과 같이 나타낼 수 있다.

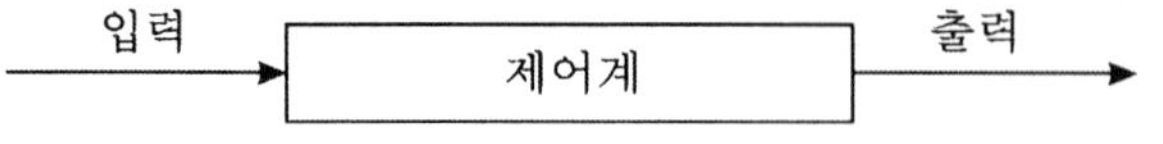

그림 1-1 제어계의 기본 구성 요소

일반적으로 제어 시스템의 대상은 제어 시스템의 요소를 통해서 입력에 의하여 어떤 지시된 방법으로 출력을 제어하는 것이다. 시스템의 입력을 목적 또는 동작신호(actuating signal)라 하고, 출력을 결과 또는 제어량(controlled variable)이라고 한다.

제어계는 전열기와 같이 온도가 높거나 낮음, 열량이 많고 적음에 관계없이 전류를 통하게 하거나 통하지 않게 하는 즉 전기 신호의 유, 무의 제어명령만을 자동적으로 행하는 **정성적 제어**(qualitative control)와 온도가 높고 낮음이나, 열량의 많고 적음 등의 명령을 자동적으로 행하는 **정량적 제어**(quantitative control)가 있다. 정성적 제어의 제어명령은 신호의 유, 무 두 가지 상태뿐이므로 이것을 **2진 신호**(binary signal)라 하고, 정량적 제어의 제어명령은 신호가 적은 값으로부터 큰 값에 이르기까지 여러 가지 형태로 구별된다. 즉 정량적 신호의 크기는 연속적으로 나타낼 수 있으므로 이를 **아날로그 신호**(analog signal)라 한다.

1.3 제어 시스템의 종류

제어 시스템은 개회로 제어 시스템과 폐회로 제어 시스템으로 구분할 수 있으며, 그 차이는 제어동작에 따라 정해진다.

자동제어에는 물리계 스스로가 제어의 필요성을 판단하여 수정동작을 하는 **피드백 제어**(feedback control)와 미리 정해진 순서에 따라 제어의 각 단계가 순차적으로 진행되는 **시퀀스제어**(sequential control)로 분류할 수 있다.

1.3.1 개회로 제어 시스템(open loop control system)

개회로 제어 시스템은 가장 간단한 제어 시스템으로 단순하고 복잡하지 않은 장치로 경제적이지만 제어 동작이 출력과 관계가 없어서 오차(誤差)가 많이 발생할 수 있고, 또 이 오차를 보상할 수 있는 장치가 없어서 오차를 줄일 수 없는 결점을 가지고 있다.

개회로 제어 시스템의 구성 요소를 그림 1-2와 같이 나타낼 수 있다. 제어기에 입력신호가 인가되면 그 출력은 동작신호로 작용한다. 동작신호는 제어대상을 제어하여 출력인 제어량을 규정된 기준에 맞게 동작하도록 한다.

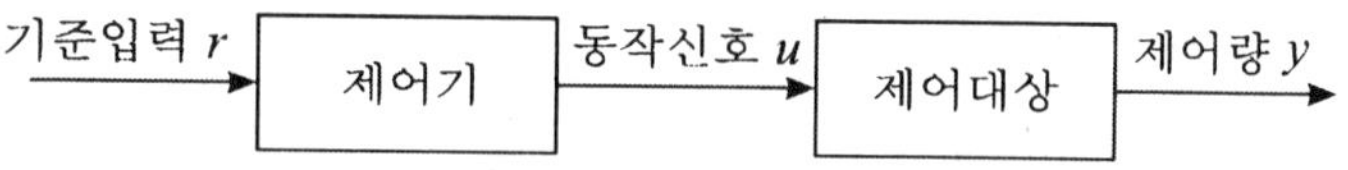

그림 1-2 개회로 제어 시스템

이는 출력이 입력에 영향을 미치지 않고 각 단계가 순차적으로 진행되므로 **시퀀스제어 시스템**(sequential control system)이라고도 한다.

1.3.2 폐회로 제어 시스템(closed loop control system)

폐루프 제어 시스템은 신뢰성 있고 정확한 제어를 하기 위해 출력과 기준입력을 비교하고, 그 차이를 제어의 수단으로 이용하여, 출력과 기준입력 사이에 일정한 관계를 유지하게 하는 시스템으로 제어계의 출력이 목표값과 일치하는가를 항상 비교하여, 일치하지 않을 때에는 일치하지 않는 량에 비례하는 동작신호(動作信號)가 제어계에 다시 보내져서 오차를 수정하도록 하는 **궤환경로**(feedback path)를 가지고 있는 시스템이다.

폐회로 제어 시스템의 구성 요소를 그림 1-3과 같이 나타낼 수 있으며 이 경우 피드백 요소를 가지고 있기 때문에 **피드백 제어 시스템**(feedback control system)이라고도 한다.

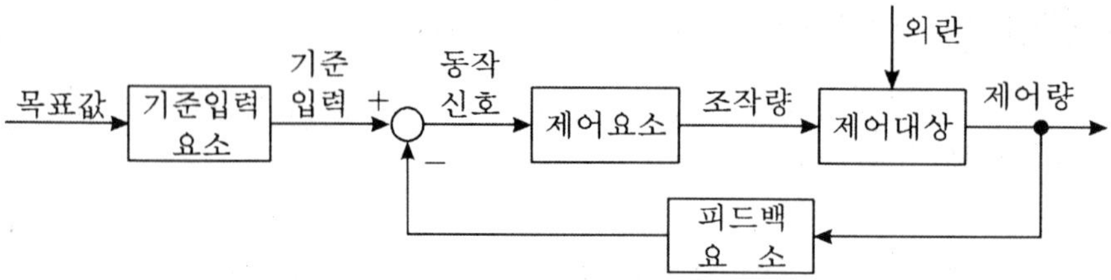

그림 1-3 폐회로 제어 시스템

1.4 제어 시스템의 구성 용어 해설

일반적으로 폐회로 제어 시스템은 제어장치와 제어대상으로부터 형성되는 폐회로 시스템으로 구성되며 그림 1-4와 같이 나타낼 수 있으며, 이 시스템에 표시한 용어를 설명하면 다음과 같다.

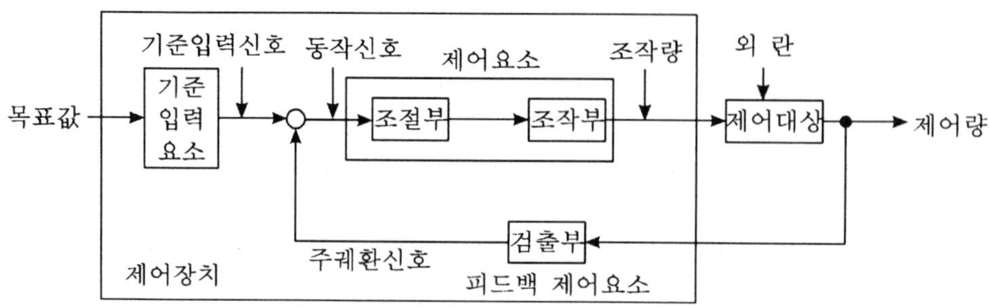

그림 1-4 폐회로 제어 시스템의 기본 구성

(1) 목표값(desired value ; command)

제어 시스템에서 제어량이 그 값을 갖도록 목표로 해서 외부에서 주어지는 값을 말하며, 목표값이 일정할 때는 **설정값**(set point)이라고도 한다.

(2) 기준입력요소(reference input element)

목표값에 비례하는 기준입력신호를 발생시키는 요소로서 **설정부**라고도 한다.

(3) 기준입력신호(reference input signal)

제어 시스템을 동작시키는 기준으로서 직접 폐루프 제어 시스템에 가해지는 입력신호로 목표값에 대하여 일정한 관계를 가진다.

(4) 주궤환신호(primary feedback signal)

제어량의 값을 목표값과 비교하여 동작신호를 얻기 위해 기준 입력과 비교되는 신호로서 제어량과 함수관계가 있다.

(5) 동작신호(actuating signal)

기준입력과 주궤환 신호와의 편차인 신호로서 제어동작을 일으키는 신호이다.

(6) 제어요소(control element)

동작신호를 조작량으로 변환하는 요소로서 조절부와 조작부로 구성된다.

(7) 조절부(controlling means)

기준입력과 검출부 출력을 합하여 제어 시스템이 제어를 하는데 필요한 신호를 만들어 조작부에 보내주는 부분으로 제어장치의 중심을 이룬다.

(8) 조작부(final control element)

조절부로부터 받은 신호를 조작량으로 바꾸어 제어대상에 보내주는 부분을 말한다.

(9) 조작량(manipulated variable)

제어대상에 인가되는 양으로 제어량을 변화시키기 위하여 제어기에 의해 만들어지는 양이나 상태를 말한다.

(10) 제어대상(controlled system)

제어 시스템에서 제어량을 발생시키는 장치로서 제어를 직접 받는 장치이다.

(11) 외란(disturbance)

제어량의 값을 변화시키려는 외부로부터의 바람직하지 않는 입력 신호로서 시스템의 출력값에 나쁜 영향을 미치게 하는 신호이다.

(12) 제어량(controlled variable)

제어 대상의 양, 즉 측정되어 제어되는 것을 말하며, 출력량이라고도 한다.

(13) 검출부(detecting means)

제어 대상으로부터 제어량을 검출하고 기준 입력신호와 비교시키는 부분을 말한다.

(14) 피드백요소(feedback element)

제어량에서 주궤환을 생성하는 요소이다.

(15) 제어장치(control device)

제어를 하기 위하여 제어대상에 부가하는 장치로 기준입력요소, 제어요소, 피드백제어요소가 여기에 속한다.

(16) 시스템(system)

서로 작용하여 어떠한 목적을 수행하는 부품들의 조합체로서 시스템의 개념은 물리적인 것에 국한되는 것이 아니라 추상적이고 동적인 현상에 대해서도 사용된다.

(17) 제어편차(controlled deviation)

목표값에서 제어량을 뺀 값으로서 이 신호가 그대로 동작신호가 되기도 한다.

1.5 제어 시스템의 분류

자동제어 시스템은 제어량의 종류, 제어 목표, 제어동작 및 제어방식에 의해서 다음과 같이 여러 가지로 분류된다.

1.5.1 제어량에 의한 분류

(1) 프로세스제어(process control)

제어량의 온도, 유량, 압력, 액위, 농도, 밀도 등의 플랜트나 생산 공정 중의 상태량을 제어량으로 하는 제어를 프로세스제어라 한다. 이를 공정제어라고도 한다. 화학 공업, 석유 공업, 식품 공업, 제철 공업 등의 제조공정에 프로세서제어가 많이 이용되고 있다.

(2) 서보제어(servo control)

물체의 위치, 각도 등의 기계적 변위(變位)를 제어량으로 해서 목표값의 임의의 변화에 추종하도록 구성된 제어 장치를 서보기구 또는 서보제어라 한다. 공작기계, 로케트, 공업 로봇, 비행기 및 선박의 방향 제어계, 추적용 레이더, 미사일 발사대의 자동 위치 제어계, 자동 평형 기록계 등이 서보제어에 속한다.

(3) 자동조정(automatic regulation)

목표값이 시간에 대해서 일정한 값을 취하는 제어이며, 제어량이 주파수, 전압, 전류, 습도, 회전속도, 힘 등 전기적 및 기계적 양을 주로 제어하는 것으로서 비교적 빠른 제어 동작이 요구된다. 발전소의 자동전압조정, 보일러의 자동압력조정, 터빈의 속도제어 등이 여기에 속한다.

1.5.2 제어 목표에 의한 분류

(1) 정치제어(constant value control)

제어량을 어떤 일정한 목표값으로 유지시키는 것을 목적으로 하는 제어이다. 목표값이 시간적으로 변화지 않는 즉 시간적으로 일정한 제어이며 프로세서제어, 자동 조정 등이 이에 속한다.

(2) 추종제어(follow up control)

출력의 변동을 조정하는 동시에 목표값에 정확히 추종하도록 하는 것을 목적으로 하는 제어로서 서보기구가 대표적인 적용 예이며 레이더(radar) 등의 이동 물체의 추적도 이에 속한다.

(3) 프로그램제어(program control)

미리 정해진 프로그램에 따라 제어량을 변화시키는 것을 목적으로 하는 제어로서 엘리베이터, 무인열차운전 등이 여기에 속한다. 프로그램제어는 목표값의 시간적 변화 등을 고려하여 미리 정해져 있다.

(4) 비율제어(proportional control)

목표값이 다른 어떤 양과 일정한 비율 관계를 가지는 제어이다. 목표값이 시간에 대한 미지함수가 되므로 추종제어의 변형이라 할 수 있다. 보일러의 자동 연소제어 및 암모니아의 합성 프로세스제어 등이 이에 속한다.

1.5.3 제어 동작에 의한 분류

제어 동작은 어떤 동작신호에 따라 조작량을 제어대상에 주어 제어편차를 감소시키는 동작을 말하며, 이 제어동작에 따라 분류하면 연속제어와 불연속제어로 나눌 수 있다.

(1) 연속제어(continuous control)

제어량이 목표값과 일치하는지를 항상 비교하여 편차가 있을 때는 수정하여 제어량이 목표값과 일치하도록 하는 제어를 말한다. 제어동작이 연속적으로 행하여지는 제어로서 동작신호와 조작량 사이의 관계에 따라 비례동작, 미분동작, 적분동작의 조합으로 이루어지는 다음과 같은 제어동작으로 나눌 수 있다.

(가) 비례동작(P동작 ; proportional action)

조절부의 전달특성이 비례적인 특성을 가진 제어계로서, 조절부의 입력 $e(t)$가 주어지고 그 결과 조절부의 출력 $y(t)$가 얻어지면

$$y(t) = K_p e(t) \tag{1-1}$$

의 관계로 표시된다. 여기서, K_p는 정수로서 비례감도라 하고, 그 역수 $1/K_p$을 비례대라 하며 비례동작의 정도를 나타낸다. 이것은 구조가 간단하나 잔류 편차(off set)가 생기는 단점이 있다.

(나) 미분동작(D동작 ; derivative action, differential action)

제어오차가 검출될 때 오차가 변화하는 속도에 비례하여 조작량을 가감하도록 하는 동작으로서 오차가 커지는 것을 사전에 방지한다. 조절부 동작을 수식으로 나타내면 다음과 같다.

$$y(t) = K_p T_D \frac{de(t)}{dt} \tag{1-2}$$

여기서, T_D는 미분시간이며, 미분동작의 정도를 나타낸다.

(다) 적분동작(I동작 ; integral action, reset action)

오차의 크기와 오차가 발생하고 있는 시간에 둘러싸인 면적, 즉 적분값의 크기에 비례하여 조작부를 제어하는 것으로, 잔류편차(off set)가 없도록 제어할 수 있다. 조절부 동작을 수식으로 표현하면 다음과 같다.

$$y(t) = K_p \frac{1}{T_I} \int e(t)dt \tag{1-3}$$

여기서, T_I을 적분시간, $\frac{1}{T_I}$을 리세트율(reset rate)이라 한다.

(라) PD동작(proportional derivative action)

제어결과에 빨리 도달하도록 미분동작을 부가한 동작으로 응답 속응성의 개선에 사용된다. 조절부 동작을 수식으로 나타내면 다음과 같다.

$$y(t) = K_p \left[e(t) + T_D \frac{de(t)}{dt} \right] \tag{1-4}$$

(마) PI동작(proportional and integral action)

비례동작에 의해 발생하는 오프셋(off set)을 소멸시키기 위해 적분동작을 부가시킨 제어 동작으로써, 제어결과가 진동적으로 되기 쉬우나 잔류편차가 적다. 조절부 동작을 수식으로 표시하면 다음과 같다.

$$y(t) = K_p \left[e(t) + \frac{1}{T_I} \int_0^t e(t)dt \right] \tag{1-5}$$

여기서, T_I는 적분시간, $\frac{1}{T_I}$는 리셋율이라 한다.

(바) PID동작(proportional integral and derivative action)

비례적분동작에 미분동작을 더 추가시킨 것으로 조절부의 동작을 수식으로 나타내면 다음과 같이 된다.

$$y(t) = K_p \left[e(t) + \frac{1}{T_I} \int e(t)dt + T_D \frac{de(t)}{dt} \right] \tag{1-6}$$

여기서, T_D는 미분 시간이며 미분동작의 정도를 나타낸다. 미분동작에 의해 응답의 오버슈트를 감소시키고, 정정 시간을 적게 하는 효과가 있으며, 적분동작에 의해 잔류 편차를 없애는 작용도 있으므로 연속 선형제어로서는 가장 고급의 제어 동작이다.

(2) 불연속제어(noncontinuous control)

제어량과 목표값은 항상 비교하나 그 편차가 어느 값 이상 일 때만 제어동작을 하는 경우와 제어량과 목표값과의 비교를 일정한 시간 간격을 두고 편차가 발생할 때 제어동작을 하는 제어로 구분할 수 있다. 여기에는 샘플값 제어, on-off 제어 등이 있다.

1.5.4 제어 시스템 내의 신호에 의한 분류

제어 시스템 내의 신호가 연속적인가 또는 이산적인가의 여부에 의해 연속 시스템(continuous system), 이산 시스템(discrete time system)으로 분류한다. 연속 시스템을 아날로그 시스템(analog system), 이산 시스템을 디지털 시스템(digital system)이라고도 한다.

그림 1-5는 아날로그 제어 시스템이며 미분 방정식, 라플라스 변환 등으로 응용 해석된다.

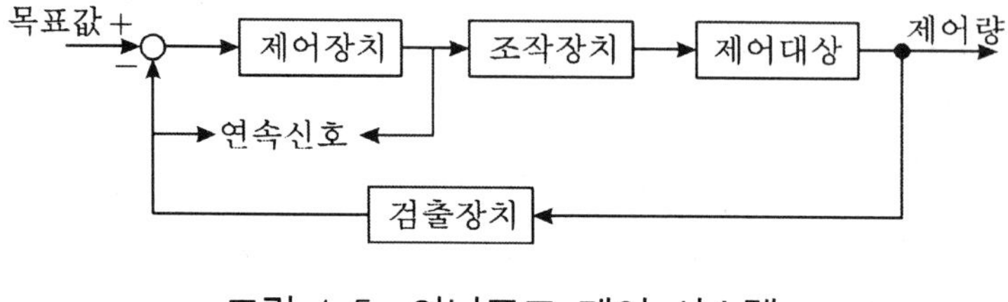

그림 1-5 아날로그 제어 시스템

그림 1-6은 디지털 제어 시스템이며 Z변환 등으로 응용 해석되고 있다.

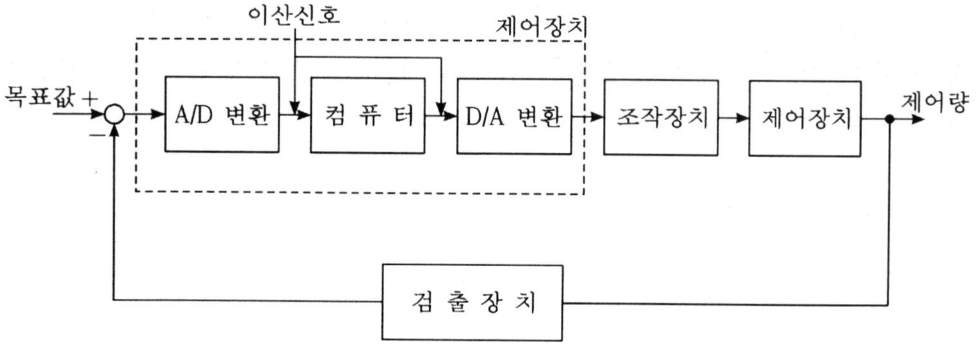

그림 1-6 디지털 제어 시스템

연 습 문 제

1. 제어요소는 무엇으로 구성되는가?

2. 잔류 편차(off-set)를 제거하기 위한 제어법은?

3. 제어장치가 제어대상에 가하는 제어신호로 제어장치의 출력인 동시에 제어대상의 입력인 신호는?

4. 제어계를 동작시키는 기준으로서 직접 제어계에 가해지는 신호는?

5. 인가 직류전압을 변화시켜서 전동기의 회전수를 800[rpm]으로 하고자 한다. 이 경우 회전수를 무엇이라 하는가?

6. 보일러의 자동연소 제어에서 연료의 유량과 공기 사이의 비율을 연소에 적합한 것으로 유지하고자 하는 제어는?

7. 피드백 제어계 중 물체의 위치, 방위, 자세 등의 기계적 변위를 제어량으로 하는 것은?

8. 항공기의 레이더로 추적하는 제어와 같이 임의로 변화하는 목표값을 추적하는 제어를 무엇이라 하는가?

9. 열차의 무인운전을 위한 제어, 엘리베이터 제어 등을 무엇이라 하는가?

10. 피드백 제어계에서 반드시 필요한 장치는 무엇인가?

연 습 문 제 해 답

1. 조절부와 조작부

2. 적분제어

3. 조작량

4. 기준입력신호

5. 제어량

6. 비율제어

7. 서보기구(servomechanism)

8. 추종제어

9. 프로그램제어

10. 입력과 출력을 비교하는 장치

제 2 장 라플라스 변환

2.1 라플라스 변환

제어 시스템을 해석하고 설계하기 위해 수행해야 할 가장 중요한 과제 중 하나는 시스템의 수학적 모델을 구하는 것이며 이것을 해결하기 위하여 응용수학이 광범위하게 이용된다. 선형계의 자동제어 이론을 다루는 경우 라플라스 변환법(Laplace transformation)이라고 하는 연산자법을 이용하는 것이 편리하다.

라플라스 변환은 선형미분방정식(線形微分方程式)의 해를 구하기 위한 수학적 도구의 하나이며, 특히 시간영역 해석에서 주파수 영역해석을 쉽게 할 수 있다는 장점이 있고, 미분 및 적분 방정식의 해를 대수방정식과 같이 쉽게 변환하여 풀이할 수 있다.

2.1.1 라플라스 변환의 정의

어떤 시간 함수 $f(t)$가 t의 모든 양의 값 즉 $0 \le t < \infty$에서 정의된 함수라고 하면 이 $f(t)$에 e^{-st}를 곱하고 0에서 ∞까지 적분하여 그 적분이 존재한다면 이것은 s의 함수 즉 $F(s)$는 식 (2-1)과 같이 된다.

$$F(s) = \int_0^{\infty} e^{-st} f(t)\, dt \tag{2-1}$$

이 함수 $F(s)$를 원함수 $f(t)$의 라플라스 변환이라고 하며 $\mathcal{L}[f(t)]$로 표시한다.

$$F(s) = \mathcal{L}[f(t)] = \int_0^{\infty} e^{-st} f(t)\, dt \tag{2-2}$$

여기서 s는 실수부(實數部)가 (+)인 복소수(複素數)이며 라플라스 연산자(Laplace operator)라고 한다.

식 (2-2)는 적분구간이 0에서 ∞까지 이므로 일방적 라플라스 변환(one side Laplace transform)이라고 한다. 이것은 $t=0$ 이전의 $f(t)$에 포함된 모든 정보는 무시되거나 0으로 간주되는 것을 의미한다.

식 (2-1)에 있는 원함수 $f(t)$를 역변환 또는 $F(s)$의 역(Inverse)이라 하고

$$\mathcal{L}^{-1}[F(s)] \tag{2-3}$$

로 표기한다. 즉

$$f(t)=\mathcal{L}^{-1}[F(s)] \tag{2-4}$$

선형 미분방정식의 고전적인 해법과 비교하여 라플라스 변환법은 다음과 같은 장점을 가지고 있다.

① 동차방정식(homogeneous equation)의 해와 특수 적분의 해가 한 번의 연산으로 얻어진다.

② 라플라스 변환은 미분방정식을 s에 관한 대수방정식으로 바꾼다. 여기서, 얻어진 대수방정식에 간단한 대수법칙을 적용시켜 쉽게 s영역에서의 해를 얻을 수 있다. 최종해는 역라플라스 변환을 하여 얻어진다.

2.1.2 간단한 함수의 라플라스 변환

(1) 단위 계단 함수(unit step function)의 라플라스 변환

단위 계단 함수는 그림 2-1과 같이 $t<0$에서 0이고 $t=0$에서 1로 비약하며, 시간 t에 관계없이 그 값이 일정하게 유지되는 함수를 단위 계단 함수라 하며 기호는 $u(t)$로 표시한다.

$$f(t)=u(t)=\begin{pmatrix} 0 & t<0 \\ 1 & t\geq 0 \end{pmatrix} \tag{2-5}$$

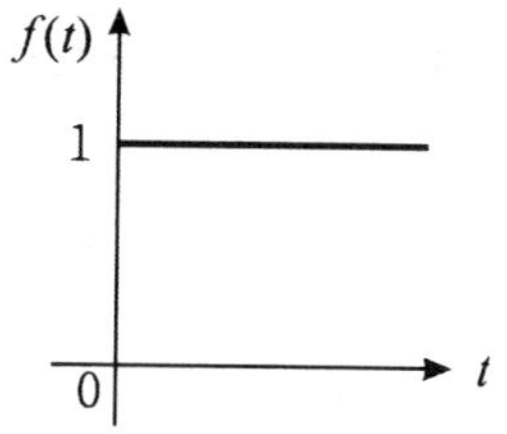

그림 2-1 단위 계단 함수

단위 계단 함수의 라플라스 변환은

$$\mathcal{L}[f(t)] = \int_0^{\infty} 1 \cdot e^{-st} = \left[-\frac{1}{s} e^{-st} \right]_0^{\infty} = \frac{1}{s}$$

$$\therefore \ \mathcal{L}[u(t)] = \frac{1}{s} \tag{2-6}$$

(2) 단위 임펄스 함수(unit impulse function)의 라플라스 변환

그림 2-2와 같이 폭 ε, 높이 $\frac{1}{\varepsilon}$, 면적이 1인 파형에 대해서 $\varepsilon \to 0$으로 한 극한 파형을 단위 임펄스 함수라 하고, $\delta(t)$(delta function)로 표시한다.

$$f(t) = \delta(t) = \begin{pmatrix} 0 & t \neq 0 \\ \infty & t = 0 \end{pmatrix} \tag{2-7}$$

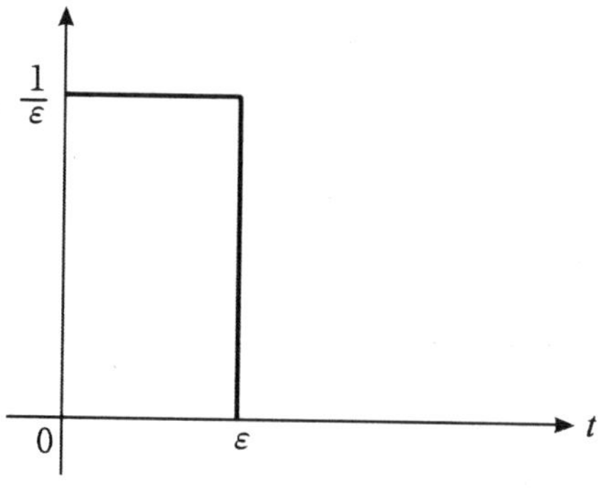

그림 2-2 단위 임펄스 함수

이 단위 임펄스 함수에 대한 라플라스 변환은

$$F(s) = \mathcal{L}[\delta(t)] = \int_0^{\infty} \delta(t) e^{-st} dt$$

$$= \lim_{\varepsilon \to 0} \frac{1}{\varepsilon} \int_0^{\infty} [u(t) - u(t-\varepsilon)] e^{-st} dt$$

$$= \lim_{\varepsilon \to 0} \frac{1}{\varepsilon} \cdot \frac{1 - e^{-\varepsilon s}}{s}$$

$$= \lim_{\varepsilon \to 0} \frac{1 - \left[1 + (-\varepsilon s) + \frac{(-\varepsilon s)^2}{2!} + \frac{(-\varepsilon s)^3}{3!} + \cdots\cdots \right]}{\varepsilon s}$$

$$= 1 \qquad (2\text{-}8)$$

따라서 단위 임펄스 함수 $f(t) = \delta(t)$의 라플라스 변환은 1이 된다.

$$\therefore \ \mathcal{L}[\delta(t)] = 1 \qquad (2\text{-}9)$$

(3) 단위 램프 함수(unit ramp function)의 라플라스 변환

시간과 함께 일정속도로 변화하는 함수를 램프 함수(ramp function), 경사 함수 또는 등속 함수라고도 한다. 단위 램프 함수는 그림 2-3과 같이 기울기가 1인 직선이다.

$$f(t) = t \cdot u(t) = \begin{pmatrix} 0 & t \leq 0 \\ t & t > 0 \end{pmatrix} \qquad (2\text{-}10)$$

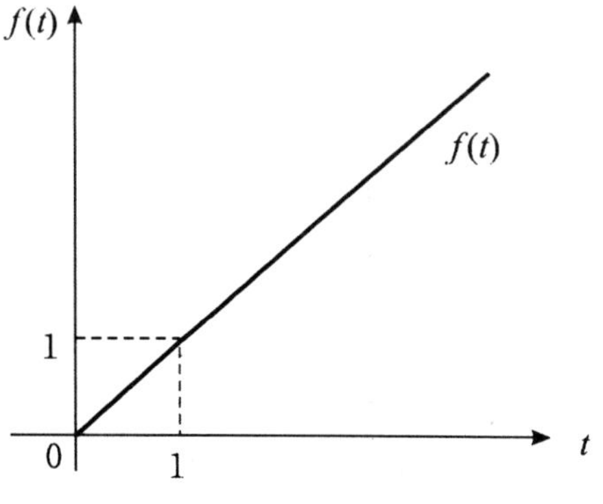

그림 2-3 단위 램프 함수

단위 램프 함수 $f(t)$의 라플라스 변환은

$$F(s) = \mathcal{L}[t \cdot u(t)] = \int_0^{\infty} t \cdot e^{-st} dt \qquad (2\text{-}11)$$

가 된다. 식 (2-11)을 풀기 위하여 부분 적분의 공식을 이용하면

$\int u dv = uv - \int u du$에서 $u = t$, $dv = e^{-st}$라 놓으면

$du = dt$, $v = -\frac{1}{s} e^{-st}$이므로 이것을 식 (2-11)에 적용하면

$$F(s) = \int_0^\infty t \cdot e^{-st} dt = \left[t\left(-\frac{1}{s} e^{-st}\right) \right]_0^\infty - \int_0^\infty \left(-\frac{1}{s} e^{-st}\right) dt$$

$$= 0 + \frac{1}{s} \int_0^\infty e^{-st} dt = \frac{1}{s^2} \qquad (2\text{-}12)$$

이 된다. 따라서 단위 램프 함수의 라플라스 변환은 $\frac{1}{s^2}$이 된다.

$$\therefore \ \mathcal{L}[t \cdot u(t)] = \frac{1}{s^2} \qquad (2\text{-}13)$$

(4) 지수 함수(exponential function)의 라플라스 변환

그림 2-4와 같이 $t > 0$에서 $e^{-\alpha t}$이고, $t < 0$에서 0인 지수파형의 함수를 지수 감쇠 함수라 한다.

$$f(t) = e^{-\alpha t} = \begin{pmatrix} e^{-\alpha t} & t > 0 \\ 0 & t < 0 \end{pmatrix} \qquad (2\text{-}14)$$

지수 감쇠 함수 $f(t)$의 라플라스 변환은 식 (2-15)와 같이 된다.

$$\mathcal{L}[f(t)] = \int_0^\infty e^{-\alpha t} e^{-st} dt = \int_0^\infty e^{-(s+\alpha)t} dt$$

$$= \left[-\frac{1}{s+\alpha} e^{-(s+\alpha)t} \right]_0^\infty = \frac{1}{s+\alpha} \qquad (2\text{-}15)$$

또한 $t > 0$에서 $e^{\alpha t}$이고, $t < 0$에서 0인 지수파형의 함수를 지수 상승 함수라 하며, 지수 상승 함수 $f(t) = e^{\alpha t}$ 를 라플라스 변환하면 식 (2-16)과 같이 된다.

$$\mathcal{L}[f(t)] = \int_0^\infty e^{\alpha t} e^{-st} dt = \int_0^\infty e^{-(s-\alpha)t} dt$$

$$= \left[-\frac{1}{s-\alpha} e^{-(s-\alpha)t} \right]_0^\infty = \frac{1}{s-\alpha} \qquad (2\text{-}16)$$

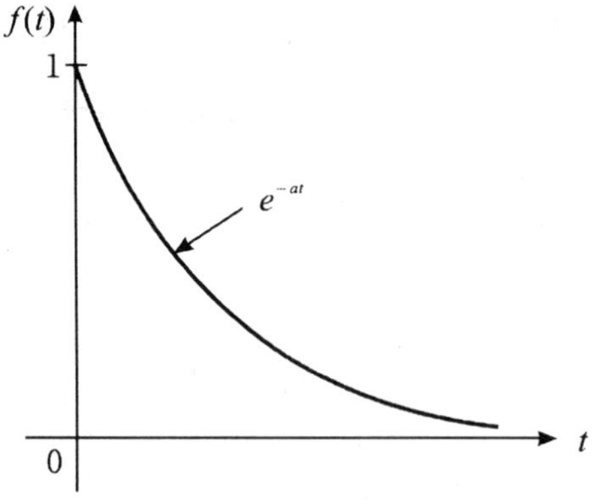

그림 2-4 지수 감쇠 함수

(5) 정현파 함수의 라플라스 변환

$$f(t) = \sin\omega t \tag{2-17}$$

그림 2-5와 같은 정현파 함수에 대한 라플라스 변환은

$$\mathcal{L}[f(t)] = \mathcal{L}[\sin\omega t] = \int_0^\infty \sin\omega t\, e^{-st}dt \tag{2-18}$$

이다. 식 (2-18)의 라플라스 변환은 $\sin\omega t$의 지수형을 적용하면 간단히 풀 수 있다.

$$\sin\omega t = \frac{e^{j\omega t} - e^{-j\omega t}}{2j} \tag{2-19}$$

이므로

$$\mathcal{L}[\sin\omega t] = \int_0^\infty \sin\omega t \cdot e^{-st} = \int_0^\infty \frac{e^{j\omega t} - e^{-j\omega t}}{2j} e^{-st}dt$$

$$= \frac{1}{2j}\int_0^\infty e^{-(s-j\omega)t} - e^{-(s+j\omega)t}dt$$

$$= \frac{1}{2j}\left(\frac{1}{s-j\omega} - \frac{1}{s+j\omega}\right) = \frac{\omega}{s^2+\omega^2}$$

$$\therefore\ \mathcal{L}[\sin\omega t] = \frac{\omega}{s^2+\omega^2} \tag{2-20}$$

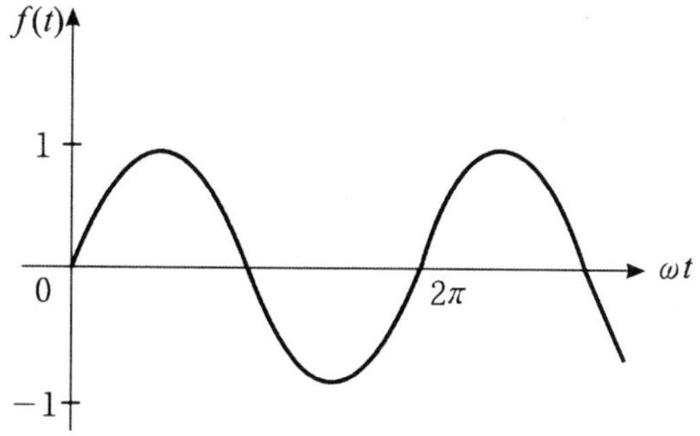

그림 2-5 정현파 함수

(6) 여현파 함수의 라플라스 변환

$$f(t) = \cos \omega t \tag{2-21}$$

그림 2-6과 같은 여현파 함수에 대한 라플라스 변환은

$$\mathcal{L}[f(t)] = \mathcal{L}[\cos \omega t] = \int_0^\infty \cos \omega t e^{-st} dt \tag{2-22}$$

이고, $\cos \omega t$의 지수형을 적용하면 간단히 구해진다.

$$\cos \omega t = \frac{e^{j\omega t} + e^{-j\omega t}}{2} \tag{2-23}$$

이므로

$$\mathcal{L}[\cos \omega t] = \int_0^\infty \cos \omega t e^{-st} dt = \frac{1}{2} \int_0^\infty (e^{j\omega t} + e^{-j\omega t}) e^{-st} dt$$

$$= \frac{1}{2} \int_0^\infty (e^{-(s-j\omega)t} + e^{-(s+j\omega)t}) dt$$

$$= \frac{1}{2} \left(\frac{1}{s-j\omega} + \frac{1}{s+j\omega} \right) = \frac{s}{s^2+\omega^2}$$

$$\therefore \ \mathcal{L}[\cos \omega t] = \frac{s}{s^2+\omega^2} \tag{2-24}$$

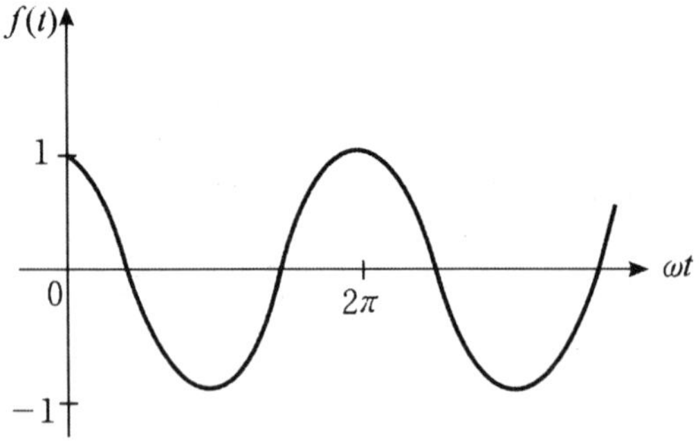

그림 2-6 여현파 함수

(7) 쌍곡선 함수의 라플라스 변환

쌍곡선 함수인 $\sinh \omega t$, $\cosh \omega t$의 라플라스 변환을 구해보면 쌍곡선 함수인 $\sinh \omega t$, $\cosh \omega t$의 지수 함수는 다음 식과 같다.

$$\sinh \omega t = \frac{1}{2}(e^{\omega t} - e^{-\omega t}) \tag{2-25}$$

$$\cosh \omega t = \frac{1}{2}(e^{\omega t} + e^{-\omega t}) \tag{2-26}$$

이들에 대한 라플라스 변환을 구하면 다음과 같이 된다.

$$\begin{aligned}\mathcal{L}[\sinh \omega t] &= \frac{1}{2}\left[\int_0^\infty e^{-st}(e^{\omega t} - e^{\omega t})\,dt\right] \\ &= \frac{1}{2}\left[\frac{1}{s-\omega} - \frac{1}{s+\omega}\right] = \frac{1}{2}\,\frac{[s+\omega-(s-\omega)]}{s^2-\omega^2} \\ &= \frac{\omega}{s^2-\omega^2}\end{aligned} \tag{2-27}$$

$$\begin{aligned}\mathcal{L}[\cosh \omega t] &= \frac{1}{2}\left[\int_0^\infty e^{-st}(e^{\omega t} + e^{-\omega t})\,dt\right] \\ &= \frac{1}{2}\left[\frac{1}{s-\omega} + \frac{1}{s+\omega}\right] = \frac{1}{2}\left[\frac{s+\omega+s-\omega}{s^2-\omega^2}\right] \\ &= \frac{s}{s^2-\omega^2}\end{aligned} \tag{2-28}$$

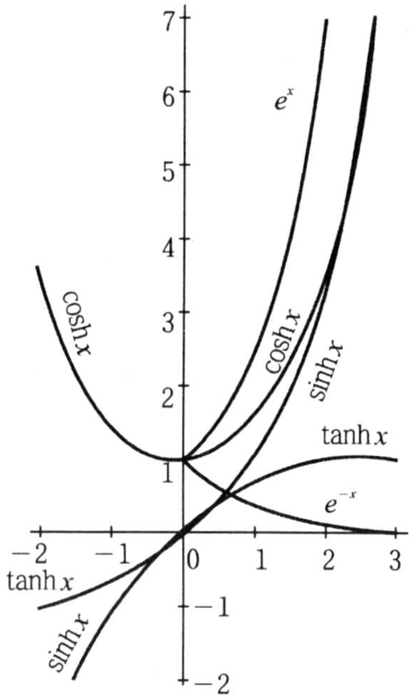

그림 2-7 쌍곡선 함수

(8) 지수감쇠 정현파 함수의 라플라스 변환

$$f(t) = e^{-\alpha t}\sin\omega t \tag{2-29}$$

에 대한 라플라스 변환은

$$\mathcal{L}[f(t)] = \mathcal{L}[e^{-\alpha t}\sin\omega t] = \int_0^\infty e^{-\alpha t}e^{-st}\sin\omega t\,dt$$

$$= \frac{1}{2j}\int_0^\infty e^{-\alpha t}e^{-st}(e^{j\omega t} - e^{-j\omega t})\,dt$$

$$= \frac{1}{2j}\int_0^\infty [e^{-(s+\alpha-j\omega)t} - e^{-(s+\alpha+j\omega)t}]\,dt$$

$$= \frac{1}{2j}\left[\frac{1}{(s+\alpha)-j\omega} - \frac{1}{(s+\alpha)+j\omega}\right]$$

$$= \frac{\omega}{(s+\alpha)^2+\omega^2}$$

$$\therefore \quad \mathcal{L}[e^{-\alpha t}\sin\omega t] = \frac{\omega}{(s+\alpha)^2+\omega^2} \tag{2-30}$$

같은 방법으로

$$\mathcal{L}[e^{\alpha t}\sin\omega t] = \frac{\omega}{(s-\alpha)^2+\omega^2} \tag{2-31}$$

이 된다.

(9) 지수감쇠 여현파 함수의 라플라스 변환

$$f(t) = e^{-\alpha t}\cos\omega t \tag{2-32}$$

에 대한 라플라스 변환은

$$\mathcal{L}[f(t)] = \mathcal{L}[e^{-\alpha t}\cos\omega t] = \int_0^\infty e^{-\alpha t}e^{-st}\cos\omega t\,dt$$

$$= \frac{1}{2}\int_0^\infty e^{-\alpha t}e^{-st}(e^{j\omega t}+e^{-j\omega t})\,dt$$

$$= \frac{1}{2}\int_0^\infty [e^{-(s+\alpha-j\omega)t}+e^{-(s+\alpha+j\omega)t}]\,dt$$

$$= \frac{1}{2j}\left[\frac{1}{(s+\alpha)-j\omega}+\frac{1}{(s+\alpha)+j\omega}\right]$$

$$= \frac{s+\alpha}{(s+\alpha)^2+\omega^2}$$

$$\therefore \quad \mathcal{L}[e^{-\alpha t}\cos\omega t] = \frac{s+\alpha}{(s+\alpha)^2+\omega^2} \tag{2-33}$$

같은 방법으로

$$\mathcal{L}[e^{\alpha t}\cos\omega t] = \frac{s-\alpha}{(s-\alpha)^2+\omega^2} \tag{2-34}$$

이 된다.

그리고 라플라스 변환을 정리하면 표 2-1과 같이 나타낼 수 있다.

표 2-1 라플라스 변환표

$f(t),\ t \geq 0$	$F(s)$	$f(t),\ t \geq 0$	$F(s)$
$\delta(t)$	1	$\sin \omega t$	$\frac{\omega}{s^2+\omega^2}$
$\delta(t-t_0)$	$e^{-t_0 s}$	$\cos \omega t$	$\frac{s}{s^2+\omega^2}$
$u_s(t)$	$\frac{1}{s}$	$e^{-at}\sin \omega t$	$\frac{\omega}{(s+a)^2+\omega^2}$
$u_s(t-t_0)$	$\frac{1}{s}e^{-t_0 s}$	$e^{-at}\cos \omega t$	$\frac{s+a}{(s+a)^2+\omega^2}$
e^{-at}	$\frac{1}{s+a}$	$e^{at}\sin \omega t$	$\frac{\omega}{(s-a)^2+\omega^2}$
$e^{-at}f(t)$	$F(s+a)$	$e^{at}\cos \omega t$	$\frac{s-a}{(s-a)^2+\omega^2}$
$t^n u_s(t)$	$\frac{n!}{s^{n+1}}$	$\sinh \omega t$	$\frac{\omega}{s^2-\omega^2}$
$t^n e^{-at}$	$\frac{n!}{(s+a)^{n+1}}$	$\cosh \omega t$	$\frac{s}{s^2-\omega^2}$

예제 $f(t)=4t^3$의 라플라스 변환을 구하라.

풀이 $\mathcal{L}[at^n]=\frac{an!}{s^{n+1}}$ 이므로

$$\mathcal{L}[4t^3]=4\times\frac{3!}{s^{3+1}}=4\times\frac{3\times2\times1}{s^{3+1}}=\frac{24}{s^4}$$

2.1.3 라플라스 변환의 정리

라플라스 변환은 여러 가지 성질을 가지고 있으며 대개의 경우 그 성질을 이용하여 주어진 함수의 변환을 간단한 방법으로 해결할 수 있다.

(1) 선형정리(線型定理)

라플라스 변환이 존재하는 임의의 시간의 함수 $f_1(t)$와 $f_2(t)$, 임의의 상수 a, b에 대하여 라플라스 변환하면 다음과 같다.

$$\mathcal{L}[af_1(t)\pm bf_2(t)]=aF_1(s)\pm bF_2(s) \tag{2-35}$$

예 제 $f(t)=3\sin 3t+2e^{-5t}+5t+7$의 라플라스 변환을 구하라.

풀이 $\mathcal{L}[f(t)]=\mathcal{L}[3\sin 3t]+\mathcal{L}[2e^{-5t}]+\mathcal{L}[5t]+\mathcal{L}[7]$

$$=\frac{9}{s^2+9}+\frac{2}{s+5}+\frac{5}{s^2}+\frac{7}{s}$$

(2) 미분정리

$f(t)$의 라플라스 변환이 $F(s)$라면, $f(t)$의 미분 $f'(t)$의 라플라스 변환은

$$\mathcal{L}[f'(t)]=\int_0^\infty f'(t)e^{-st}dt$$

$$=[e^{-st}f(t)]_0^\infty-\int_0^\infty(-se^{-st})\cdot f(t)\,dt$$

$$=0-f(0)+s\int_0^\infty f(t)e^{-st}dt$$

$$=-f(0)+s\mathcal{L}[f(t)]=sF(s)-f(0) \qquad (2\text{-}36)$$

이 된다. 여기서 $f(0)$는 $t\to 0$일 때의 $f(t)$의 초기값이다.

일반적으로 n차 미분 방정식에 대하여 생각해 보면

$$\mathcal{L}[f^n(t)]=s^n\mathcal{L}[f(t)]-s^{n-1}f(0)-s^{n-2}f^{(1)}(0)\cdots-f^{n-1}(0)$$

$$=s^nF(s)-s^{n-1}f(0)-s^{n-2}f^{(1)}(0)\cdots f^{n-1}(0) \qquad (2\text{-}37)$$

으로 된다.

예 제 $\dfrac{dx}{dt}+5x=3$의 라플라스 변환을 구하라. 단, 초기값은 0이다.

풀이 미분정리를 이용하면

$$sX(s)-x(0)+5X(s)=\frac{3}{s}$$

여기서 초기값이 0이므로 $x(0)=0$

$$sX(s)+5X(s)=\frac{3}{s}$$

$$\therefore\ X(s)=\frac{3}{s(s+5)}$$

예제 $\mathcal{L}[\frac{d}{dt}\cos\omega t]$를 구하라. 단, 초기값은 0이다.

풀이 미분정리를 이용하면 $\mathcal{L}[f'(t)] = sF(s) - f(0)$에서

$$\mathcal{L}[\frac{d}{dt}\cos\omega t] = s\mathcal{L}[\cos\omega t] = s(\frac{s}{s^2+\omega^2}) = \frac{s^2}{s^2+\omega^2}$$

(3) 적분정리

$f(t)$의 라플라스 변환이 $F(s)$일 때, $f(t)$의 적분 $\int f(t)\,dt$의 라플라스 변환은

$$\mathcal{L}\left[\int f(t)dt\right] = \int_0^\infty \left(\int f(t)dt\right)e^{-st}dt \tag{2-38}$$

식 (2-38)에서 부분 적분의 공식 $\int udv = uv - \int vdu$을 적용하기 위해서

$u = \int f(t)\,dt$, $dv = e^{-st}$, $du = f(t)$, $v = -\frac{1}{s}e^{-st}$라 놓으면

$$\mathcal{L}\left[\int f(t)dt\right] = \int_0^\infty \left(\int f(t)dt\right)e^{-st}dt$$

$$= \left[\int f(t)\,dt\left(-\frac{1}{s}e^{-st}\right)\right]_0^\infty - \int_0^\infty f(t)\cdot\left(-\frac{1}{s}e^{-st}\right)dt \tag{2-39}$$

식 (2-39)의 제1항에서 t가 ∞가 될 때 e^{-st}는 0이고, $t=0$에서 e^{-st}는 1이므로 제1항은 $\frac{1}{s}\int f(0)\,dt = \frac{1}{s}f^{(-1)}(0)$가 되고,

제2항은 $-\int_0^\infty f(t)\cdot\left(-\frac{1}{s}e^{-st}\right)dt = \frac{1}{s}\int_0^\infty f(t)\cdot e^{-st}dt$가 된다.

따라서

$$\therefore\ \mathcal{L}\left[\int f(t)dt\right] = \frac{\mathcal{L}[f(t)]}{s} + \frac{1}{s}f^{(-1)}(0)$$

$$= \frac{1}{s}F(s) + \frac{1}{s}f^{(-1)}(0) \tag{2-40}$$

일반적으로 n차의 적분에 대한 라플라스 변환은 다음과 같이 된다.

$$\mathcal{L}\left[\int\int\int\cdots\int f(t)dt^n\right] = \frac{1}{s^n}F(s) + \frac{1}{s^n}f^{(-1)}(0)$$

$$+\cdots\frac{1}{s^2}f^{(-n+1)}(0)+\frac{1}{s}f^{(-n)}(0) \qquad (2\text{-}41)$$

만약 모든 초기값을 0이라고 하면 식 (2-41)은

$$\mathcal{L}\left[\int\int\int\cdots\int f(t)dt^n\right]=\frac{1}{s^n}F(s) \qquad (2\text{-}42)$$

로 된다.

(4) 상사정리(相似定理)

시간 함수 $f\left(\frac{t}{a}\right)$로 된 함수의 라플라스 변환은 다음 식과 같이 된다.

$$\mathcal{L}\left[f\left(\frac{t}{a}\right)\right]=\int_0^\infty f\left(\frac{t}{a}\right)e^{-st}dt \qquad (2\text{-}43)$$

식 (2-43)에서 $\frac{t}{a}=\tau$라 놓으면

$$t=a\tau,\ \ dt=ad\tau$$

이므로 이상의 관계를 식 (2-43)에 대입하면

$$\mathcal{L}\left[f\left(\frac{t}{a}\right)\right]=\int_0^\infty f(\tau)\cdot e^{-sa\tau}a\,d\tau=aF(as) \qquad (2\text{-}44)$$

따라서, $f\left(\frac{t}{a}\right)$의 라플라스 변환은 다음과 같은 식이 된다.

$$\mathcal{L}\left[f\left(\frac{t}{a}\right)\right]=aF(as) \qquad (a>0) \qquad (2\text{-}45)$$

(5) 시간추이정리(時間推移定理)

$$f(t)=u(t-a)=1,\ \ (t\geq a)$$
$$=0,\ \ (t<a)$$

$$\mathcal{L}[u(t-a)]=\int_a^\infty 1\cdot e^{-st}dt=-\frac{1}{s}[e^{-st}]_a^\infty$$

$$=-\frac{1}{s}(0-e^{-as})=\frac{1}{s}e^{-as}$$

$$\therefore\ \mathcal{L}[f(t-a)]=e^{-as}F(s) \qquad (2\text{-}46)$$

여기서 $u(t-a)$를 a만큼 +시간 축으로 평행 이동시킨 것과 같으며, 이와 같은 이동을 제어에서는 실전이정리(real translation), 또는 추이정리(shifting theorem)라 한다.

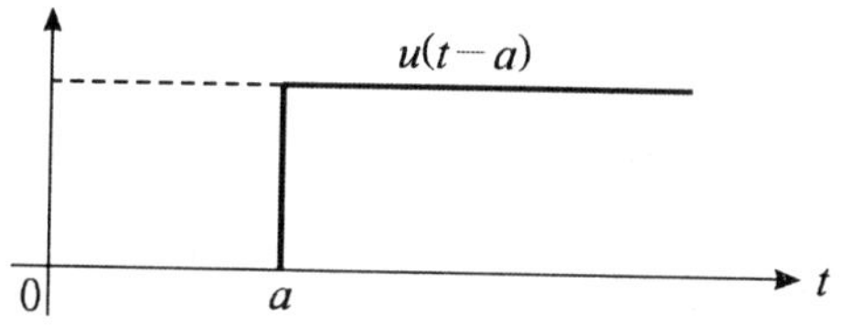

그림 2-8 $u(t-a)$의 파형

예제 그림 2-9와 같이 높이가 1인 펄스의 라플라스 변환을 구하라.

풀이 $f(t)=1\cdot[u(t-a)-u(t-b)]$

$$F(s)=\mathcal{L}[u(t-a)-u(t-b)]$$

$$=\frac{e^{-as}}{s}-\frac{e^{-bs}}{s}=\frac{1}{s}(e^{-as}-e^{-bs})$$

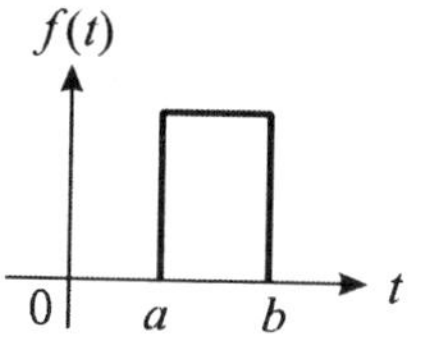

그림 2-9

(6) 복소추이정리(複素推移定理)

복소 주파수 $s>a$일 때, $\mathcal{L}[f(t)]=F(s)$이면, 함수 $e^{\pm at}f(t)$의 라플라스 변환은 다음과 같이 된다.

$$\mathcal{L}[e^{\pm at}f(t)]=\int_0^\infty f(t)e^{\pm at}e^{-st}dt$$

$$=\int_0^\infty f(t)e^{-(s\mp a)t}dt$$

$$=F(s\mp a) \tag{2-47}$$

즉, 변환식 $F(s)$에서 s 대신 $(s \mp a)$를 대입한 것이다.

예제 $e^{-at}\sin \omega t$의 라플라스 변환을 구하라.

풀이 $\mathcal{L}[\sin \omega t] = \dfrac{\omega}{s^2 + \omega^2}$ 이므로 여기에 복소추이정리를 적용하면

$$\mathcal{L}[e^{at}\sin \omega t] = \frac{\omega}{(s+a)^2 + \omega^2}$$

(7) 복소미분정리(複素微分定理)

시간함수 $f(t)$의 라플라스 변환이 가능하여 $\mathcal{L}[f(t)] = F(s)$이면

$$\mathcal{L}[t^n f(t)] = (-1)^n \frac{d^n}{ds^n} F(s) \qquad (2\text{-}48)$$

이다.

$$F(s) = \int_0^\infty f(t)e^{-st}dt$$

이 식을 s에 관해 양변을 미분하면

$$\frac{d}{ds}F(s) = \frac{d}{ds}\int_0^\infty f(t)e^{-st}dt = \int_0^\infty f(t)(-te^{-st})dt$$

$$= -\int_0^\infty tf(t)e^{-st}dt = -\mathcal{L}[tf(t)]$$

가 된다. 그러므로

$$\mathcal{L}[t \cdot f(t)] = -\frac{d}{ds}F(s) = (-1)^1 \frac{d}{ds}F(s)$$

이다. 같은 방법으로 n차 복소미분 식은 다음과 같이 된다.

$$\frac{d^n}{ds^n}F(s) = \frac{d^n}{ds^n}\int_0^\infty f(t)e^{-st}dt = \int_0^\infty f(t)\frac{d^n}{ds^n}e^{-st}dt$$

$$= (-1)^n \int_0^\infty t^n f(t)e^{-st}dt = (-1)^n \mathcal{L}[t^n f(t)]$$

$$\therefore \mathcal{L}[t^n f(t)] = (-1)^n \frac{d^n}{ds^n}F(s)$$

예제 $t\cos\omega t$의 라플라스 변환을 구하라.

풀이 복소미분정리를 이용하여 풀면

$$\mathcal{L}[t\cos\omega t]=(-1)\frac{d}{ds}[\mathcal{L}(\cos\omega t)]=-\frac{d}{ds}\cdot\frac{s}{s^2+\omega^2}$$

$$=-\frac{s^2+\omega^2}{(s^2+\omega^2)^2}+\frac{2s^2}{(s^2+\omega^2)^2}=\frac{s^2-\omega^2}{(s^2+\omega^2)^2}$$

(8) 복소적분정리(複素積分定理)

복소 주파수 s의 함수 $F(s)$ 즉, $F(s)=\int_0^\infty f(t)e^{-st}$를 s에서 ∞까지 s에 대해 적분하면

$$\int_s^\infty F(s)ds=\int_s^\infty\left[\int_0^\infty f(t)e^{-st}dt\right]ds=\int_0^\infty f(t)\left[\int_s^\infty e^{-st}ds\right]dt \qquad (2\text{-}49)$$

이 되고 여기서,

$$\int_s^\infty e^{-st}ds=\left[-\frac{1}{t}e^{-st}\right]_s^\infty=\frac{1}{t}e^{-st}$$

이므로 이것을 식 (2-49)에 대입하여 풀면

$$\int_s^\infty F(s)ds=\int_0^\infty f(t)\frac{1}{t}e^{-st}dt=\mathcal{L}\left[\frac{f(t)}{t}\right]$$

가 된다.

$$\therefore\ \mathcal{L}\left[\frac{f(t)}{t}\right]=\int_s^\infty F(s)ds \qquad (2\text{-}50)$$

(9) 초기값 정리(initial value theorem)

시간함수 $f(t)$와 $df(t)/dt$의 라플라스 변환이 가능하며 $f(t)$의 라플라스 변환이 $F(s)$이고, $\lim_{s\to\infty} sF(s)$가 존재하면 함수 $f(t)$의 초기값 정리는 다음과 같이 정의된다.

$$\lim_{t\to0} f(t)=\lim_{s\to\infty} s\cdot F(s)=f(0_+) \qquad (2\text{-}51)$$

$$\mathcal{L}\left[\frac{df(t)}{dt}\right]=sF(s)-f(0_+)$$

에서 s가 ∞에 접근하는 극한을 취하면

$$\lim_{s\to\infty}\left[\int_0^{\infty}\frac{df(t)}{dt}e^{-st}dt\right]=\lim_{s\to\infty}[sF(s)-f(0_+)] \tag{2-52}$$

가 되고, $\lim_{s\to\infty}e^{-st}=0$이므로, 식 (2-52)의 좌변은 0이 된다.

$$0=\lim_{s\to\infty}[sF(s)-f(0_+)]$$

$$\therefore\ f(0_+)=\lim_{t\to 0}f(t)=\lim_{s\to\infty}sF(s)$$

예제 $F(s)=\dfrac{s^3+7s^2+3s+5}{s^4+5s^3+9s^2+3s}$ 일 때 $f(t)$의 초기값을 구하라.

풀이 초기값 정리에 의해

$$\lim_{t\to 0}f(t)=\lim_{s\to\infty}sF(s)=\lim_{s\to\infty}s\cdot\frac{s^3+7s^2+3s+5}{s^4+5s^3+9s^2+3s}$$

$$=\lim_{s\to\infty}s\cdot\frac{s^3+7s^2+3s+8}{s(s^3+5s^2+9s+3)}=1$$

(10) 최종값 정리(final value theorem)

함수 $f(t)$의 라플라스 변환이 $F(s)$이고, $sF(s)$가 s평면의 허수축을 포함한 우반면에서 해석적이면 최종값 정리는 다음과 같다.

$$\lim_{t\to\infty}f(t)=\lim_{s\to 0}sF(s)=f(\infty) \tag{2-53}$$

최종값 정리에 의하면 $s=0$에서의 라플라스 변환으로부터 대응되는 시간함수의 최종값을 얻을 수 있기 때문에 제어계통을 해석하고 설계하는데 매우 유용하다.

$$\mathcal{L}\left[\frac{df(t)}{dt}\right]=sF(s)-f(0_+)$$

에서 s가 0에 접근하는 극한을 취하면

$$\lim_{s\to 0}\left[\int_0^{\infty}\frac{df(t)}{dt}e^{-st}dt\right]=\lim_{s\to 0}[sF(s)-f(0_+)] \tag{2-54}$$

이고, $\lim_{s\to 0}e^{-st}=1$이 되므로 식 (2-54)의 좌변은

$$\lim_{s\to 0}\left[\int_0^\infty \frac{df(t)}{dt}e^{-st}dt\right]=\int_0^\infty \frac{df(t)}{dt}dt$$

$$=\lim_{t\to\infty}\int_0^t df(t)=\lim_{t\to\infty}[f(t)-f(0_+)] \tag{2-55}$$

가 된다. 식 (2-54)와 식 (2-55)를 같다고 놓으면 최종값 정리는 다음식과 같다.

$$\lim_{t\to\infty}[f(t)-f(0_+)]=\lim_{s\to 0}[sF(s)-f(0_+)]$$

$$\therefore\ \lim_{t\to\infty}f(t)=\lim_{s\to 0}sF(s)$$

예제 $F(s)=\dfrac{7}{(3s^4+4s^3+5s^2+6s)}$ 일 때 $f(t)$의 최종값을 구하라.

풀이 최종값 정리에 의해

$$\lim_{t\to\infty}f(t)=\lim_{s\to 0}sF(s)=\lim_{s\to 0}s\cdot\frac{7}{s(3s^3+4s^2+5s+6)}$$

$$=\lim_{s\to 0}\frac{7}{3s^3+4s^2+5s+6}=\frac{7}{6}$$

(11) 주기함수(週期函數)의 라플라스 변환

그림 2-10과 같이 $t=0$에서 시작하는 주기 T의 시간함수를 $f(t)$라 하고, $0\leq t\leq T$에서의 함수를 $f_1(t)$라 하면 $f(t)$는 다음과 같이 표시할 수 있다.

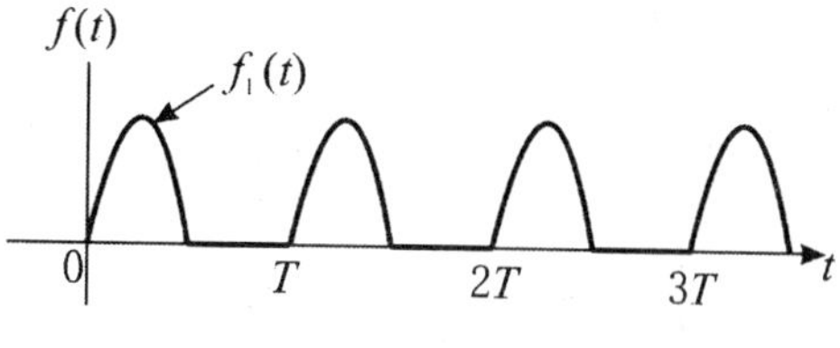

그림 2-10 주기함수

$$f(t)=f_1(t)+f_1(t-T)+f_1(t-2T)+\cdots \tag{2-56}$$

식 (2-56)을 라플라스 변환하면 식 (2-57)과 같이 된다.

$$F(s)=F_1(s)(1+e^{-Ts}+e^{-2Ts}+\cdots)=F_1(s)\frac{1}{1-e^{-Ts}} \tag{2-57}$$

지금까지의 정리를 표 2-2에 나타내었다.

표 2-2 라플라스 변환의 정리

정리	식
상수 승산	$\mathcal{L}[Kf(t)] = KF(s)$
가감산	$\mathcal{L}[f_1(t) \pm f_2(t)] = [F_1(s) \pm F_2(s)]$
미분 정리	$\mathcal{L}\left[\frac{df(t)}{dt}\right] = sF(s) - f(0)$ $\mathcal{L}\left[\frac{d^n f(t)}{dt^n}\right] = s^n F(s) - s^{n-1} f(0) - s^{n-2} f^{(1)}(0) - \cdots - f^{(n-1)}(0)$
적분 정리	$\mathcal{L}\left[\int_0^t f(\tau)d\tau\right] = \frac{F(s)}{s}$ $\mathcal{L}\left[\int_0^{t_1}\int_0^{t_2}\cdots\int_0^{t_n} f(\tau)d\tau^n\right] = \frac{F(s)}{s^n}$
상사 정리	$\mathcal{L}\left[f\left(\frac{t}{a}\right)\right] = aF(as)$
시간추이정리	$\mathcal{L}[f(t-a)] = e^{-as}F(s)$
복소추이정리	$\mathcal{L}[e^{\mp at}f(t)] = F(s \pm a)$
복소미분정리	$\mathcal{L}[tf(t)] = (-1)^1 \frac{d}{ds} F(s)$
복소적분정리	$\mathcal{L}\left[\frac{f(t)}{t}\right] = \int_s^\infty F(s)\,ds$
초기값 정리	$\lim_{t \to 0} f(t) = \lim_{s \to \infty} sF(s)$
최종값 정리	$\lim_{t \to \infty} f(t) = \lim_{s \to 0} sF(s)$
합성 적분 (상승) 정리	$F_1(s)F_2(s) = \mathcal{L}\left[\int_0^t f_1(\tau)f_2(t-\tau)d\tau\right]$ $= \mathcal{L}\left[\int_0^t f_2(\tau)f_1(t-\tau)d\tau\right]$ $= \mathcal{L}[f_1(\tau)f_2(\tau)]$
주기 함수	$\mathcal{L}[f_1(t) + f_1(t-T) + f_1(t-2T) + \cdots] = F_1(s)\frac{1}{1-e^{-Ts}}$

2.2 라플라스 역변환

라플라스 변환은 시간 영역을 복소 영역으로 변환시키는 것을 의미한다. 시간영역에서는 복잡한 문제라도 복소 영역에서는 간단히 계산되는 경우가 많다. 그러나 어떤 형상의 해석이나 연산의 결과는 시간 영역으로 표시하는 것이 편리할 때가 많다. 그러기 위해서는 s영역에서 시간 t영역으로 다시 변환하는 라플라스 역변환의 연산이 필요하게 된다. 즉, s함수 $F(s)$에서 t함수(원함수) $f(t)$를 복원하는 것을 라플라스 역변환(Inverse Laplce Transformation)이라 하고 기호는 $\mathcal{L}^{-1}[F(s)]$로 표시한다.

라플라스 변환을 식 (2-1)로 정의 했으므로 라플라스 역변환은 그 정의에 따라 자동적으로 결정되며, $F(s)$가 주어졌을 때 이에 대응하는 시간함수 $f(t)$는

$$f(t)=\mathcal{L}^{-1}[F(s)]=\frac{1}{2\pi j}\int_{c-j\infty}^{c+j\infty}F(s)e^{st}ds \tag{2-58}$$

가 된다.

예제 다음 함수를 라플라스 역변환하라.

$$F(s)=\frac{1}{s+6}$$

풀이 $\mathcal{L}[e^{-at}]=\dfrac{1}{s+a}$를 이용하면

$$f(t)=\mathcal{L}^{-1}[\frac{1}{s+6}]=e^{-6t}$$

2.2.1 라플라스 역변환의 성질

s함수가 주어졌을 때 그것의 라플라스 역변환에는 다음과 같은 여러 가지 성질이 있다.

(1) 선형성의 정리

$F_1(s)$, $F_2(s)$에 대한 라플라스 역변환을 $f_1(t)$, $f_2(t)$라 하고, a_1, a_2를 임의의 상수라 하면

$$\mathcal{L}^{-1}[a_1F(s)\pm a_2F(s)]=a_1f_1(t)\pm a_2f_2(t) \tag{2-59}$$

가 성립한다. 일반적으로는 다음과 같은 식이 된다.

$$\mathcal{L}^{-1}=\left[\sum_{i=1}^{n} a_i F(s)\right]=\sum_{i=1}^{n} a_i f_i(t) \tag{2-60}$$

예제 다음과 같은 함수의 라플라스 역변환을 구하라.

$$F(s)=\frac{7}{s}+11$$

풀이 선형성의 정리를 이용하면 다음과 같이 된다.

$$\mathcal{L}^{-1}\left[\frac{7}{s}+11\right]=7u(t)+11\delta(t)$$

(2) 추이정리

$\mathcal{L}^{-1}[F(s)]=f(t)$라고 할 때 다음과 같은 추이정리가 성립한다.

$$\mathcal{L}^{-1}[F(s-a)]=e^{at}f(t) \tag{2-61}$$

$$\mathcal{L}^{-1}[e^{-as}F(s)]=f(t-a)u(t-a) \tag{2-62}$$

예제 $F(s)=\dfrac{7}{s-5}$ 를 라플라스 역변환하라.

풀이 $\mathcal{L}^{-1}\left(\dfrac{7}{s-5}\right)=7e^{5t}$

(3) 대칭성의 정리

$\mathcal{L}^{-1}[F(s)]=f(t)$일 때

$$\mathcal{L}^{-1}[F(as)]=\frac{1}{f}\left(\frac{t}{a}\right) \tag{2-63}$$

$$\mathcal{L}^{-1}\left[F\left(\frac{s}{b}\right)\right]=bf(bt) \tag{2-64}$$

의 대칭성 정리가 성립한다.

(4) 미분정리

$\mathcal{L}^{-1}[F(s)]=f(t)$일 때 $F(s)$에 s를 곱하여 시간영역 t에서 미분하면 다음과 같이 된다.

$$\mathcal{L}^{-1}[sF(s)]=\frac{d}{dt}f(t) \tag{2-65}$$

식 (2-65)를 일반화하면 n차의 미분 라플라스 역변환이 된다.

$$\mathcal{L}^{-1}[s^nF(s)]=\frac{d^n}{dt^n}f(t) \tag{2-66}$$

$F(s)$를 s에 대해서 미분한 라플라스 역변환은 다음과 같이 된다.

$$\mathcal{L}^{-1}\left[\frac{d}{ds}F(s)\right]=-tf(t) \tag{2-67}$$

식 (2-67)을 일반화하면 식 (2-68)과 같이 n차의 미분 라플라스 역변환이 된다.

$$\mathcal{L}^{-1}\left[\frac{d^n}{ds^n}F(s)\right]=(-1)^n t^n f(t) \tag{2-68}$$

예제 $Y(s)=\dfrac{A}{s^2}+\dfrac{B}{(s-5)^2}$ 일 때 $y(t)$를 구하라.

풀이 $y(t)=\mathcal{L}^{-1}[Y(s)]=\mathcal{L}^{-1}\left[\dfrac{A}{s^2}+\dfrac{B}{(s-5)^2}\right]$

$=At+Bte^{5t}$

(5) 적분정리

$F(s)$의 $\dfrac{1}{s}$ 배를 라플라스 역변환하면 $f(t)$를 시간영역 t에서 적분한 것이 된다.

$$\mathcal{L}^{-1}\left[\frac{F(s)}{s}\right]=\int_0^t f(t)\,dt \tag{2-69}$$

식 (2-69)를 일반화하면 식 (2-70)과 같이 n차의 적분 라플라스 역변환이 된다.

$$\mathcal{L}^{-1}\left[\frac{F(s)}{s^n}\right]=\int_0^t\int_0^t\cdots\int_0^t f(t)dt^n \tag{2-70}$$

표 2-3에 라플라스 역변환의 정리를 요약하였다.

표 2-3 라플라스 역변환의 정리

선형성의 정리	$\mathcal{L}^{-1}[a_1F_1(s)\pm a_2F_2(s)]=a_1f_1(t)\pm a_2f_2(t)$
추이정리	$\mathcal{L}^{-1}[e^{-as}F(s)]=f(t-a)u(t-a)$
대칭성의 정리	$\mathcal{L}^{-1}\left[F\left(\frac{s}{b}\right)\right]=bf(bt)$
미분정리	$\mathcal{L}^{-1}[sF(s)]=\frac{d}{dt}f(t)$
적분정리	$\mathcal{L}^{-1}\left[\frac{F(s)}{s}\right]=\int_0^t f(t)\,dt$
합성 적분정리	$\mathcal{L}^{-1}[F_1(s)F_2(s)]=f_1(t)\cdot f_2(t)=\int_0^T f_1(\tau)f_2(t-\tau)\,d\tau$

2.2.2 부분분수 전개법을 이용한 라플라스 역변환

제어 시스템을 해석할 때 $f(t)$의 라플라스 변환식 $F(s)$를 다음 식과 같이 놓을 수 있다.

$$F(s)=\frac{Q(s)}{P(s)}=\frac{b_ms^m+b_{m-1}s^{m-1}+\cdots b_1s+b_0}{a_ns^n+a_{n-1}s^{n-1}+\cdots a_1s+a_0} \tag{2-71}$$

여기서 $P(s)$와 $Q(s)$는 s의 다항식이다. 식 (2-71)과 같은 함수를 **유리함수**(rational function)라 하고, 실제로 필요한 시간함수는 라플라스 역변환하여 구한다.

함수 $F(s)$의 라플라스 역변환 $\mathcal{L}^{-1}[F(s)]$는 부분 분수 전개법을 이용하여 전개할 수 있다. 식 (2-71)에서 $n>m$인 경우에 있어서는 부분 분수 전개를 바로 적용할 수 있으나, $n\leq m$일 때는 분자를 분모로 나누어 몫(s의 다항식)과 나머지의 합으로 표시한다(이 나머지의 분자 차수는 분모 차수보다 작아진다).

$s_1,\ s_2,\ s_3\cdots s_n$을 $P(s)=0$

$$P(s)=a_ns^n+a_{n-1}s^{n-1}+\cdots a_1s+a_0=0 \tag{2-72}$$

의 근이라고 하면, $F(s)$의 부분 분수는 다음과 같이 3가지 형태로 구분된다.

(1) 모든 근이 실수 단근인 경우

식 (2-71)에서 $n>m$이고 $P(s)=0$이 되는 근이 모두 실수근일 때, 식 (2-71)의 분모 $P(s)$를 인수 분해하면

$$P(s)=(s-s_1)(s-s_2)(s-s_3)\cdots(s-s_n) \tag{2-73}$$

이므로, 식 (2-71)은 다음과 같이 된다.

$$F(s)=\frac{Q(s)}{P(s)}=\frac{Q(s)}{(s-s_1)(s-s_2)(s-s_3)\cdots(s-s_n)} \tag{2-74}$$

식 (2-74)를 부분 분수로 전개하면 식 (2-75)와 같이 된다.

$$F(s)=\frac{Q(s)}{P(s)}=\frac{K_1}{s-s_1}+\frac{K_2}{s-s_2}+\cdots\frac{K_n}{s-s_n} \tag{2-75}$$

여기서, 계수 K_1, $K_2\cdots K_n$을 극점 $s=-p_k(k=1, 2\cdots n)$에서의 유수(residue)라고 한다. 계수를 결정하는 방법은 다음과 같다.

$$\left.\begin{aligned} K_1&=\lim_{s\to s_1}(s-s_1)F(s)\\ K_2&=\lim_{s\to s_2}(s-s_2)F(s)\\ &\vdots\\ K_n&=\lim_{s\to s_n}(s-s_n)F(s)\end{aligned}\right\} \tag{2-76}$$

예제 $F(s)=\dfrac{1}{s(s-a)}$를 라플라스 역변환하여 시간함수 $f(t)$를 구하라.

풀이 $F(s)=\dfrac{1}{s(s-a)}=\dfrac{K_1}{s}+\dfrac{K_2}{s-a}$

$$K_1=\lim_{s\to 0}sF(s)=\left[\frac{1}{s-a}\right]_{s=0}=-\frac{1}{a}$$

$$K_2=\lim_{s\to a}(s-a)F(s)=\left[\frac{1}{s}\right]_{s=-a}=\frac{1}{a}$$

$$F(s)=-\frac{1}{a}\frac{1}{s}+\frac{1}{a}\frac{1}{s-a}=-\frac{1}{a}\left(\frac{1}{s}-\frac{1}{s-a}\right)$$

$$\therefore\ f(t)=\mathcal{L}^{-1}\left[-\frac{1}{a}\left(\frac{1}{s}-\frac{1}{s-a}\right)\right]=-\frac{1}{a}(1-e^{at})$$

(2) 공액 복소근을 포함한 경우

$$F(s)=\frac{Q(s)}{P(s)}=\frac{Q(s)}{[(s-\alpha)^2+\omega^2](s-s_1)(s-s_2)\cdots(s-s_n)}$$

$$=\frac{As+B}{(s-\alpha)^2+\omega^2}+\frac{K_1}{s-s_1}+\frac{K_2}{s-s_2}\cdots+\frac{K_n}{s-s_n} \tag{2-77}$$

여기서 계수 K_1, K_2, $\cdots K_n$ 등은 (1)에서 설명한 방법으로 구하고, A, B는 다음과 같은 복소수의 방정식을 세워서 구한다.

$$\left.\begin{aligned}\lim_{s\to\alpha+j\omega}(As+B)&=\lim_{s\to\alpha+j\omega}[(s-\alpha)^2+\omega^2]F(s)\\ \lim_{s\to\alpha-j\omega}(As+B)&=\lim_{s\to\alpha-j\omega}[(s-\alpha)^2+\omega^2]F(s)\end{aligned}\right\} \tag{2-78}$$

예제 다음 함수를 라플라스 역변환하여라.

$$F(s)=\frac{1}{s^2+2s+5}$$

풀이 $F(s)=\dfrac{1}{s^2+2s+5}=\dfrac{1}{(s+1)^2+4}$

$$f(t)=\mathcal{L}^{-1}[\frac{1}{s^2+2s+5}]=\frac{1}{2}\mathcal{L}^{-1}\left[\frac{2}{(s+1)^2+2^2}\right]$$

$$=\frac{1}{2}e^{-t}\sin 2t$$

(3) 다중근이 있는 경우

$F(s)$의 n개의 근 중에서 r개가 같다면 즉 $s=s_i$의 근이 r차의 중근이라면

$$F(s)=\frac{Q(s)}{P(s)}=\frac{Q(s)}{(s-s_1)(s-s_2)(s-s_{n-r})\cdots(s-s_i)^r} \tag{2-79}$$

와 같이 되고, 식 (2-79)는 다음과 같이 전개될 수 있다.

$$F(s)=\frac{Q(s)}{P(s)}=\frac{K_{11}}{s-s_1}+\frac{K_{12}}{s-s_2}\cdots\frac{K_{1(n-r)}}{s-s_{n-r}}\ [(n-r)\text{개의 단순근}]$$

$$+\frac{K_1}{(s-s_i)}+\frac{K_2}{(s-s_i)^2}+\cdots\frac{K_r}{(s-s_i)^r}\ [r\text{개의 중복근}] \tag{2-80}$$

단순근에 대한 $(n-r)$개의 계수 K_{11}, K_{12}, $\cdots K_{1(n-r)}$은 식 (2-76)과 같은 방법으로 구하면 된다. 중복근에 대응되는 계수의 결정은 다음과 같이 하면 된다.

$$\left.\begin{aligned}
K_r &= \left[(s-s_i)^r F(s)\right]_{s=s_i} \\
K_{r-1} &= \frac{d}{ds}\left[(s-s_i)^r F(s)\right]_{s=s_i} \\
K_{r-2} &= \frac{1}{2!}\frac{d^2}{ds^2}\left[(s-s_i)^r F(s)\right]_{s=s_i} \\
&\vdots \\
K_1 &= \frac{1}{(r-1)!}\frac{d^{r-1}}{ds^{r-1}}\left[(s-s_i)^r F(s)\right]_{s=s_i}
\end{aligned}\right\} \tag{2-81}$$

예제 $F(s)=\dfrac{1}{(s+1)^2(s+2)}$의 라플라스 역변환을 구하라.

풀이 $F(s)=\dfrac{1}{(s+1)^2(s+2)}=\dfrac{k_{11}}{(s+1)^2}+\dfrac{k_{12}}{(s+1)}+\dfrac{k_1}{(s+2)}$

$k_{11}=\lim_{s\to -1}(s+1)^2\cdot F(s)=1$

$k_{12}=\lim_{s\to -1}\dfrac{d}{ds}[(s+1)^2\cdot F(s)]=-1$

$k_1=\lim_{s\to -2}(s+2)\cdot F(s)=1$

$F(s)=\dfrac{1}{(s+1)^2}-\dfrac{1}{s+1}+\dfrac{1}{s+2}$

따라서,

$f(t)=\mathcal{L}^{-1}F(s)=te^{-t}-e^{-t}+e^{-2t}$

2.3 라플라스 변환에 의한 미분 방정식의 해

라플라스 변환 정리와 부분 분수 전개, 라플라스 변환표를 이용하면 선형시불변 미분방정식을 풀 수 있다. 선형 미분방정식의 라플라스 변환에 의한 풀이과정은 다음과 같다.

① 주어진 미분 방정식의 초기 조건을 고려하면서 라플라스 변환한다.

② 대수 연산에 의해 구한 변수에 대해 s영역의 해를 구한다.

③ 역라플라스 변환에 의해 구하고자 하는 시간영역의 해를 구한다.

예제 $\frac{d^2}{dt^2}x(t)+2\frac{d}{dt}x(t)-3x(t)=4$, $x(0)=x'(0)=0$에서 $x(t)$를 구하라.

풀이 주어진 미분 방정식의 양변을 라플라스 변환하면

$$s^2X(s)-sx(0)-x'(0)+2sX(s)-x(0)-3X(s)=\frac{4}{s}$$

$$X(s)(s^2+2s-3)=\frac{4}{s}$$

$$\therefore\ X(s)=\frac{4}{s(s^2+2s-3)}=\frac{4}{s(s-1)(s+3)}=\frac{K_1}{s}+\frac{K_2}{s-1}+\frac{K_3}{s+3}$$

여기에서 K_1, K_2, K_3를 구하여 $X(s)$에 대해 정리하면

$$X(s)=\frac{-\frac{4}{3}}{s}+\frac{1}{s-1}+\frac{\frac{1}{3}}{s+3}$$

$$\therefore\ x(t)=\mathcal{L}^{-1}[X(s)]=-\frac{4}{3}+e^t+\frac{1}{3}e^{-3t}$$

예제 그림 2-11과 같은 R-C직렬회로에서 $t=0$의 시각에 스위치 S를 닫을 때 $i(t)$의 라플라스 변환 $I(s)$를 구하라. 단, $V_c(0)=1$[V]이다.

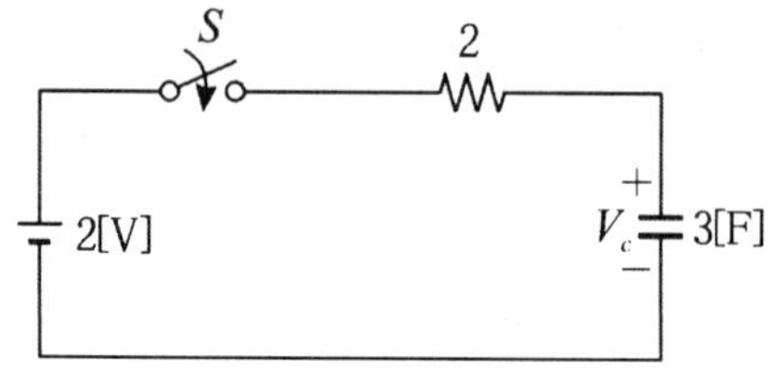

그림 2-11

풀이 R-C 직렬회로이므로 회로방정식을 세우면

$$Ri(t)+\frac{1}{C}\int i\,dt=2$$

양변을 라플라스 변환하면

$$2I(s)+\frac{1}{3s}[I(s)+i^{-1}(0_+)]=\frac{2}{s}$$

여기서, $i^{-1}(0_+)$는 초기 충전 전하이므로

$$Q_0=CV_c(0)=3\times1=3$$

$$\therefore \quad I(s)=\frac{\dfrac{2}{s}-\dfrac{1}{s}}{2+\dfrac{1}{3s}}=\frac{3}{6s+1}$$

연 습 문 제

1. $f(t) = \sin t + 2\cos t$를 라플라스 변환하라.

2. 함수 $f(t) = te^{at}$를 라플라스 변환하라.

3. 함수 $f(t)$의 라플라스 변환식 $F(s)$가 $F(s) = \dfrac{3s^2 + 5s + 35}{s^4 + 7s^3 + 3s^2 + 5s}$ 일 때 이 함수의 최종값을 구하라.

4. 다음 함수를 라플라스 역변환하여 시간의 함수 $f(t)$를 구하라.

$$F(s) = \frac{2s + 3}{s^2 + 3s + 2}$$

5. 다음 함수를 라플라스 역변환하여라.

$$F(s) = \frac{s^2 + 3s + 10}{s^2 + 2s + 5}$$

6. $\dfrac{di(t)}{dt} + 4i(t) + 4\int i(t)dt = 50u(t)$를 라플라스 변환하여 전류에 대해서 풀면?

(단, $t = 0$에서 $i(0) = 0$, $\int_{-\infty}^{0} i(t) = 0$이다.)

7. 그림 2-12와 같은 파형의 라플라스 변환을 구하라.

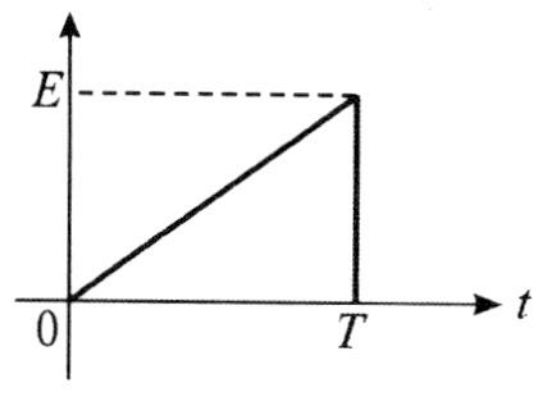

그림 2-12

8. $F(s) = \dfrac{1}{s(s + a)}$ 를 라플라스 역변환하여 시간함수 $f(t)$를 구하라.

9. $Ri(t)+L\frac{di(t)}{dt}=E$에서 모든 초기값을 0으로 하였을 때 $i(t)$의 값을 구하라.

10. 그림 2-13과 같은 주기 구형파의 라플라스 변환을 구하라.

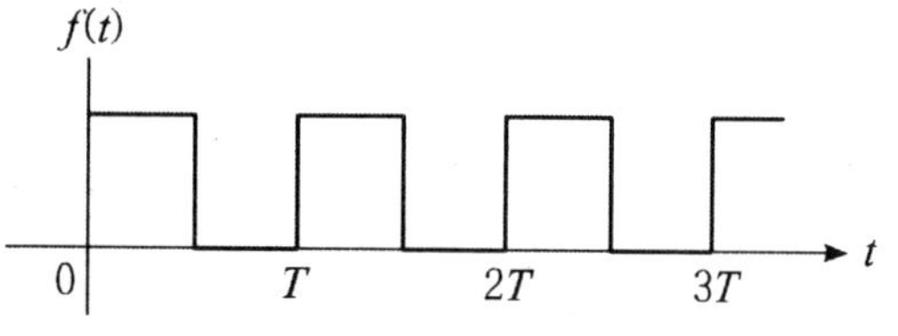

그림 2-13

연 습 문 제 해 답

1. $F(s)=\mathcal{L}[f(t)]=\mathcal{L}[\sin t]+\mathcal{L}[2\cos t]$

$$=\frac{1}{s^2+1}+2\frac{s}{s^2+1}=\frac{2s+1}{s^2+1}$$

2. $\mathcal{L}(t)=\frac{1}{s^2}$, $\mathcal{L}[e^{at}f(t)]=F(s-a)$이므로 $\mathcal{L}[te^{at}]=\frac{1}{(s-a)^2}$

또는 $\mathcal{L}[te^{at}]=-\frac{d}{ds}[\mathcal{L}(e^{at})]=-\frac{d}{ds}\left(\frac{1}{s-a}\right)=\frac{1}{(s-a)^2}$

3. 최종값의 정리에서 $f(\infty)=\lim_{t\to\infty}f(t)=\lim_{s\to 0}sF(s)$이므로

$$f(\infty)=\lim_{s\to 0}s\cdot\frac{3s^2+5s+35}{s(s^3+7s^2+3s+5)}=7$$

4. $F(s)$를 부분분수로 전개하면

$$F(s)=\frac{2s+3}{s^2+3s+2}=\frac{2s+3}{(s+1)(s+2)}=\frac{K_1}{s+1}+\frac{K_2}{s+2}$$

$$K_1=\lim_{s\to -1}(s+1)F(s)=\left[\frac{2s+3}{s+2}\right]_{s=-1}=1$$

$$K_2=\lim_{s\to -2}(s+2)F(s)=\left[\frac{2s+3}{s+1}\right]_{s=-2}=1$$

$$F(s)=\frac{1}{s+1}+\frac{1}{s+2}$$

$$\therefore f(t)=\mathcal{L}^{-1}[F(s)]=\mathcal{L}^{-1}\left[\frac{1}{s+1}+\frac{1}{s+2}\right]=e^{-t}+e^{-2t}$$

5. $\mathcal{L}^{-1}\left[\frac{s^2+3s+10}{s^2+2s+5}\right]=\mathcal{L}^{-1}\left[1+\frac{s+5}{s^2+2s+5}\right]$

$$=\mathcal{L}^{-1}\left[1+\frac{s+1}{(s+1)^2+2^2}\right]$$

$$=\mathcal{L}^{-1}\left[1+\frac{s+1}{(s+1)^2+2^2}+2\frac{2}{(s+1)^2+2^2}\right]$$

$$=\delta(t)+e^{-t}\cos 2t+2e^{-t}\sin 2t$$

$$=\delta(t)+e^{-t}(\cos 2t+2\sin 2t)$$

6. $sI(s)+4I(s)+\frac{4}{s}I(s)=\frac{50}{s}$

$$I(s)=\frac{50}{s^2+4s+4}=\frac{50}{(s+2)^2}$$

$$\therefore\ f(t)=50te^{-2t}$$

7. $f(t)=\frac{E}{T}t[u(t)-u(t-T)]-Eu(t-T)$

$$=\frac{E}{T}tu(t)-\frac{E}{T}(t-T)u(t-T)-Eu(t-T)$$

$$F(s)=\frac{E}{T}\frac{1}{s^2}-\frac{E}{T}\frac{1}{s^2}e^{-Ts}-Ee^{-Ts}=\frac{E}{Ts^2}(1-e^{-Ts}-Tse^{-Ts})$$

$$=\frac{E}{Ts^2}[1-(Ts+1)e^{-Ts}]$$

8. $F(s)=\frac{1}{s(s+a)}=\frac{K_1}{s}+\frac{K_2}{s+s}$

$$K_1=\lim_{s\to 0}sF(s)=\left[\frac{1}{s+a}\right]_{s=0}=\frac{1}{a}$$

$$K_2=\lim_{s\to -a}(s+a)F(s)=\left[\frac{1}{s}\right]_{s=-a}=-\frac{1}{a}$$

$$F(s)=\frac{1}{a}\frac{1}{s}-\frac{1}{a}\frac{1}{s+a}=\frac{1}{a}\left(\frac{1}{s}-\frac{1}{s+a}\right)$$

$$\therefore\ f(t)=\mathcal{L}^{-1}\left[\frac{1}{a}\left(\frac{1}{s}-\frac{1}{s+a}\right)\right]=\frac{1}{a}(1-e^{-at})$$

9. $RI(s)+LsI(s)=\frac{E}{s}$

$$I(s)=\frac{E}{s(R+Ls)}=\frac{\frac{E}{L}}{s(s+\frac{R}{L})}$$

$$=\frac{\frac{E}{R}}{s}-\frac{\frac{E}{R}}{s+\frac{R}{L}}=\frac{E}{R}\left(\frac{1}{s}-\frac{1}{s+\frac{R}{L}}\right)$$

$$\therefore\ i(t)=\mathcal{L}^{-1}[I(s)]=\frac{E}{R}(1-e^{-\frac{R}{L}t})$$

10. $f(t)=u(t)-u\left(t-\frac{T}{2}\right)+u(t-T)-u\left(t-\frac{3}{2}T\right)+u(t-2T)-\cdots$

$$\mathcal{L}[f(t)]=\frac{1}{s}-\frac{e^{-\frac{T}{2}s}}{s}+\frac{e^{-Ts}}{s}-\frac{e^{-\frac{3}{2}Ts}}{s}+\frac{e^{-2Ts}}{s}-\cdots$$

$$=\frac{1}{s}(1-e^{-\frac{T}{2}s}+e^{-Ts}-e^{-\frac{3}{2}Ts}+e^{-2Ts}-\cdots$$

$$=\frac{1}{s}\left(\frac{1}{1+e^{-\frac{T}{2}s}}\right)=\frac{1}{s\left(1+e^{-\frac{T}{2}s}\right)}$$

제 3 장
전달함수

3.1 전달함수

전달함수는 제어 시스템에 가해지는 입력신호에 대하여 출력신호가 어떤 모양으로 나오는가 하는 신호전달 특성을 제어요소에 따라 개별적으로 취급한 것으로 선형 미분방정식의 모든 초기값을 0으로 했을 때 출력신호의 라플라스 변환과 입력신호의 라플라스 변환과의 비(比)로 정의한다.

여기서 초기값을 0으로 한다는 것은 제어계에 입력이 가해지기 전, 즉 $t<0$에서는 그 계가 정지 상태에 있다는 것을 의미한다.

그러므로 입력신호를 $x(t)$, 출력신호를 $y(t)$, 이것의 라플라스 변환을 각각 $X(s)$, $Y(s)$라 하고, 전달함수를 $G(s)$라 하면

$$G(s)=\frac{Y(s)}{X(s)}=\frac{\text{출력을 라플라스 변환한 값}}{\text{입력을 라플라스 변환한 값}} \tag{3-1}$$

과 같이 된다.

제어 시스템의 입력을 $x(t)$, 출력을 $y(t)$라 할 때 입력과 출력의 관계가

$$\begin{aligned} & a_n\frac{d^n y(t)}{dt^n}+a_{n-1}\frac{d^{n-1}y(t)}{dt^{n-1}}+\cdots+a_1\frac{dy(t)}{dt}+a_0 y(t) \\ & =b_m\frac{d^m x(t)}{dt^m}+b^{m-1}\frac{d^{m-1}x(t)}{dt^{m-1}}+\cdots+b_1\frac{dx(t)}{dt}+b_0 x(t) \end{aligned} \tag{3-2}$$

인 미분방정식으로 표현된다고 하자.

여기서, a_n, a_{n-1}, $\cdots a_1$, a_0와 b_m, b_{m-1}, $\cdots b_1$, b_0는 실수인 상수이며, 일반적

으로 $n \geq m$이다.

식 (3-2)로 표현되는 선형계의 전달함수를 구하기 위하여 초기조건(initial condition)을 0으로 두고 양변을 라플라스 변환하면

$$\begin{aligned}&(a_n s^n + a_{n-1} s^{n-1} + \cdots a_1 s + a_0) Y(s) \\ &\quad = (b_m s^m + b_{m-1} s^{m-1} + \cdots b_1 s + b_0) X(s)\end{aligned} \tag{3-3}$$

이 되어 입력 $x(t)$와 출력 $y(t)$ 사이의 전달함수는

$$G(s) = \frac{Y(s)}{X(s)} = \frac{b_m s^m + b_{m-1} s^{m-1} + \cdots + b_1 s + b_0}{a_n s^n + a_{n-1} s^{n-1} + \cdots + a_1 s + a_0} \tag{3-4}$$

과 같이 된다.

이 관계를 그림으로 나타내면 그림 3-1과 같이 표현할 수 있다.

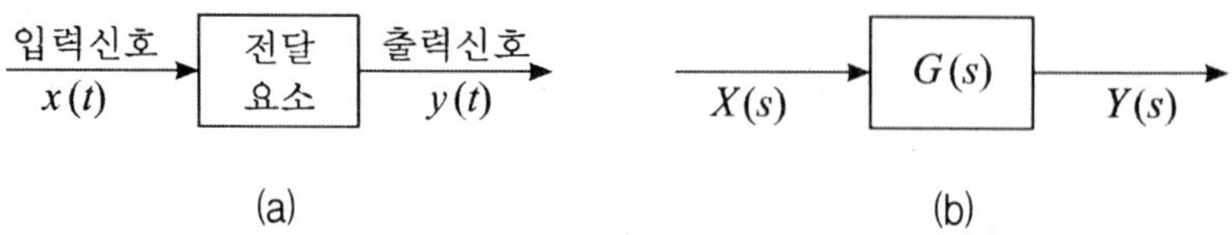

그림 3-1 전달함수의 표현

식 (3-4)를 출력의 식으로 나타내면 식 (3-5)와 같이 된다.

$$Y(s) = G(s) X(s) \tag{3-5}$$

시간 영역에서의 출력을 알고자 하면 식 (3-5)를 라플라스 역변환함으로써 얻어진다.

$$y(t) = \mathcal{L}^{-1}[G(s) X(s)] \tag{3-6}$$

식 (3-6)을 이용하면 시스템의 전달함수를 알고 있을 때, 임의의 입력신호 $x(t)$에 대한 출력신호는 입력신호를 라플라스 변환한 다음 식 (3-5)에서 출력의 라플라스 함수를 구한 뒤 식 (3-6)에 의해 라플라스 역변환을 하면 구하고자 하는 출력의 시간함수를 얻을 수 있다.

여기서, 입력신호 $x(t)$는 시스템의 상황을 변화시키는 강제력을 나타내고, 출력신호 $y(t)$는 이 강제력에 대해 시스템이 나타내는 응답을 표시한다. 이와 같은 의미에서 입력신호를 강제함수(excitation function 또는 forcing function), 출력신호

를 그 시스템의 응답(response)이라고 한다.

전달함수의 성질을 요약하면 다음과 같다.

① 전달함수는 오직 선형 시불변 시스템에서만 정의되고 비선형 시스템에서는 정의되지 않는다.

② 시스템의 입력변수와 출력변수 사이의 전달함수는 출력의 라플라스 변환과 입력의 라플라스 변환의 비로서 나타낸다.

③ 시스템의 모든 초기조건은 0으로 한다.

④ 전달함수는 시스템의 입력의 크기나 성질에는 무관하다.

⑤ 연속치 제어계통의 전달함수는 복소변수 s만의 함수로 표현된다.

⑥ 전달함수는 입력과 출력의 단위를 포함하고 있다. 그러나 전달함수는 시스템의 물리적 구조에 관한 정보는 담고 있지 않다(물리적으로 서로 다른 시스템일지라도 전달함수는 같을 수 있다).

예제 미분방정식 $\frac{d^2y(t)}{dt^2}+5\frac{dy(t)}{dt}+3y(t)=7\frac{dx(t)}{dt}+9x(t)$로 나타낼 수 있는 선형계의 전달함수를 구하라.(단 $x(t)$는 시스템의 입력이고 $y(t)$는 시스템의 출력이다. 모든 초기값은 0으로 간주한다.)

풀이 미분 방정식을 라플라스 변환하면

$$[s^2Y(s)-sy(0)-y'(0)]+5[sY(s)-y(0)]+3Y(s)=7[sX(s)-x(0)]+9X(s)$$

모든 초기값이 0이므로

$$(s^2+5s+3)Y(s)=X(s)(7s+9)$$

$$\therefore\ G(s)=\frac{Y(s)}{X(s)}=\frac{7s+9}{s^2+5s+3}$$

예제 그림 3-2와 같은 회로에서 입력이 e_1, 출력이 e_2일 때 전달함수를 구하라.

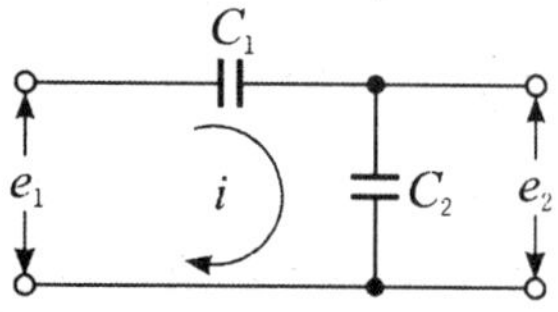

그림 3-2

풀이 $e_1(t) = \frac{1}{C_1}\int i(t)dt + \frac{1}{C_2}\int i(t)\,dt$

$$e_2(t) = \frac{1}{C_2}\int i(t)\,dt$$

$$G(s) = \frac{E_2(s)}{E_1(s)} = \frac{C_1}{C_1 + C_2}$$

예제 어떤 제어 시스템의 전달함수가 $G(s) = \dfrac{3s+2}{s^2+5s+7}$ 로 표시될 때 이 시스템에 입력 $x(t)$를 인가했을 때의 출력 $y(t)$를 구하는 미분방정식을 구하라.

풀이 $G(s) = \dfrac{Y(s)}{X(s)} = \dfrac{3s+2}{s^2+5s+7}$ 이므로

$$(s^2+5s+7)\,Y(s) = (3s+2)\,X(s)$$

이 식의 라플라스 역변환을 구하면

$$\frac{d^2y(t)}{dt^2} + 5\frac{dy(t)}{dt} + 7y(t) = 3\frac{dx(t)}{dt} + 2x(t)$$

3.1.1 임펄스 응답과 인디셜 응답

(1) 임펄스 응답(impulse response)

초기조건이 0일 때 입력신호가 $x(t) = \delta(t)$인 단위 임펄스 함수이면 $X(s) = \mathcal{L}[\delta(t)] = 1$이므로 출력응답 $y(t)$는

$$y(t) = \mathcal{L}^{-1}[G(s)X(s)] = \mathcal{L}^{-1}[G(s)] = g(t) \tag{3-7}$$

로 표시하며 이것을 임펄스 응답(impulse response)이라 한다.

임펄스 응답함수 $g(t)$는 초기조건이 0일 때 단위 임펄스 입력에 대한 선형시스템의 응답이다. 이 함수를 라플라스 변환하면 전달함수가 된다. 즉 어느 시스템의 임펄스 응답은 그 시스템에 대한 전달함수의 라플라스 역변환과 같다. 반대로 전달함수는 임펄스 응답의 라플라스 변환이 된다. 그러므로 선형 시불변 시스템에서 전달함수나 임펄스 응답함수는 시스템의 동특성에 관한 동일한 정보를 가지고 있다고 할 수 있다. 따라서, 임펄스 입력을 시스템에 인가하여 그 응답을 측정함으로써 시스템의 동특성에 관한 모든 정보를 얻을 수 있다.

(2) 인디셜 응답(indicial response)

입력신호가 $x(t)=u(t)$인 단위 계단함수이면 $X(s)=\mathcal{L}[u(t)]=\frac{1}{s}$이므로 출력 응답 $y(t)$는

$$y(t)=\mathcal{L}^{-1}[G(s)X(s)]=\mathcal{L}^{-1}[\frac{1}{s}G(s)]=a(t) \tag{3-8}$$

으로 표시하며 이것을 **인디셜 응답**(indicial response) 또는 **단위계단 응답**(unit step response)이라 한다.

예제 제어 시스템의 입력을 $x(t)$, 출력을 $y(t)$라고 할 때 전달함수 $G(s)$가 다음과 같을 때 단위 계단 응답을 구하라.

$$G(s)=\frac{1}{(s+1)(s+2)}$$

풀이 입력신호가 단위 계단인 $X(s)=\mathcal{L}[u(t)]=\frac{1}{s}$일 때 단위 계단 응답이므로

$$\begin{aligned}y(t)&=\mathcal{L}^{-1}[G(s)X(s)]=\mathcal{L}^{-1}[\frac{1}{(s+1)(s+2)}\cdot\frac{1}{s}]\\&=\mathcal{L}^{-1}[\frac{K_1}{s}+\frac{K_2}{s+1}+\frac{k_3}{s+3}]=\mathcal{L}^{-1}(\frac{1}{2}\cdot\frac{1}{s}-\frac{1}{s+1}+\frac{1}{2}\frac{1}{s+2})\\&=\frac{1}{2}-e^{-t}+\frac{1}{2}e^{-2t}\end{aligned}$$

예제 어떤 시스템의 임펄스 응답이 $\cos t$일 때 이 시스템의 전달함수와 미분방정식을 구하라.

풀이 입력신호가 $X(s)=\mathcal{L}[\delta(t)]=1$일 때 임펄스 응답이므로 이 시스템의 전달함수는 $\frac{Y(s)}{X(s)}=\frac{s}{s^2+1}$이 된다.

미분방정식은 구해진 전달함수에서

$$Y(s)(s^2+1)=sX(s)$$

이므로 $s=d/dt$로 놓으면 다음과 같이 구해진다.

$$\frac{d^2y(t)}{dt^2}+y(t)=\frac{dx(t)}{dt}$$

3.1.2 특성 방정식

선형계의 특성 방정식(chracteristic equation)은 전달함수의 분모의 다항식을 0으로 놓아 얻어지는 방정식이다. 식 (3-4)로부터 시스템의 특성 방정식은 다음과 같다.

$$a_n s^n + a_{n-1} s^{n-1} + \cdots + a_1 s + a_0 = 0 \tag{3-9}$$

3.2 제어 요소의 전달함수

선형제어계(線型制御系)의 구성 요소로서는 여러 가지의 것들이 있다. 어떤 제어계의 특성 및 안정도를 결정하기 전에 먼저 이 각 요소들의 특성에 대해서 잘 알아야 하며, 그들의 전달함수 표시 방법도 익숙해야 한다.

자동제어계의 구성 요소에 대한 특성을 전달함수로 나타내기 위해서는 제어요소의 입출력 관계가 선형적으로 표현되어야 한다. 일반적으로 비선형일 때가 많으므로 이 비선형 관계를 선형화하여 근사적으로 선형 관계를 얻은 다음에 전달함수를 구할 필요가 있다.

여기서는 그 중 가장 기본이 되고, 또 가장 많이 사용되는 요소들에 대해 알아보기로 한다.

(1) 비례요소(比例要素)

제어계의 입력신호 $x(t)$와 출력신호 $y(t)$의 관계가

$$y(t) = Kx(t) \tag{3-10}$$

으로 표시되는 요소를 **비례요소**(proportional element)라고 한다. 즉 입력이 변하면 출력은 입력이 변하는 것에 비례하여 변하는 요소이다. 모든 초기값을 0으로 두고 식 (3-10)의 양변을 라플라스 변환하면

$$Y(s) = KX(s) \tag{3-11}$$

가 얻어지므로 이 시스템의 전달함수는

$$G(s) = \frac{Y(s)}{X(s)} = K \tag{3-12}$$

가 된다. 여기서 K를 **이득 상수**(gain constant)라 한다.

지렛대에서 입력변위와 출력변위와의 관계, 스프링에서 변위와 힘의 관계, 포텐쇼미터에서 변위와 출력전압과의 관계 등은 모두 출력이 입력에 근사적으로 비례하므로 비례요소인 것이다.

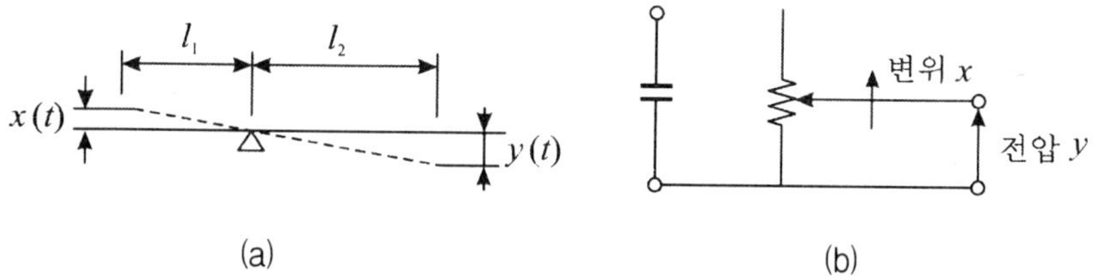

그림 3-3 비례요소의 예

그림 3-4에서 (a)는 단위 계단 입력을 가할 때, (b)는 비례요소가 K인 시스템을 보여주고 있고 (c)는 입력의 K배인 출력을 보여주고 있다.

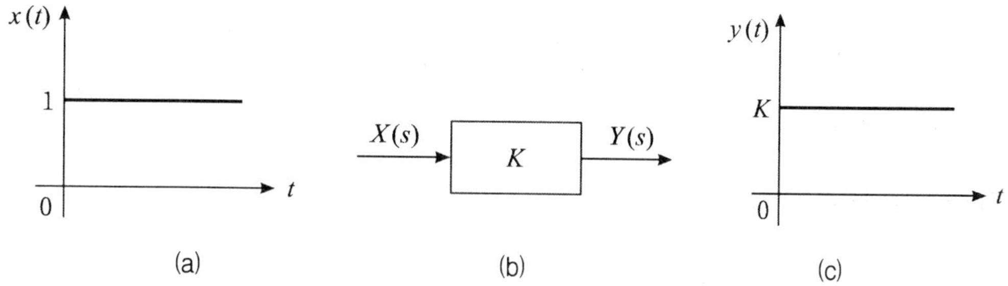

그림 3-4 비례요소

(2) 미분요소(微分要素)

제어 시스템의 입력신호 $x(t)$와 출력신호 $y(t)$의 관계가

$$y(t) = K\frac{dx(t)}{dt} \tag{3-13}$$

로 표시되는 요소를 미분요소(derivative element)라 한다. 식 (3-13)의 양변을 라플라스 변환하고 초기값을 0으로 놓고 전달함수를 구하면

$$G(s) = \frac{Y(s)}{X(s)} = Ks \tag{3-14}$$

가 된다. 미분요소는 신호 변화의 속도 측정 또는 미분파형을 만들어 내기 위해 사

용된다. 이와 같은 미분요소의 예로서는 그림 3-5와 같은 인덕턴스 회로, 미분 회로, 타코 발전기 등이 있다.

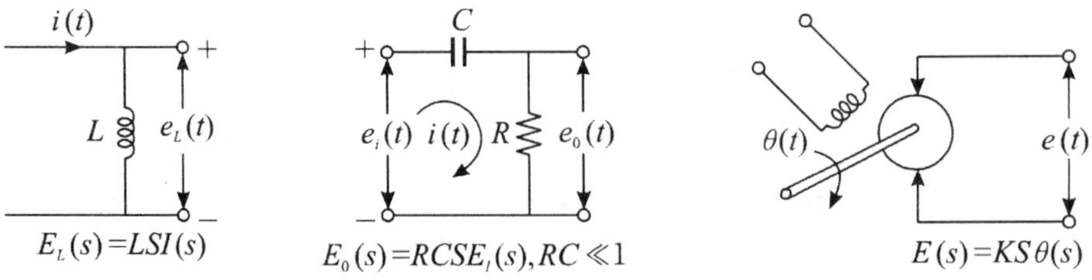

(a) 인덕턴스 회로 (b) $R-C$ 미분회로 (c) Tacho 발전기

그림 3-5 미분요소의 예

여기서 그림 3-5 (b)와 같은 $R-C$ 미분회로에 대해 생각해 보면 이 회로의 전압 방정식은

$$\left.\begin{aligned} e_i(t) &= Ri(t) + \frac{1}{C}\int i(t)\,dt \\ e_0(t) &= Ri(t) \end{aligned}\right\} \tag{3-15}$$

이며, 초기값을 0으로 했을 때의 라플라스 변환식은

$$\left.\begin{aligned} E_i(s) &= RI(s) + \frac{I(s)}{Cs} \\ E_0(s) &= RI(s) \end{aligned}\right\} \tag{3-16}$$

가 되며, 이 연립방정식을 풀면

$$E_i(s) = E_0(s) + \frac{E_0(s)}{RCs} = \frac{RCs+1}{RCs}E_0(s) \tag{3-17}$$

이므로 출력은

$$E_0(s) = \frac{RCs}{RCs+1}E_i(s) \tag{3-18}$$

로 표시되며, 전달함수는

$$G(s) = \frac{E_0(s)}{E_i(s)} = \frac{RCs}{RCs+1} \tag{3-19}$$

가 된다. 식 (3-19)에서 분자 RCs는 미분요소를 나타내며, 분모는 1차 지연요소를 나타낸다.

따라서 식 (3-19)는

$$G(s) = \frac{RCs}{RCs+1} = RCs\frac{1}{RCs+1} \tag{3-20}$$

로 표시되며, 이 RC 요소를 1차 지연미분 요소라 한다. 그러나 만일 $RC \ll 1$이면 식 (3-20)은 근사적으로

$$G(s) \fallingdotseq RCs \tag{3-21}$$

로 되어, 이 RC 요소가 $RC \ll 1$에서는 미분요소가 됨을 알 수 있다.

이 회로에 입력신호로 단위 계단함수를 인가했을 때의 출력신호 $e_0(t)$를 구하면 $E_i(s) = \frac{1}{s}$ 이므로

$$E_0(s) = \frac{RCs}{RCs+1} \cdot \frac{1}{s} = \frac{RC}{RCs+1} = \frac{1}{s+\frac{1}{RC}} \tag{3-22}$$

로 되며, 식 (3-22)의 라플라스 역변환식을 구하면

$$e_0(t) = e^{-\frac{1}{RC}t} \tag{3-23}$$

가 얻어진다. 그림 3-6은 이 응답을 표시한 것이다.

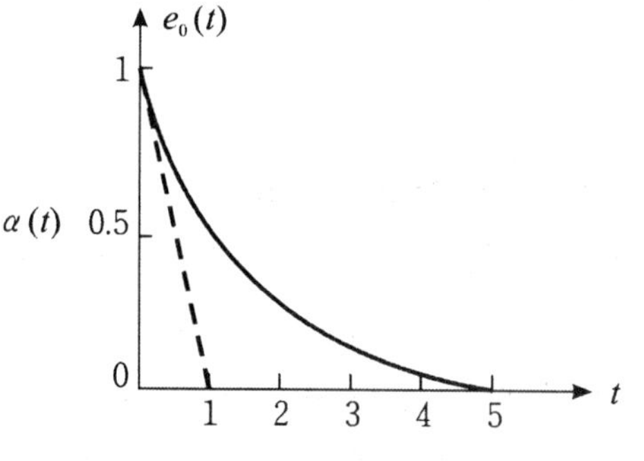

그림 3-6 미분회로의 인디셜 응답

인디셜 응답을 $RC \ll 1$인 경우에 구해보면

$$
\begin{aligned}
e_0(t) &= \mathcal{L}^{-1}[E_0(s)] = \mathcal{L}^{-1}[G(s)E_i(s)] \\
&= \mathcal{L}^{-1}[RC] = RC\delta(t) \qquad (3\text{-}24)
\end{aligned}
$$

로 된다.

그림 3-7과 같이 미분요소에서 (a)와 같은 단위 계단 입력을 가했을 때 출력은 (c)와 같이 임펄스(impulse)로 된다.

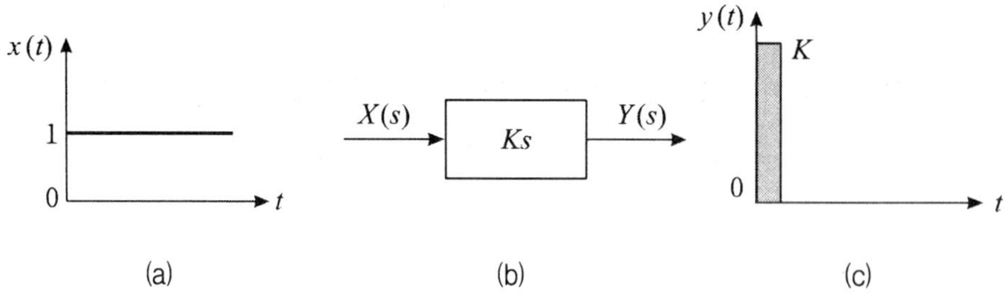

그림 3-7 미분요소

(3) 적분요소(積分要素)

제어 시스템의 입력신호 $x(t)$와 출력신호 $y(t)$의 관계가

$$y(t) = K\int x(t)dt \qquad (3\text{-}25)$$

로 표시되는 요소를 **적분요소**(integral element)라 하며 적분요소의 전달함수는

$$G(s) = \frac{Y(s)}{X(s)} = \frac{K}{s} \qquad (3\text{-}26)$$

가 된다. 유압 실린더 장치 외에 서보전동기(servomotor)도 입력의 인가전압에 대한 축의 회전각은 적분요소로 본다. 그러나 유압 실린더 장치에는 기름의 압축성, 기름의 누설 등이 있고, 또 피스톤 자체는 어느 정도의 질량을 가지고 있으며, 마찰 저항은 비선형이므로 순수한 적분요소는 아니다. 서보전동기에 대해서도 회전자 또는 감속 기어장치의 관성 모멘트, 베어링의 마찰저항, 계자회로의 인덕턴스 등 때문에 엄밀하게는 적분요소는 아니지만, 보통 전동기에 비하면 관성 모멘트의 마찰저항은 매우 적어서 대부분 적분요소로 생각된다.

적분요소의 예로서는 그림 3-8과 같이 수위계, 전기계, 열계 등이 있다.

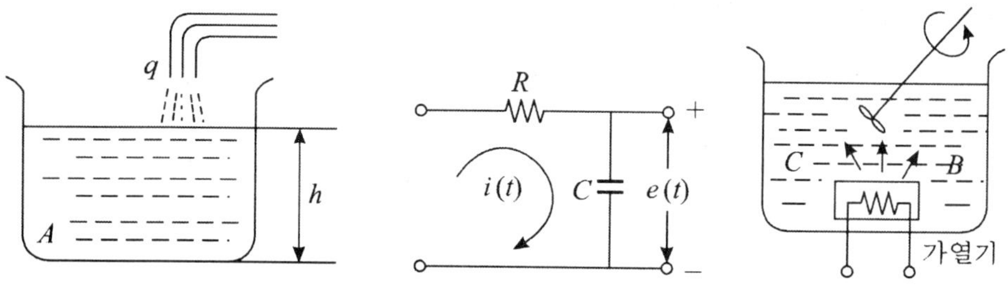

(a) 수위계 (b) 전기계 (c) 열계

그림 3-8 적분요소의 예

적분요소에 그림 3-9의 (a)와 같이 단위 계단 입력을 가했을 때 출력은 (c)와 같이 기울기가 K인 경사 함수가 된다.

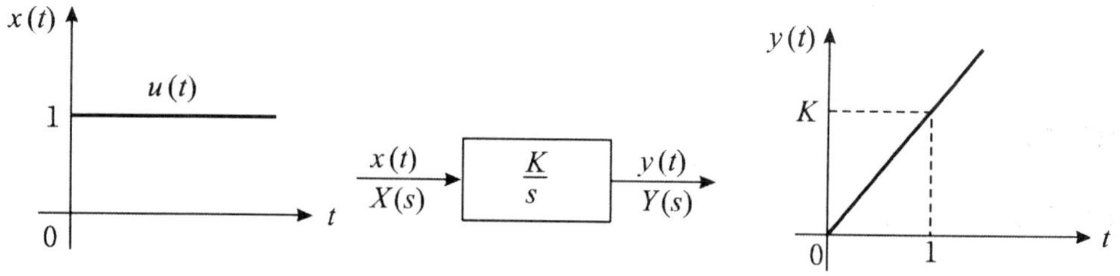

(a) (b) (c)

그림 3-9 적분요소

(4) 추이요소

제어 시스템의 입력신호 $x(t)$와 출력신호 $y(t)$와의 관계가

$$y(t) = Kx(t-T) \tag{3-27}$$

로 표시되는 요소를 추이요소라 하며, 이 시스템은 그림 3-10과 같이 된다.

이 제어 시스템의 전달함수는 추이정리를 이용하여 라플라스 변환하면

$$Y(s) = \mathcal{L}[Kx(t-T)] = Ke^{-sT}X(s)$$

$$\therefore\ G(s) = \frac{Y(s)}{X(s)} = Ke^{-sT} \tag{3-28}$$

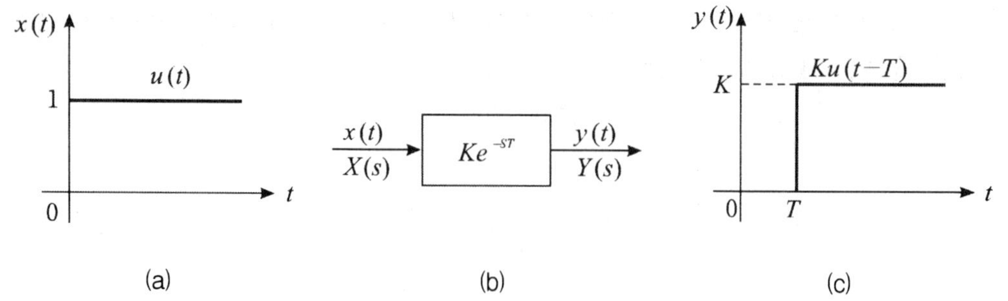

그림 3-10 추이요소

그림 3-10과 같은 추이요소에서 (a)와 같은 단위 계단 입력을 가했을 때 출력은 (c)와 같이 T만큼 추이되고, 입력의 K배가 출력으로 나타난다.

이러한 추이요소의 예로서는 뜨거운 증기를 먼 곳에 있는 아파트의 난방으로 보내는 경우나, 타이머를 이용하여 일정한 시간 후에 작동을 시키는 경우 등에 사용된다.

(5) 1차 지연요소

시스템의 입력신호 $x(t)$와 출력신호 $y(t)$와의 관계가

$$b_1\frac{dy(t)}{dt}+b_0y(t)=a_0x(t), \quad (b_0,\ b_1>0) \tag{3-29}$$

로 표시될 때 전달함수를 구하기 위해 양변을 라플라스 변환하여 정리하면

$$\left.\begin{aligned}&(b_1s+b_0)Y(s)=a_0X(s)\\&Y(s)=\frac{a_0X(s)}{b_1s+b_0}=\frac{K}{Ts+1}X(s)\\&\text{단,}\left(\frac{a_0}{b_0}=K,\ \frac{b_1}{b_0}=T\right)\end{aligned}\right\} \tag{3-30}$$

가 된다. 따라서 출력은 입력의 변화에 따라 일정한 값이 되는데 시간의 늦음이 있다. 이러한 요소를 **지연요소**(lag element)라 하며 식 (3-30)과 같이 되는 요소를 <u>일차 지연 요소</u>라 한다. 이 요소의 전달함수를 구하면

$$G(s)=\frac{K}{Ts+1} \tag{3-31}$$

여기서 T를 시정수(Time constant), K를 이득상수(Gain constant)라고 한다.

1차 지연 요소의 블록선도는 그림 3-11의 (b)와 같고 (a)와 같은 단위 계단 입력에 대한 출력은 그림 (c)와 같다.

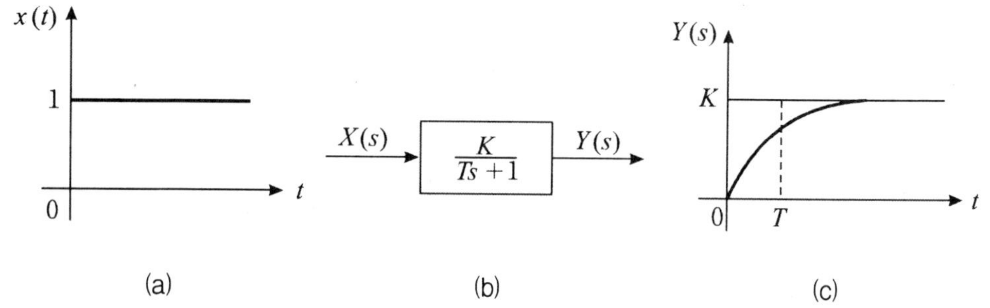

그림 3-11 1차 지연요소

그림 3-12와 같은 $R-L$ 직렬회로에서 인가전압 $e(t)$를 입력, 회로에 흐르는 전류 $i(t)$를 출력으로 할 때 이 회로는 식 (3-32)와 같은 미분방정식으로 표시된다.

$$L\frac{di(t)}{dt}+Ri(t)=e(t) \tag{3-32}$$

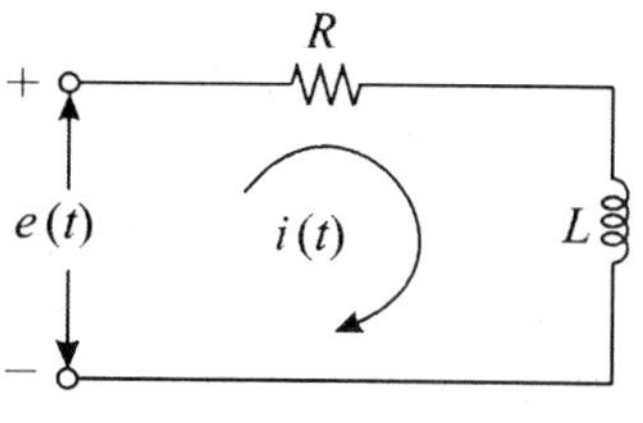

그림 3-12 $R-L$ 직렬회로

초기값을 0으로 놓고 양변을 라플라스 변환하면

$$LsI(s)+RI(s)=E(s) \tag{3-33}$$

로 되며, $I(s)$에 대하여 정리하면

$$I(s)(Ls+R)=E(s)$$

$$I(s)=\left(\frac{1}{sL+R}\right)E(s) \tag{3-34}$$

가 된다. 따라서 전달함수를 구하면

$$G(s)=\frac{I(s)}{E(s)}=\frac{1}{sL+R}=\frac{\frac{1}{R}}{\frac{L}{R}s+1}=\frac{K}{Ts+1}\left(단,\ T=\frac{L}{R},\ K=\frac{1}{R}\right) \quad (3\text{-}35)$$

로 표시된다. 인디셜 응답을 구하기 위하여 $E(s)=\frac{1}{s}$ 을 식 (3-34)에 대입하면.

$$I(s)=\left(\frac{1}{sL+R}\right)\frac{1}{s}=\frac{\frac{1}{L}}{\left(s+\frac{R}{L}\right)s}=\frac{1}{R}\left[\frac{1}{s}-\frac{1}{\left(s+\frac{R}{L}\right)}\right] \quad (3\text{-}36)$$

가 된다. 따라서 인디셜 응답 $i(t)$는

$$i(t)=\mathcal{L}^{-1}[I(s)]=\mathcal{L}^{-1}\left[\frac{1}{R}\left(\frac{1}{s}-\frac{1}{s+\frac{R}{L}}\right)\right]$$

$$=\frac{1}{R}\left(1-e^{-\frac{R}{L}t}\right)=K\left(1-e^{-\frac{t}{T}}\right)\left(단,\ T=\frac{L}{R},\ K=\frac{1}{R}\right) \quad (3\text{-}37)$$

이 출력을 그림으로 표시하면 그림 3-13과 같이 된다.

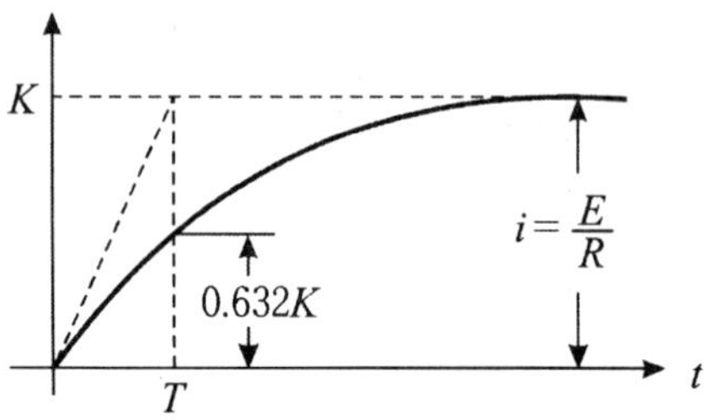

그림 3-13

(6) 2차 지연요소

제어 시스템의 입력신호 $x(t)$와 출력신호 $y(t)$와의 관계가

$$b_2\frac{d^2y(t)}{dt^2}+b_1\frac{dy(t)}{dt}+b_0y(t)=a_0x(t)\ (b_2,\ b_1,\ b_0>0) \quad (3\text{-}38)$$

와 같이 표시되는 요소를 2차 지연요소라 한다. 양변을 라플라스 변환하여 전달함수를 구하면 식 (3-39)와 같이 된다.

$$b_2s^2Y(s)+b_1sY(s)+b_0Y(s)=a_0X(s)$$

$$G(s)=\frac{Y(s)}{X(s)}=\frac{a_0}{b_2s^2+b_1s+b_0} \tag{3-39}$$

여기서 $\frac{a_0}{b_0}=K$, $\frac{b_2}{b_0}=T^2$, $\frac{b_1}{b_0}=2\delta T$ 또는 $\frac{1}{T}=\omega_n$이라 놓고 식 (3-39)을 정리하면

$$G(s)=\frac{K}{1+2\delta Ts+T^2s^2}=\frac{K\omega_n{}^2}{s^2+2\delta\omega_n s+\omega_n{}^2} \tag{3-40}$$

와 같이 된다. 여기서 δ를 감쇠 계수(decaying coefficient) 또는 제동비(damping ratio), ω_n을 고유 각주파수(natural angular frequency) 또는 비감쇠 주파수라고 한다.

2차 지연요소의 블록선도는 그림 3-14의 (b)와 같고 (a)와 같은 단위계단 입력에 대한 출력은 그림 (c)와 같이 된다.

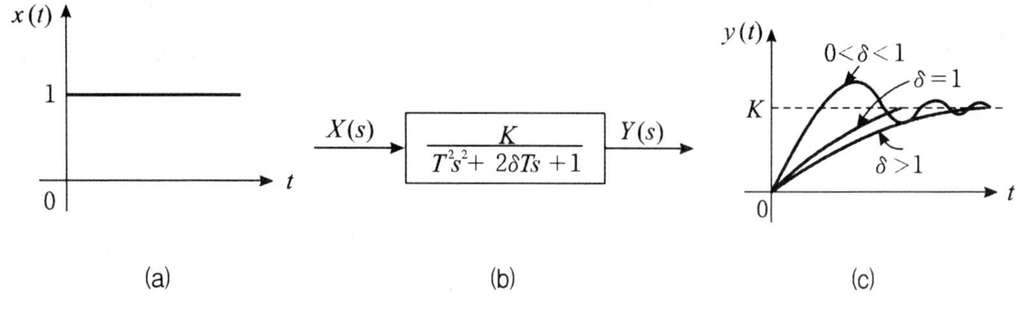

그림 3-14 2차 지연요소

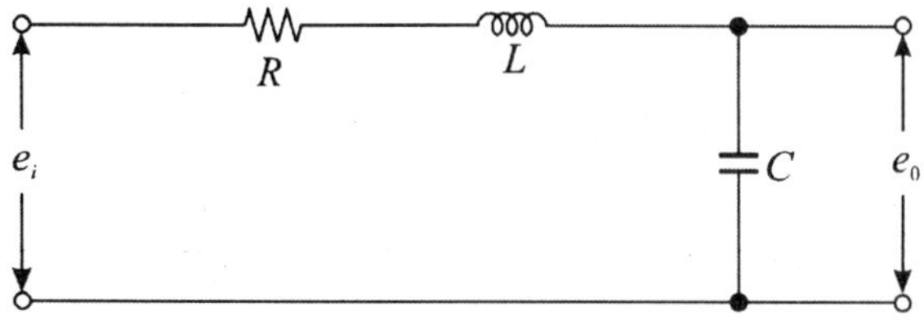

그림 3-15 R-L-C 직렬회로

그림 3-15와 같은 R-L-C 직렬회로에서 e_i를 입력, e_0를 출력 회로에 흐르는

전류를 $i(t)$라 하고 회로방정식을 구하면

$$e_i(t)=L\frac{di(t)}{dt}+Ri(t)+\frac{1}{C}\int i(t)dt \tag{3-41}$$

$$e_0(t)=\frac{1}{C}\int i(t)\,dt \tag{3-42}$$

초기값을 0으로 하여 라플라스 변환하고 $I(s)$를 소거해서 전달함수를 구하면

$$G(s)=\frac{E_0(s)}{E_i(s)}=\frac{\frac{1}{sC}}{R+sL+\frac{1}{sC}}=\frac{1}{1+RCs+LCs^2}=\frac{1}{T^2s^2+2\delta Ts+1} \tag{3-43}$$

여기서 $T=\sqrt{LC}$, $\delta=\frac{R}{2}\sqrt{\frac{C}{L}}$이다.

3.3 전달함수의 예

3.3.1 타여자 직류발전기

그림 3-16과 같은 타여자 직류발전기의 계자전압을 입력신호, 발생전압을 출력신호로 하는 전달함수를 구해보자.

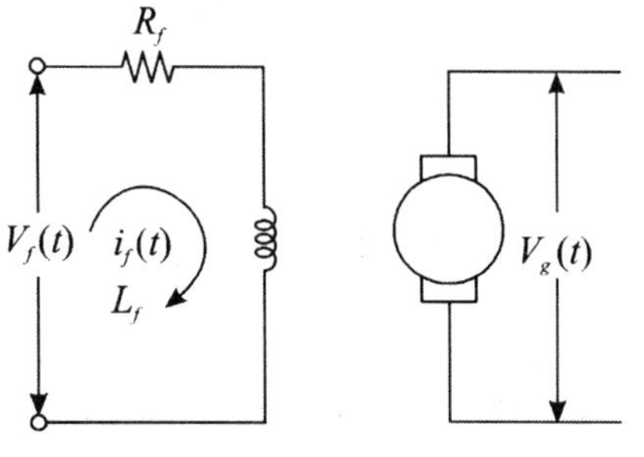

그림 3-16 타여자 직류발전기

타여자 직류발전기의 계자권선의 인덕턴스를 L_f, 저항을 R_f라 할 때 계자회로의 방정식은 다음과 같이 된다.

$$L_f\frac{di_f}{dt}+R_fi_f=v_f \tag{3-44}$$

계자전류 i_f에 의하여 계자자속 ϕ를 발생하는데, 철심의 자기포화 및 히스테리시스를 무시하면 계자자속 ϕ는 계자전류 i_f에 비례하므로

$$\phi = K_\phi i_f \tag{3-45}$$

이 성립한다. 발전기가 일정한 회전수로 회전하면 발전기의 발생전압 v_g는 자속 ϕ에 비례하므로

$$v_g = K_g \phi \tag{3-46}$$

가 된다. 모든 초기값을 0으로 하고 식 (3-44), 식 (3-45), 식 (3-46)을 라플라스 변환하면

$$\left.\begin{aligned} &sL_f I_f(s) + R_f I_f(s) = V_f(s) \\ &\phi(s) = K_\phi I_f(s) \\ &V_g(s) = K_g \phi(s) \end{aligned}\right\} \tag{3-47}$$

가 된다. 식 (3-47)에서

$$\left.\begin{aligned} &\frac{I_f(s)}{V_f(s)} = \frac{1}{L_f s + R_f} = \frac{K_f}{T_f s + 1} \\ &\frac{\phi(s)}{I_f(s)} = K_\phi \\ &\frac{V_g(s)}{\phi(s)} = K_g \end{aligned}\right\} \tag{3-48}$$

가 얻어진다.(단, $K_f = \frac{1}{R_f}$, $T_f = \frac{L_f}{R_f}$)

식 (3-48)에서 $V_f(s)$를 입력신호 $V_g(s)$를 출력으로 하는 전달함수 $G(s)$는

$$G(s) = \frac{V_g(s)}{V_f(s)} = \frac{I_f(s)}{V_f(s)} \frac{\phi(s)}{I_f(s)} \frac{V_g(s)}{\phi(s)} = \frac{K_f K_\phi K_g}{T_f s + 1} \tag{3-49}$$

가 된다. 이상의 관계를 그림으로 나타내면 그림 3-17과 같이 된다.

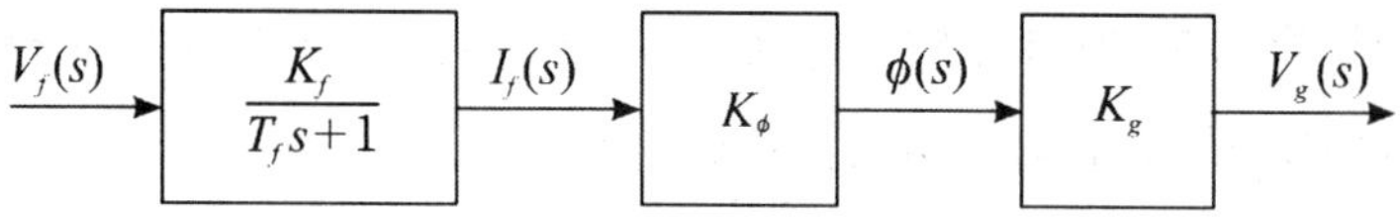

(a)

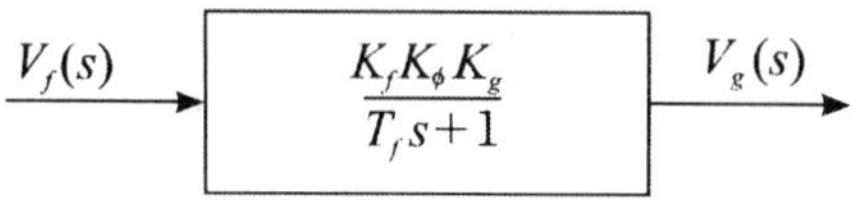

(b)

그림 3-17 타여자 직류발전기의 전달함수

3.3.2 복소 임피던스(complex impedance)

전기회로망에 대한 전달함수를 구하는데 미분방정식을 유도하지 않고 라플라스 변환된 식을 직접 사용하는 것이 편리할 때가 있다.

그림 3-18 (a)에 표시된 회로를 생각해 보면 이 시스템에서 Z_1과 Z_2는 복소 임피던스를 표시한다. 두 단자 회로의 복소 임피던스 $Z(s)$는 양단의 전압 라플라스 변환식 $E(s)$의 요소를 통과하는 전류의 라플라스 변환식 $I(s)$의 비로 표시한다.

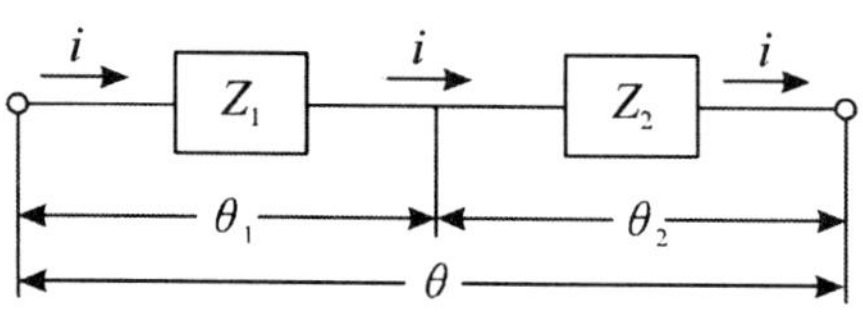

(a)

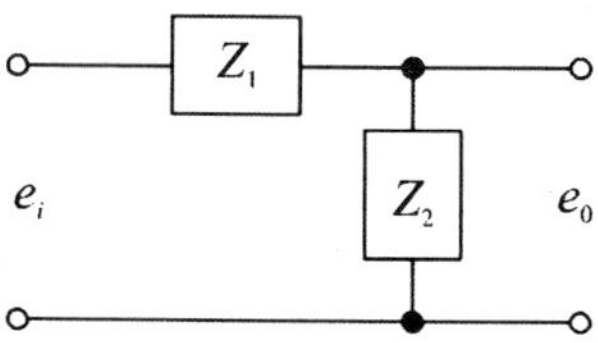

(b)

그림 3-18

초기조건을 0으로 가정하면 $Z(s)=\dfrac{E(s)}{I(s)}$이다. 만일 두 단자 요소가 저항 R, 커패시턴스 C, 인덕턴스 L이라면 각각의 복소 임피던스는 R, $\dfrac{1}{Cs}$, Ls이다. 만일 복소 임피던스가 직렬로 연결되어 있다면 전체의 임피던스는 각각의 복소 임피던스 합이다.

그림 3-18 (b)의 회로에서 전압 e_i와 e_0는 회로의 입력과 출력이라고 가정하고 회로의 전달함수를 구하면 다음과 같이 된다.

$$\frac{E(s)}{E_i(s)} = \frac{Z_2(s)}{Z_1(s)+Z_2(s)} \tag{3-50}$$

연 습 문 제

1. 그림 3-19와 같은 $R-C$ 회로망에서 입력전압을 $e_i(t)$, 출력전압을 $e_0(t)$라고 할 때, 이 회로망의 전달함수를 구하라.

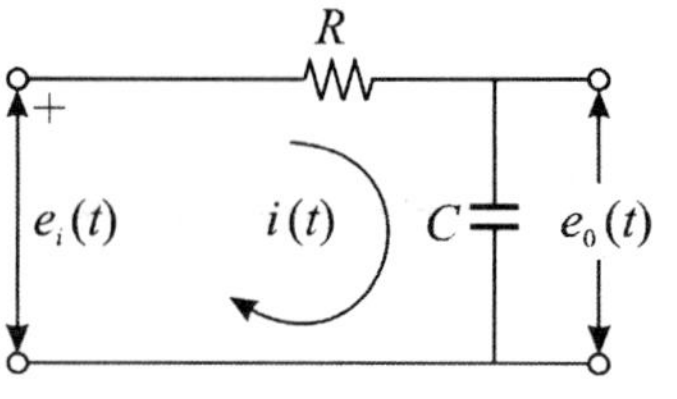

그림 3-19

2. 그림 3-20과 같은 회로에서 입력을 $i(t)$, 출력을 e_0라 할 때 전달함수를 구하라.

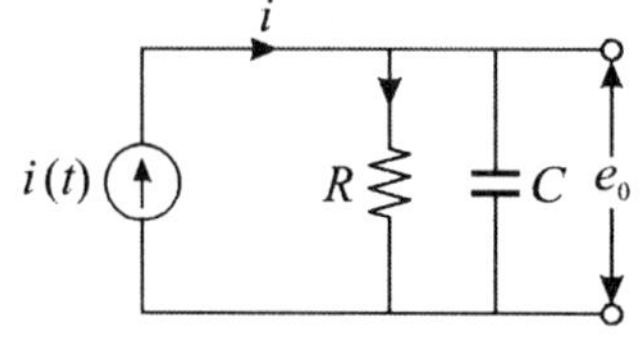

그림 3-20

3. 그림 3-21의 회로에서 입력을 e_1, 출력을 e_2라 할 때 전달함수를 구하라.

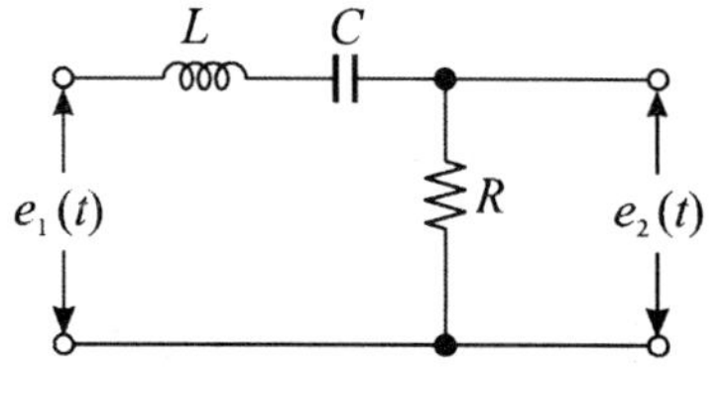

그림 3-21

4. 그림 3-22와 같은 회로에서 $\dfrac{V_2(s)}{V_1(s)}$ 를 구하라.

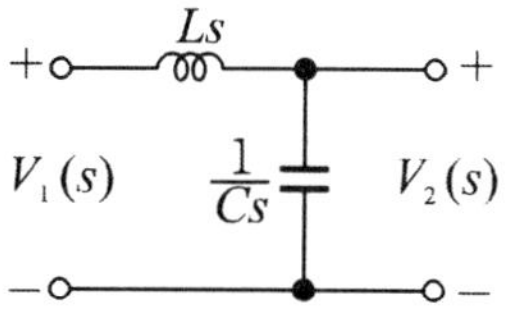

그림 3-22

5. 그림 3-23과 같은 회로에서 $\dfrac{E_0(s)}{E_i(s)}$ 를 구하라.

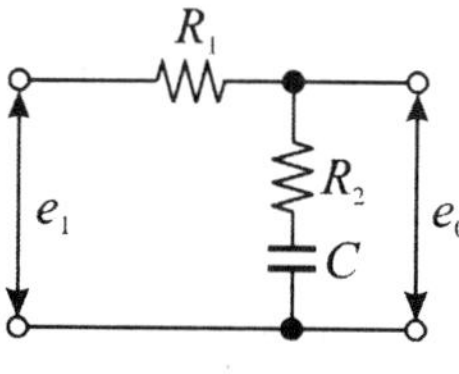

그림 3-23

6. 그림 3-24의 회로에서 스위치 S를 닫을 때의 전류 $i(t)$를 구하라.

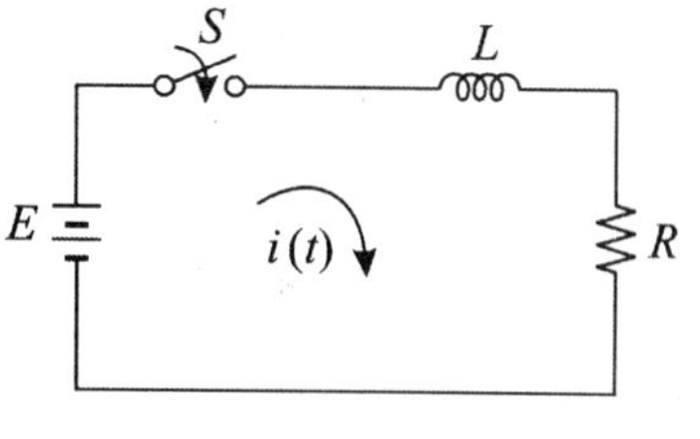

그림 3-24

7. 그림 3-25의 회로에서 입력을 $v(t)$, 출력을 $i(t)$로 했을 때 전달함수를 구하라.
(단, 스위치 S는 $t=0$ 순간에 회로에 전압이 공급된다고 한다)

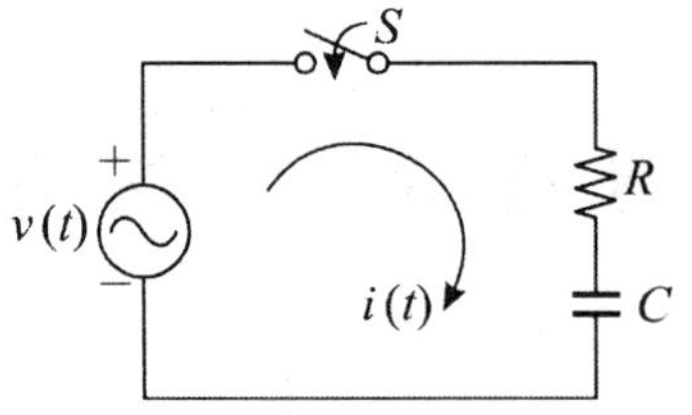

그림 3-25

8. 그림 3-26의 회로에서 $t=0$일 때 스위치 S를 닫았다. $R_2=1[\Omega]$ 저항을 흐르는 전류를 구하라. 단, $i_L(0)=1[A]$이다.

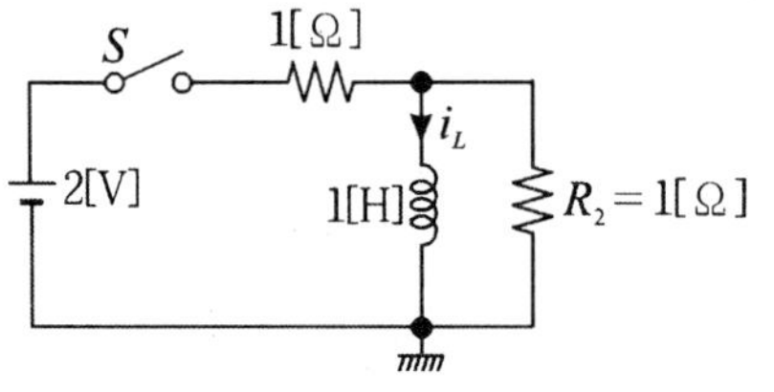

그림 3-26

9. 그림 3-27과 같은 브리지 회로에서 입력전압을 e_i, 출력전압을 e_0라 할 때 전달함수를 구하라.

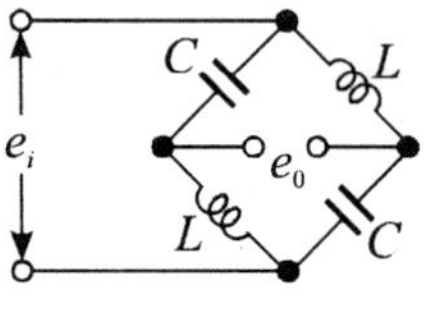

그림 3-27

10. 시간 지연을 포함하는 어떤 시스템이 다음과 같은 미분 방정식으로 표현된다. 이 시스템의 전달함수를 구하라.

$$\frac{d^2y(t)}{dt^2}+3\frac{dy(t)}{dt}+2y(t)=x(t-T)$$

연 습 문 제 해 답

1. 이 회로망의 입출력 방정식을 세우면

$$\left.\begin{aligned} e_i(t) &= Ri(t) + \frac{1}{C}\int_0^t i(t)dt \\ e_0(t) &= \frac{1}{C}\int_0^t i(t)dt \end{aligned}\right\}$$

위 식에서 초기값을 0으로 하고 라플라스 변환하면

$$\left.\begin{aligned} E_i(s) &= RI(s) + \frac{I(s)}{Cs} \\ E_0(s) &= \frac{I(s)}{Cs} \\ E_i(s) &= RCsE_0(s) + E_0(s) = (RCs+1)E_0(s) \\ \therefore\ G(s) &= \frac{E_0(s)}{E_i(s)} = \frac{1}{RCs+1} \end{aligned}\right\}$$

2. $e_0(t) = \frac{1}{C}\int [i(t) - i_R(t)]\,dt, \qquad i_R(t) = \frac{1}{R}\,e_0(t)$

$$E_0(s) = \frac{1}{Cs}[I(s) - I_R(s)], \qquad I_R(s) = \frac{1}{R}\,E_0(s)$$

$$G(s) = \frac{E_0(s)}{I(s)} = \frac{\frac{1}{Cs}}{1 + \frac{1}{RCs}} = \frac{R}{RCs+1}$$

3. $e_2(t) = Ri(t)$

$$e_1(t) = L\frac{d}{dt}\,i(t) + \frac{1}{C}\int i(t)\,dt + Ri(t)$$

$$G(s) = \frac{E_2(s)}{E_1(s)} = \frac{R}{Ls + \frac{1}{Cs} + R} = \frac{RCs}{1 + RCs + LCs^2}$$

4. $V_1(s) = (Ls + \frac{1}{Cs})I(s)$

$$V_2(s) = \frac{1}{Cs}\,I(s)$$

$$\frac{V_2(s)}{V_1(s)} = \frac{\frac{1}{Cs}}{Ls + \frac{1}{Cs}} = \frac{1}{LCs^2+1}$$

5. 회로 전류를 $i(t)$라 하면

$$R_1 i(t) + R_2 i(t) + \frac{1}{C}\int i(t)dt = e_i(t)$$

$$R_2 i(t) + \frac{1}{C}\int i(t)dt = e_0(t)$$

초기값을 0으로 하고 라플라스 변환하면

$$(R_1 + R_2 + \frac{1}{Cs})I(s) = E_i(s)$$

$$(R_2 + \frac{1}{Cs})I(s) = E_0(s)$$

$$\frac{E_0(s)}{E_i(s)} = \frac{R_2 + \frac{1}{Cs}}{R_1 + R_2 + \frac{1}{Cs}}$$

6. $L\frac{d}{dt}i(t) + Ri(t) = E$

라플라스 변환하면

$$LsI(s) + RI(s) = \frac{E}{s}$$

$$I(s) = \frac{E}{s(R+Ls)} + \frac{\frac{E}{L}}{s(s+\frac{R}{L})}$$

$$= \frac{\frac{E}{R}}{s} - \frac{\frac{E}{R}}{s+\frac{R}{L}} = \frac{E}{R}(\frac{1}{s} - \frac{1}{s+\frac{R}{L}})$$

$$i(t) = \mathcal{L}^{-1}[I(s)] = \frac{E}{R}(1 - e^{-\frac{R}{L}t})$$

7. $v(t) = Ri(t) + \frac{1}{C}\int i(t)dt$

초기값을 0으로 하고 라플라스 변환하면

$$V(s) = RI(s) + \frac{1}{Cs}I(s) = (R + \frac{1}{Cs})I(s)$$

$$\frac{I(s)}{V(s)} = \frac{1}{R+\frac{1}{Cs}} = \frac{Cs}{RCs+1} = \frac{s}{R(s+\frac{1}{RC})}$$

8. 그림 3-28과 같이 R_2에 흐르는 전류를 i_2라 하고 폐회로의 전압 방정식을 세우면

$$\frac{di_1}{dt}+i_1+i_2=2$$

$$\frac{di_1}{dt}=i_2$$

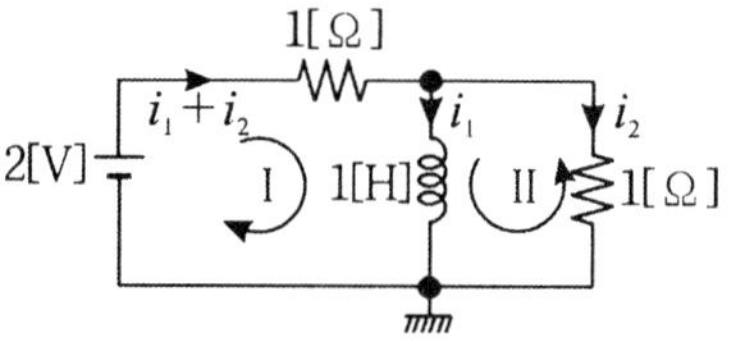

그림 3-28

$$2\frac{di_1}{dt}+i_1=2$$

$$i_1=2+Ae^{-\frac{1}{2}t}$$

$t=0$일 때 $i_1=1$이므로

$$A=-1,\quad i_1=2-e^{-\frac{1}{2}t}$$

$$i_2=\frac{di_1}{dt}=\frac{1}{2}e^{-\frac{1}{2}t}$$

9. $e_i(t)=L\frac{d}{dt}i(t)+\frac{1}{C}\int i(t)dt$

$$e_0(t)=L\frac{d}{dt}i(t)-\frac{1}{C}\int i(t)dt$$

초기값을 0으로 하고 두 식을 라플라스 변환하면

$$E_i(s)=LsI(s)+\frac{1}{Cs}I(s)=\left(Ls+\frac{1}{Cs}\right)I(s)$$

$$E_0(s)=LsI(s)-\frac{1}{Cs}I(s)=\left(Ls-\frac{1}{Cs}\right)I(s)$$

$$\therefore\ \frac{E_0(s)}{E_i(s)}=\frac{Ls-\frac{1}{Cs}}{Ls+\frac{1}{Cs}}=\frac{LCs^2-1}{LCs^2+1}$$

10. 초기치를 0으로 하고 라플라스 변환하면

$$(s^2+3s+2)Y(s)=e^{-Ts}X(s)$$

$$\therefore\ \frac{Y(s)}{X(s)}=\frac{e^{-Ts}}{s^2+3s+2}$$

제 4 장

블록선도와 신호흐름선도

4.1 블록선도

블록선도(block diagram)는 제어에 관계되는 신호가 어떠한 모양으로 변하여 어떻게 전달되는가를 표시하는 계통도이다. 즉 물리계의 수식을 대표하는 도형이다. 어떤 물리적 시스템을 수식만으로 표시하면 실제 시스템의 구성과 동작 사이의 대응관계를 쉽게 알 수 없으므로 보통 등가회로 또는 블록선도를 사용하여 시스템을 표현하는 경우가 많다. 이렇게 블록선도로 표시하면 시스템의 구성, 동작 및 특성 사이에 관계가 명백해지며 시스템의 블록선도는 물리계를 이해하는데 중요한 것 중의 하나이다. 일반적으로 블록선도는 선형 및 비선형 계통의 모델링에 사용된다.

4.1.1 블록선도의 표시

제어 시스템의 구성 요소는 단지 요소라고도 한다. 가장 간단한 것은 그림 4-1과 같이 각 1개의 입력과 1개의 출력 및 블록으로 구성된다.

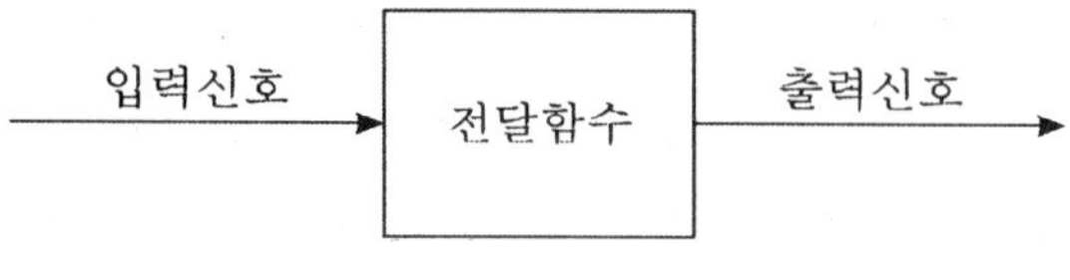

그림 4-1 기본적인 블록선도

블록내에는 전달함수를 쓰고, 화살표 위에는 그 곳을 통과하는 신호를 기입한다. 화살표는 신호가 화살표 방향으로 흐르는 것을 의미한다. 이와 같이 표시하는 것을

블록선도라고 한다. 블록선도는 일반적으로 전달요소, 화살표 표시, 가합점, 인출점 등의 4가지 요소로 구성되어 있다.

(1) 전달요소

그림 4-1에서 입력신호를 받아서 적당히 변환된 출력신호를 만드는 신호 전달 요소는 블록내에 표시하며, 신호의 흐르는 방향을 화살표로 나타낸다.

그림 4-2에서 입력신호를 $X(s)$, 출력신호를 $Y(s)$라 하면 다음과 같은 식이 된다.

$$Y(s) = G(s)X(s) \tag{4-1}$$

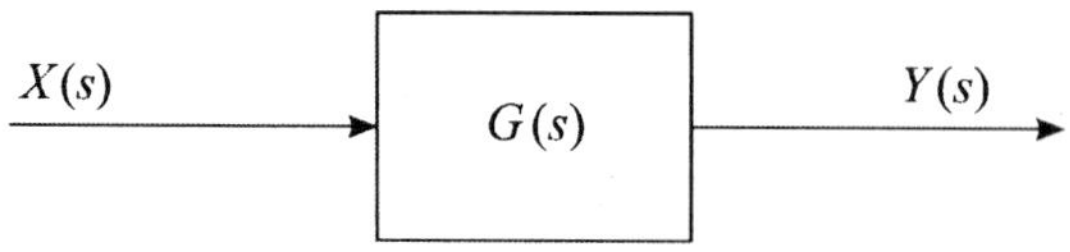

그림 4-2 간단한 선형계의 블록선도

블록 내에는 전달함수 대신에 인디셜 응답 등 그 요소 고유의 신호 전달 특성을 기입할 경우도 있다.

(2) 화살표 표시

입력신호, 출력신호를 화살표로 표시하고 그 화살표에 신호의 기호를 써 넣는다. 신호는 반드시 화살표 방향으로 전해지고 그 역방향으로는 전해지지 않는다. 신호 전달의 방향은 일방향적(unilaternal)이다.

(3) 가합점

두 가지 이상의 신호가 있을 때 이들 신호의 합과 차를 만드는 점을 **가합점**(summing point)이라고 하며, 화살표 옆에 (+), (−)의 기호를 붙여 합 또는 차를 나타내며 그림 4-3과 같이 그린다. 수식으로 나타내면 식 (4-2)와 같이 된다.

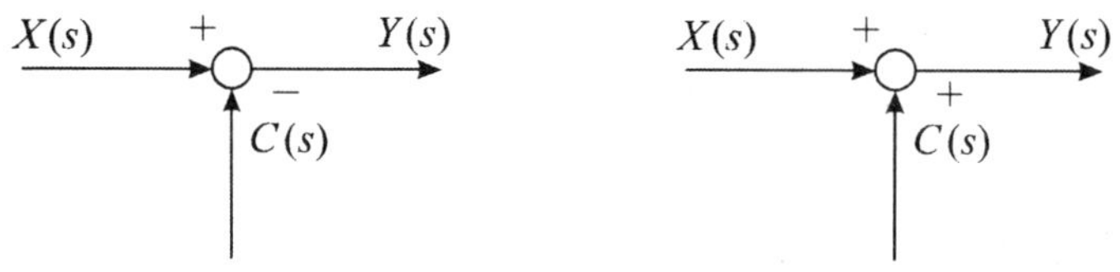

(a) 신호의 차 (b) 신호의 합

그림 4-3 가합점의 합과 차

$$Y(s) = X(s) - C(s), \quad Y(s) = X(s) + C(s) \tag{4-2}$$

(4) 인출점

하나의 신호를 2개 이상으로 분기하기 위하여 인출하는 경우는 그림 4-4와 같이 표시하며 이와 같이 신호의 인출을 표시하는 점을 인출점(branch point)이라고 한다. 수식으로 나타내면 식 (4-3)과 같이 된다.

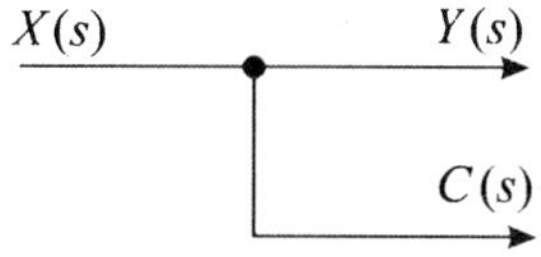

그림 4-4 인출점

$$X(s) = Y(s) = C(s) \tag{4-3}$$

전달요소, 화살표, 가합점, 인출점을 모두 표시하면 그림 4-5와 같다.

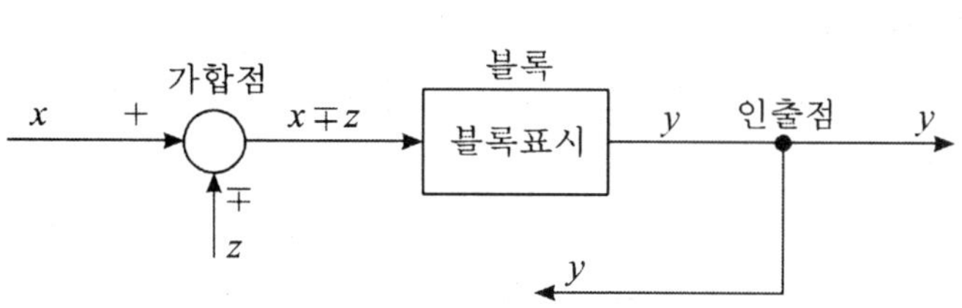

그림 4-5

4.1.2 블록선도의 등가변환

블록선도가 작성되었을 때 블록선도가 복잡하면 이 블록선도를 등가변환 하여 시스템의 전달함수를 구함으로서 그 시스템을 간단히 이해할 수 있다.

블록선도는 수식을 도형화 한 것이므로 수식을 연산 정리하는 것처럼 블록선도도 등가변환해도 전체적인 뜻은 변하지 않는다.

(1) 직렬접속의 등가변환

직렬접속은 시스템의 제1요소의 출력신호가 제2요소의 입력신호로 되는 경우를 말한다. 그림 4-6 (a)와 같이 전달함수 $G_1(s)$, $G_2(s)$를 갖는 2개의 계통요소가 직렬로 접속되어 있을 때, 첫 번째 요소에 대해서 수식을 세우면

$$X_1(s) = G_1(s)X(s) \tag{4-4}$$

가 되고, 이 신호가 두 번째 요소의 입력이 되므로 두 번째 요소에 대해서는

$$Y(s) = G_2(s)X_1(s) \tag{4-5}$$

가 성립한다. 따라서 시스템 전체의 전달함수는 식 (4-4)의 $X_1(s)$를 식 (4-5)에 대입하면

$$Y(s) = [G_1(s)G_2(s)]X(s)$$

$$\therefore \frac{Y(s)}{X(s)} = G_1(s)G_2(s) \tag{4-6}$$

가 된다. 따라서 두 개의 요소가 직렬로 접속된 경우에 시스템 전체의 전달함수는 각 요소의 전달함수를 곱한 것과 같이 된다. 직렬로 접속된 경우의 등가변환은 그림 4-6 (b)와 같이 된다.

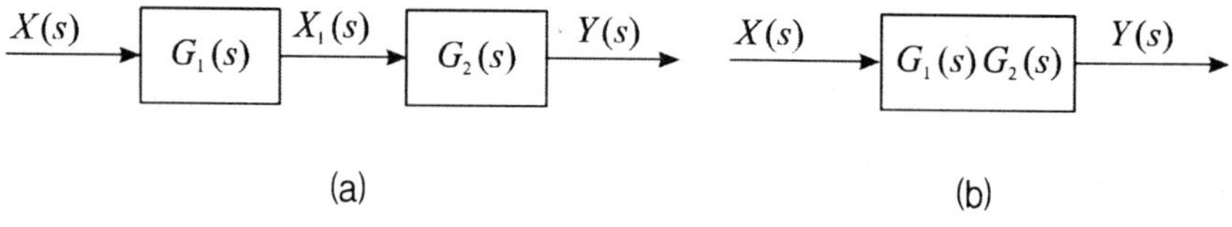

그림 4-6 직렬접속의 등가변환

직렬로 접속된 유한수의 블록은 대수적으로 곱하여 결합할 수 있다. 즉 전달함수가 각각 G_1, G_2, $G_3 \cdots G_n$인 n개의 요소 또는 블록이 직렬로 접속된 경우 시스템의 전체의 전달함수를 G라 하면

$$G = G_1 \cdot G_2 \cdot G_3 \cdots G_n = \prod_{k=1}^{n} G_k \tag{4-7}$$

곱셈의 기호 (·)는 혼동될 염려가 없는 경우는 생략해도 무방하다.
직렬접속인 전달함수의 계산은 교환성이 있다.

$$G_i G_j = G_j G_i \tag{4-8}$$

그림 4-7 직렬접속의 교환

(2) 병렬접속의 등가변환

그림 4-8 (a)와 같이 입력이 $X(s)$, 출력이 $Y(s)$, 전달함수가 각각 $G_1(s)$, $G_2(s)$인 두 요소가 병렬로 접속되어 있을 때, 시스템을 표시하는 식은

$$\left.\begin{aligned} Y_1(s) &= G_1(s)X(s) \\ Y_2(s) &= G_2(s)X(s) \\ Y(s) &= Y_1(s) + Y_2(s) \\ &= X(s)[G_1(s) + G_2(s)] \end{aligned}\right\} \tag{4-9}$$

가 되므로 시스템 전체의 전달함수는

$$\frac{Y(s)}{X(s)} = G_1(s) + G_2(s) \tag{4-10}$$

가 된다. 두 개의 요소가 병렬로 접속된 경우 시스템의 전체 전달함수는 각 요소의 전달함수를 합한 것과 같이 된다. 등가변환은 그림 4-8 (b)와 같이 된다.

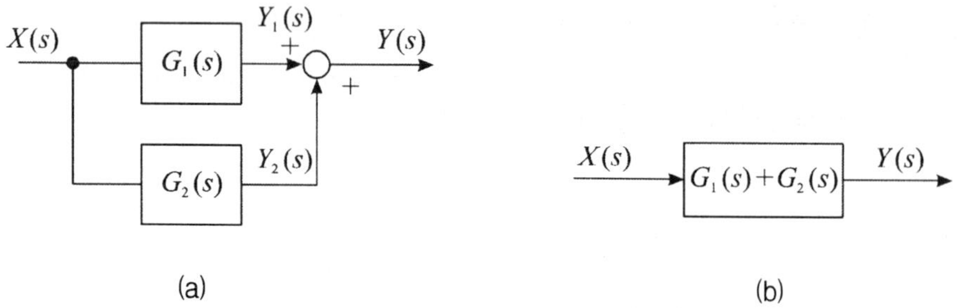

그림 4-8 병렬접속의 등가변환

(3) 궤환접속의 등가변환

출력신호에 적당한 전달요소를 통해서 입력요소로 삼는 접속이다. 그림 4-9는 궤환제어계의 기본적인 블록선도이다. 다음과 같은 용어들이 이 블록선도와 관계된다.

$X(s)$=기준입력(command), $Y(s)$=출력(controlled variable)

$G(s)$=전향 전달함수(forword transfer function)

$H(s)$=궤환 전달함수(feedback transfer function)

$B(s)$=궤환신호(feedback signal)

$G(s)H(s)$=루프 전달함수(loop transfer function)

$\dfrac{Y(s)}{X(s)}$=폐루프 전달함수(closed loop transfer function)

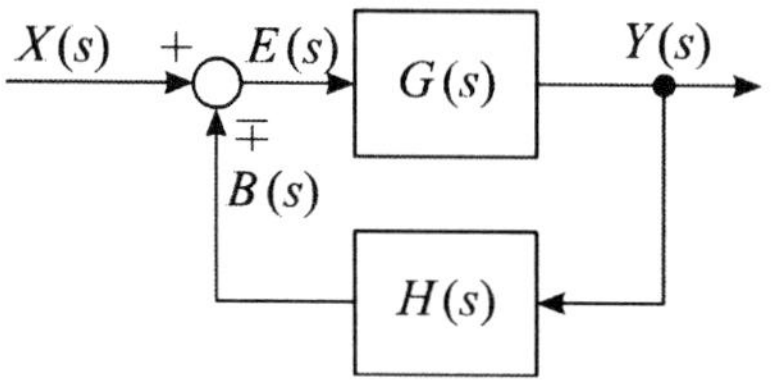

그림 4-9 궤환 제어계의 기본적인 블록선도

그림 4-9로부터 시스템의 전체 전달함수는 $G(s)H(s)$의 함수로 표현된다.

$$\left.\begin{aligned} E(s) &= X(s) \mp B(s) \\ B(s) &= H(s)Y(s) \\ Y(s) &= G(s)E(s) \end{aligned}\right\} \qquad (4\text{-}11)$$

이므로, 이 식들로부터 시스템의 출력 $Y(s)$를 구하면

$$\left.\begin{aligned} Y(s) &= G(s)E(s) = G(s)[X(s) \mp B(s)] \\ &= G(s)[X(s) \mp H(s)Y(s)] \\ Y(s)[1 \pm G(s)H(s)] &= G(s)X(s) \end{aligned}\right\} \tag{4-12}$$

따라서 시스템의 전달함수는

$$\frac{Y(s)}{X(s)} = \frac{G(s)}{1 \pm G(s)H(s)} \tag{4-13}$$

와 같이 된다. 식 (4-13)에서 (−) 기호는 정궤환계(positive feedback system), (+)기호는 부궤환계(negative feedback system)를 의미한다. 그림 4-9를 등가 변환하면 그림 4-10과 같이 된다.

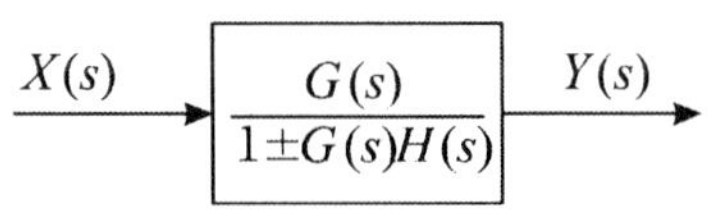

그림 4-10 궤환 제어계의 등가변환

출력신호를 그대로 피드백하는 경우 즉 궤환 전달함수 $H(s)$가 1인 경우를 **단위 피드백 시스템**(Unity Feedback System) 또는 **직접 피드백 시스템**이라 한다. 이때의 전달함수는 식 (4-13)에서 $H(s)$를 1로 놓으면 되므로 식 (4-14)와 같이 된다.

$$\frac{Y(s)}{X(s)} = \frac{G(s)}{1 \pm G(s)} \tag{4-14}$$

그림 4-11과 같은 회로에서 a를 입력신호, b를 출력신호로 할 때 전달함수를 구해보자.

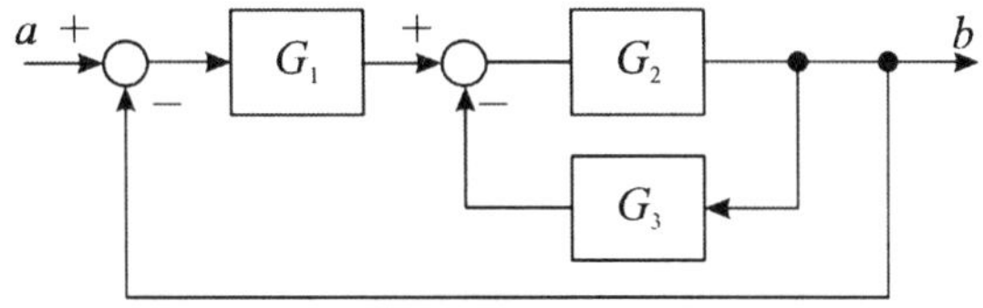

그림 4-11

피드백 되는 접속부는 부궤환이므로 $\frac{G_2}{1+G_2G_3}$로 표시되며 그림 4-12와 같이 된다. 이것이 G_1과 직렬접속으로 되어 있고 단위 피드백이므로 전체 블록선도의 전달함수는 다음과 같이 된다.

$$\frac{b}{a} = \frac{\frac{G_1G_2}{1+G_2G_3}}{1+\frac{G_1G_2}{1+G_2G_3}} = \frac{G_1G_2}{1+G_1G_2+G_2G_3}$$

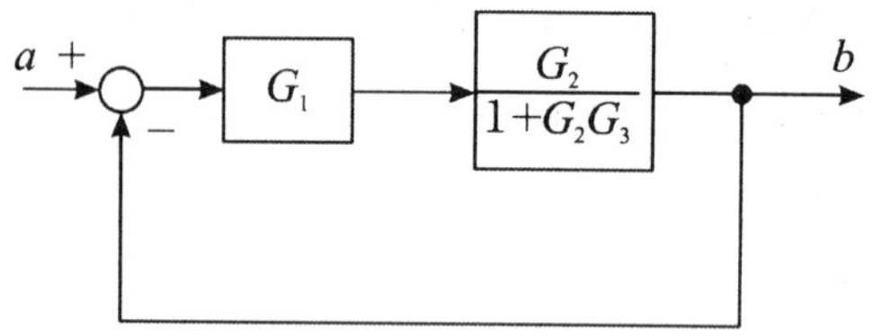

그림 4-12

예제 그림 4-13과 같은 회로에서 전달함수 $\frac{C}{R}$를 구하라.

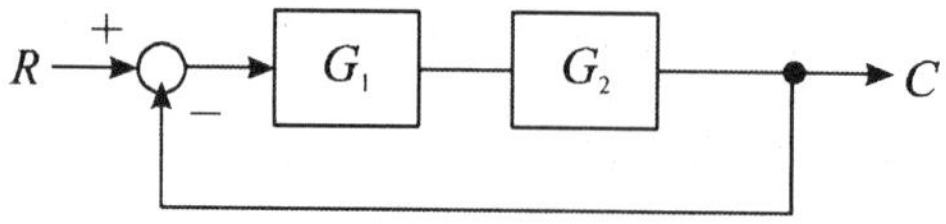

그림 4-13

풀이 G_1과 G_2가 직렬이고 부의 단위 궤환이므로

$$\frac{C}{R} = \frac{G_1G_2}{1+G_1G_2}$$

예제 그림 4-14와 같은 회로에서 전달함수 $\frac{C}{R}$를 구하라.

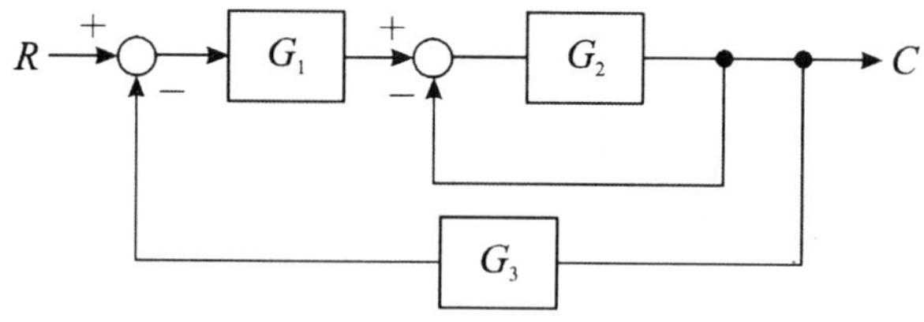

그림 4-14

풀이 피드백 되는 접속부는 부의 단위 궤환이므로 $\frac{G_2}{1+G_2}$로 표시되며 그림 4-15와 같이 된다. 이것이 G_1과 직렬접속으로 연결되어 있고 G_3로 피드백 되어 있으므로 전체 블록선도의 전달함수는 $\frac{C}{R}=\frac{G_1\cdot\frac{G_2}{1+G_2}}{1+G_1\cdot\frac{G_2}{1+G_2}\cdot G_3}=\frac{G_1G_2}{1+G_2+G_1G_2G_3}$

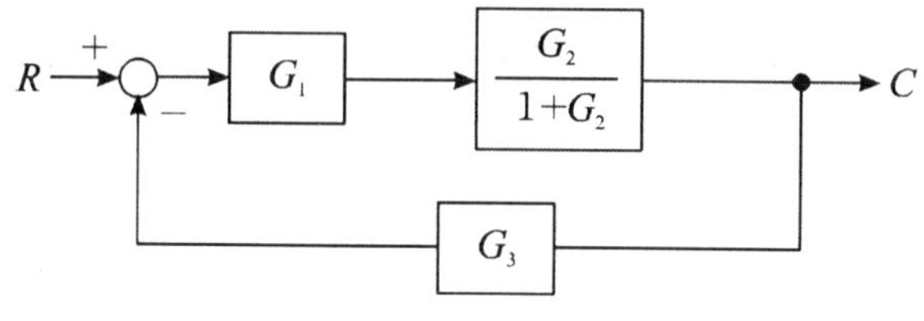

그림 4-15

4.1.3 다중 입력

제어 시스템에서 2개 이상의 입력이 제어 시스템의 여러 점에서 동시에 가해지는 경우를 **다변수 입력**이라 한다. 선형 제어 시스템이 다변수 입력일 때 각 입력은 다른 입력과 독립적으로 취급된다. 모든 입력이 동시에 작용하였을 때의 출력은 다음과 같은 순서에 의해 구한다.

① 한 개의 입력을 제외하고 나머지 입력을 0으로 놓는다.
② 변환정리를 이용하여 블록선도를 등가 변환한다.
③ 선택한 한 개의 입력에 의한 출력을 구한다.

④ ①에서 ③까지를 나머지 입력에 대해서도 되풀이 한다.

⑤ ①에서 ④까지의 출력을 대수적으로 더한다. 이 합이 모든 입력이 동시에 가해졌을 때의 출력이 된다.

그림 4-16과 같은 블록선도에서 2개의 입력신호 $R_1(s)$, $R_2(s)$를 가지고 있는 시스템의 출력 $C(s)$를 구해보자.

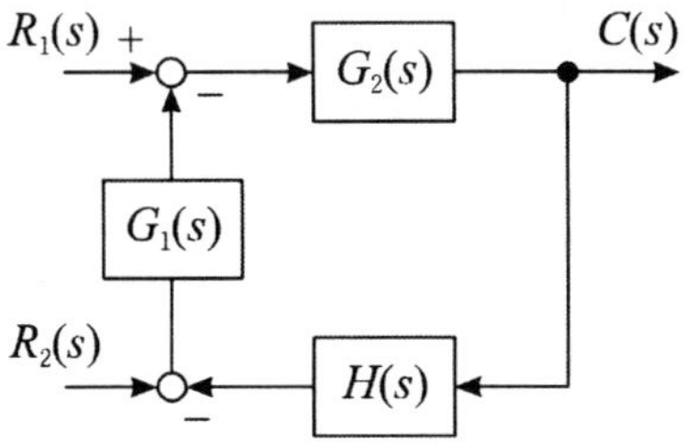

그림 4-16

그림 4-16을 그림 4-17 (a), (b)로 분리하여 전달함수를 구한다.

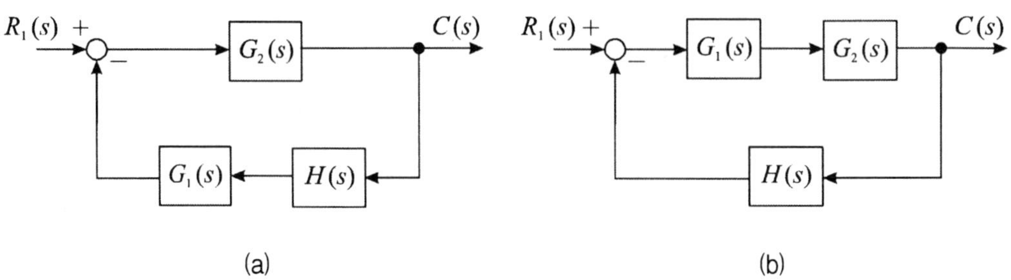

그림 4-17

(a)와 같이 입력이 $R_1(s)$만 가해졌을 때의 전달함수를 구하면

$$\frac{C(s)}{R_1(s)} = \frac{G_2(s)}{1 + G_1(s)\,G_2(s)\,H(s)}$$

(b)와 같이 $R_2(s)$만의 입력일 때의 전달함수는

$$\frac{C(s)}{R_2(s)} = \frac{G_1(s)G_2(s)}{1 + G_1(s)G_2(s)H(s)}$$

따라서 시스템의 출력 $C(s)$는 위의 두 식에서 구하면 다음과 같다.

$$C(s)=\frac{G_2(s)R_1(s)+G_1(s)G_2(s)R_2(s)}{1+G_1(s)G_2(s)H(s)}$$

예제 그림 4-18과 같은 회로의 출력 e_0를 구하라.

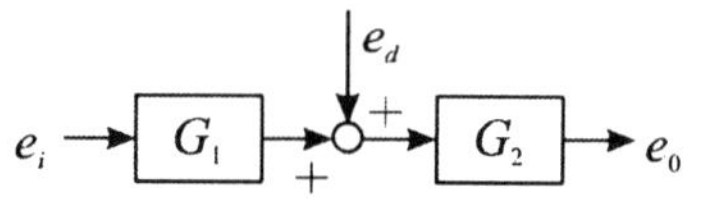

그림 4-18

풀이 $(e_iG_1+e_d)G_2=e_0$

예제 그림 4-19와 같은 회로에서 출력 y를 구하라.

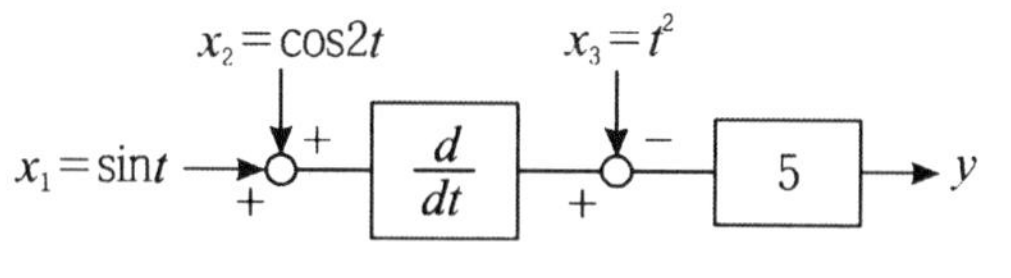

그림 4-19

풀이 $y=5\left[(\sin t+\cos 2t)\frac{d}{dt}-t^2\right]$

$=5(\cos t-2\sin 2t-t^2)$

4.2 신호흐름선도

블록선도로 표현하는 시스템에서 전달함수는 블록선도를 간략화 하는 과정에서 입력과 출력 변수간의 상호관계를 표현하는데는 적합하지만 복잡한 시스템의 전달함수를 구할 때는 번거롭고 어렵다.

제어 시스템에서 신호의 흐르는 모양을 표시하는데는 블록선도 이외에 신호흐름선도(Signal Flow Graph)라는 것이 있다. 신호흐름선도는 메이슨(S. J. Mason)에 의하여 대수방정식으로 주어지는 선형계의 인과관계의 표현을 위하여 소개되었는데 복잡한 계통의 해석이 쉽게 되고 종합 전달함수의 계산이 쉽게 된다. 신호흐름선도는 일련의 선형대수방정식의 변수 사이의 입출력 관계를 도식적으로 나타내는 방법으로 정의될 수 있다.

궤환이론이 근본적으로 시스템신호의 흐름 및 처리에 관련되므로 신호흐름선도는 궤환제어 시스템에 특히 유용하다. 신호흐름선도의 기본요소는 가지(branch)라고 하는 일정방향의 경로선분이며 블럭선도의 블록과 같이 입력변수와 출력변수의 관계를 나나낸다.

식 (4-15)와 같이 N개의 대수방정식으로 표현되는 선형계에서

$$y_j = \sum_{k=1}^{N} a_{kj} y_k \qquad j=1,\ 2,\ \cdots N \tag{4-15}$$

이 N개의 방정식은 인과(cause-and-effect) 관계의 꼴로 쓰여져 있다.

4.2.1 신호흐름선도의 기본 요소

신호흐름선도를 그릴 때, 이음점 또는 마디(node)가 변수들을 나타내는데 쓰인다. 마디들은 인과 관계에 따라 가지(branch)라고 하는 선분으로 연결된다. 가지는 화살표 방향으로 신호가 전해지는 전달 특성을 나타내며 이득(gain)과 방향을 갖는다.

어떤 선형계가 간단한 방정식

$$y_2 = a_{12} y_1 \tag{4-16}$$

으로 표시되고 y_1은 입력, y_2는 출력, a_{12}는 두 변수 사이의 이득이라고 하면 식 (4-16)의 신호흐름선도 표현은 그림 4-20과 같이 나타낼 수 있다.

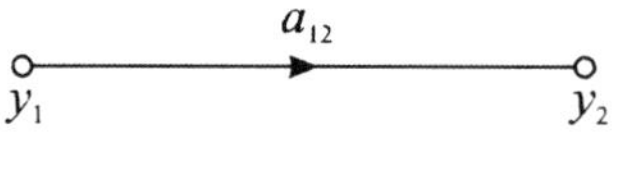

그림 4-20 $y_2 = a_{12} y_1$의 신호흐름선도

그림 4-21은 식 (4-16)에 대한 블록선도와 신호흐름선도의 비교를 나타낸 것이다.

(a) 블럭선도 (b) 신호흐름선도

그림 4-21

4.2.2 신호흐름선도의 기본 성질

신호흐름선도는 다음과 같은 중요한 성질들이 있다.

① 신호흐름선도는 선형 시스템에만 적용한다.

② 신호흐름선도를 그리는데 쓰이는 방정식은 결과가 원인의 함수로 표현되는 형태의 대수 방정식이어야 한다.

③ 마디는 변수를 나타내는데 쓰이고 계통에서의 원인과 결과의 순서로 왼쪽에서 오른쪽으로, 입력에서 출력으로 차례로 배열한다.

④ 신호흐름선도의 신호는 가지의 화살표 방향으로만 가지를 따라 이동한다.

⑤ 입력 마디에서 출력까지 연결된 가지는 입력의 변수가 출력에 종속됨을 나타내고, 역은 성립하지 않는다.

⑥ 입력 마디와 출력 사이의 가지를 따라 이동하는 신효 입력은 가지의 이득을 곱해서 마디 출력에는 가지의 이득과 입력을 곱한 신호를 전송되게 한다.

4.2.3 신호흐름선도 용어의 정의

신호흐름선도에 관련하여 사용되는 용어에 대해서 그림 4-22의 신호흐름선도를 가지고 설명하기로 한다.

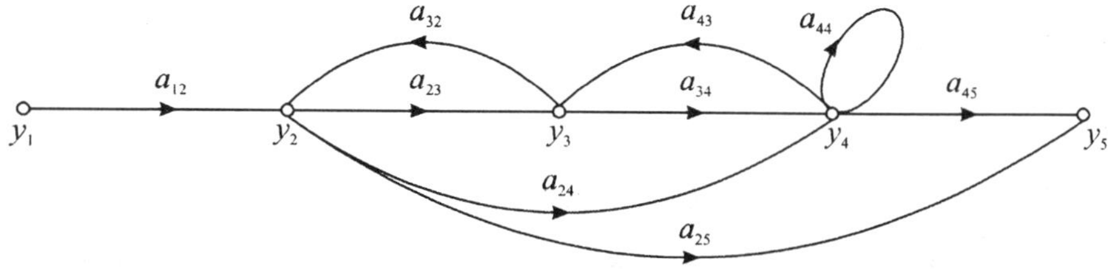

그림 4-22 신호흐름선도

(1) 입력마디(input node 혹은 source)

신호가 밖으로 나가는 가지만을 가진 마디를 말한다.(예, 그림 4-22의 y_1)

(2) 출력마디(output node 혹은 sink)

신호가 들어오는 가지만을 가진 마디를 말한다.(예, 그림 4-22의 y_5)

그러나 이 조건은 출력마디에 언제나 만족되는 것은 아니다. 그림 4-23 (a)의 신호흐름선도에서 어느 마디도 출력마디의 조건을 만족하지 못한다. y_2를 출력마디로 하려면, 현재의 마디 y_2에서 새로운 마디 y_2로 단위 이득을 가지는 가지를 그림 4-23 (b)와 같이 연결하면 된다. y_3에 대하여도 같은 방법으로 하면 된다. 수정된 신호흐름선도 그림 4-23 (b)에서는 원래의 방정식에 $y_2 = y_2$와 $y_3 = y_3$의 식이 추가된 것과 마찬가지이다.

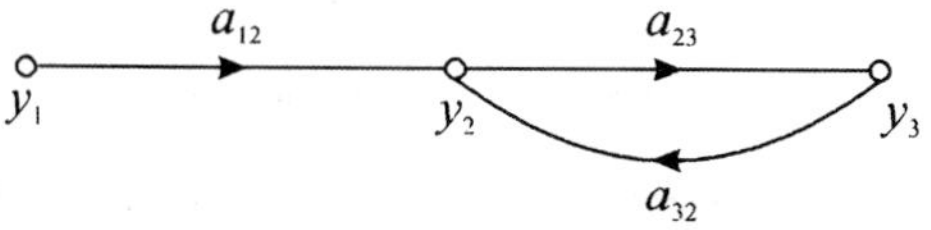

(a) 원래의 신호흐름선도

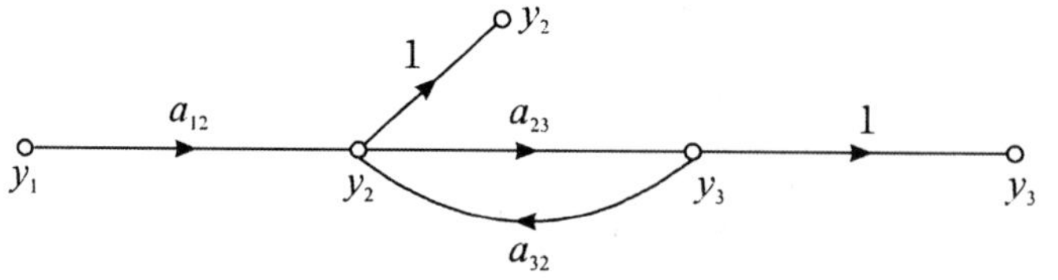

(b) 수정된 신호흐름선도

그림 4-23 수정된 신호흐름선도

(3) 루프(loop)

루프는 같은 마디에서 출발하고 끝나는 경로로서 다른 마디는 한번 이상 거쳐서는 안 된다. 그림 4-22의 신호흐름선도에서는 4개의 루프가 있다. 그림 4-24에 4개의 루프를 나타내었다. 서로 만나는 루프는 한 개 이상의 마디를 공유한다. 두 루프가 마디를 공유하지 않으면 만나지 않는다고 한다.

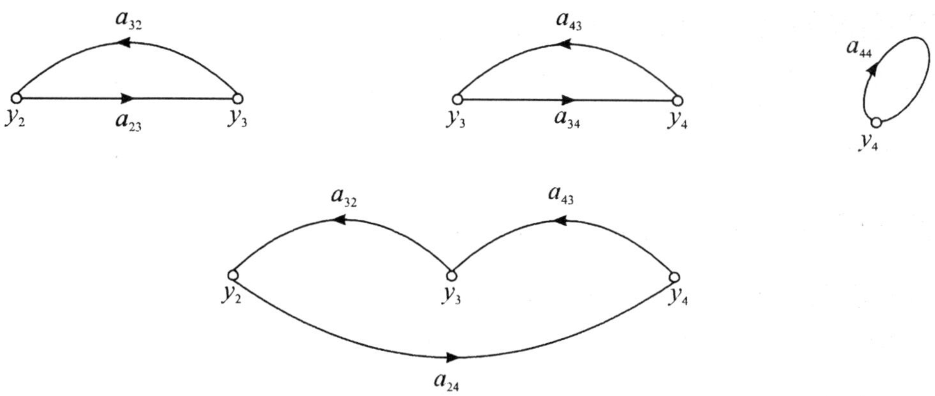

그림 4-24 4개의 루프

(4) 경로(path)

하나의 신호(마디)에서 다른 신호(마디)로 가로지르는 하나의 가지 또는 연속적인 가지들의 연결 또는 같은 방향으로의 연속적인 가지들의 집합을 말한다. 같은 마디를 여러 번 거쳐도 무방하다. 간단한 신호흐름선도에서도 경로의 수는 무수히 많이 존재할 수 있다.

(5) 경로이득(path gain)

어떤 경로를 지날 때, 그 경로에 포함된 가지 이득의 곱을 말한다. 그림 4-22에서 $y_1 \to y_2 \to y_3 \to y_4 \to y_5$경로에 대한 경로이득은 $a_{12}a_{23}a_{34}a_{45}$이다.

(6) 루프이득(loop gain)

루프의 경로 이득이다. 그림 4-24의 루프 $y_2 \to y_4 \to y_3 \to y_2$의 루프 이득은 $a_{24}a_{43}a_{32}$이다.

(7) 전향경로(forward path)

입력마디에서 출발하여 출력마디에서 끝나는 경로로서 동일마디를 2번 이상 거쳐서는 안된다. 그림 4-22에서 살펴보면 y_1에서 y_5 사이에는 3개의 전향경로 $y_1 \to y_2 \to y_3 \to y_4 \to y_5$, $y_1 \to y_2 \to y_4 \to y_5$, $y_1 \to y_2 \to y_5$가 있다.

(8) 전향경로이득(forward path gain)

전향경로의 경로이득을 말한다. 그림 4-22의 3개의 전향경로에 대한 전향경로이득은 $a_{12}a_{23}a_{34}a_{45}$, $a_{12}a_{24}a_{45}$, $a_{12}a_{25}$이다.

(9) 비접촉 루프(nontouching loops)

신호흐름선도에서 마디를 공유하지 않을 때 두 부분이 비접촉이라고 말하며, 루프가 공통의 마디를 공유하지 않으면 비접촉 루프라고 한다. 그림 4-22의 신호흐름선도에서 루프 $y_2 \to y_3 \to y_2$와 $y_4 \to y_4$는 비접촉 루프이다.

4.2.4 신호흐름선도의 연산

신호흐름선도의 성질로부터 신호흐름선도의 연산을 다음과 같이 정의할 수 있다.

① 마디로 표시된 변수의 값은 마디로 들어오는 모든 신호의 합과 같다. 그림 4-25 (a)의 신호흐름선도에서 y_1의 값은 그 마디로 들어오는 모든 신호들의 합과 같다.

$$y_1 = a_{21}y_2 + a_{31}y_3 + a_{41}y_4 + a_{51}y_5 \tag{4-17}$$

② 마디로 표시된 변수의 값은 그 마디를 나가는 모든 가지를 따라 전달된다. 그림 4-25 (b)는 전달되는 점의 마디를 나타낸 것이다.

$$\left.\begin{aligned} y_2 &= a_{12}y_1 \\ y_3 &= a_{13}y_1 \\ y_4 &= a_{14}y_1 \end{aligned}\right\} \tag{4-18}$$

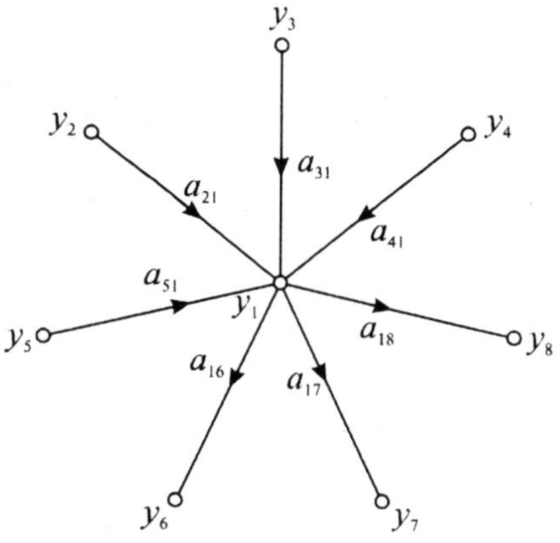

(a) 합해지는 점의 마디

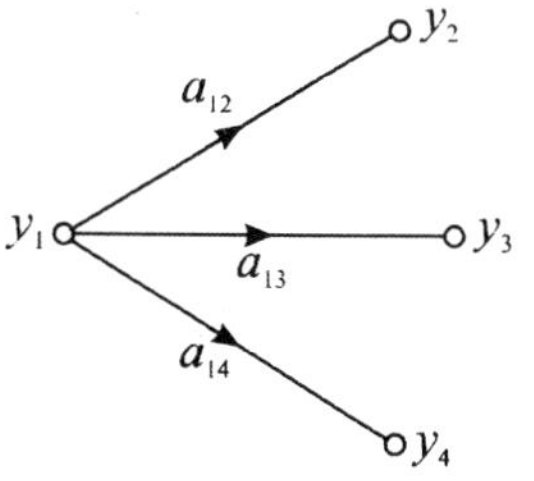

(b) 전달되는 점의 마디

그림 4-25 합해지는 점과 전달되는 점으로서의 마디

③ 신호흐름선도에서 두 마디 사이에 같은 방향으로 연결된 병렬가지는 병렬로 연결된 가지들의 이득의 합과 같은 이득을 하나의 가지로 나타낼 수 있다.

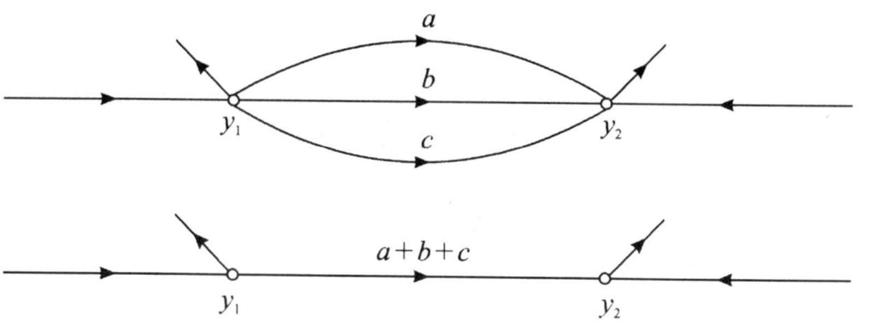

그림 4-26 병렬 연결

④ 신호흐름선도에서 한 방향으로 직렬 연결된 가지들은 각 가지들의 이득의 곱한 값과 같은 이득을 가지는 한 개의 가지로 나타낼 수 있다.

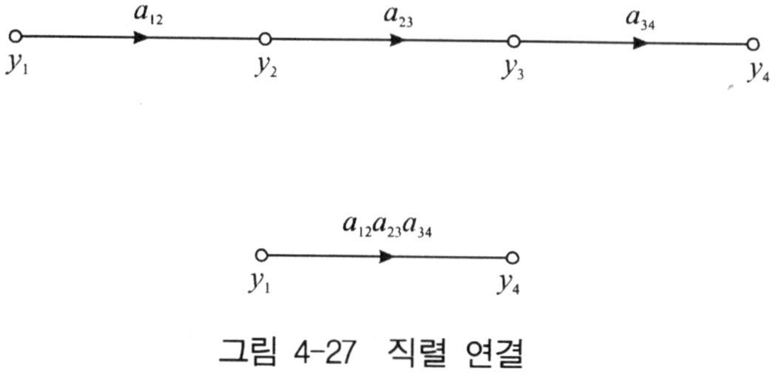

그림 4-27 직렬 연결

⑤ 그림 4-28은 궤환제어된 신호흐름선도이다. 여기서 입력을 $R(s)$, 출력을 $Y(s)$라고 하면 전달함수는 다음과 같이 구해진다.

$$E(s) = R(s) - Y(s)H(s) \tag{4-19}$$

$$Y(s) = G(s)E(s) \tag{4-20}$$

식 (4-19)를 식 (4-20)에 대입하면

$$Y(s) = G(s)E(s) = G(s)[R(s) - Y(s)H(s)]$$

$$Y(s)[1 + G(s)H(s)] = G(s)R(s) \tag{4-21}$$

$$\therefore \text{ 전달함수 } \frac{Y(s)}{R(s)} = \frac{G(s)}{1 + G(s)H(s)} \tag{4-22}$$

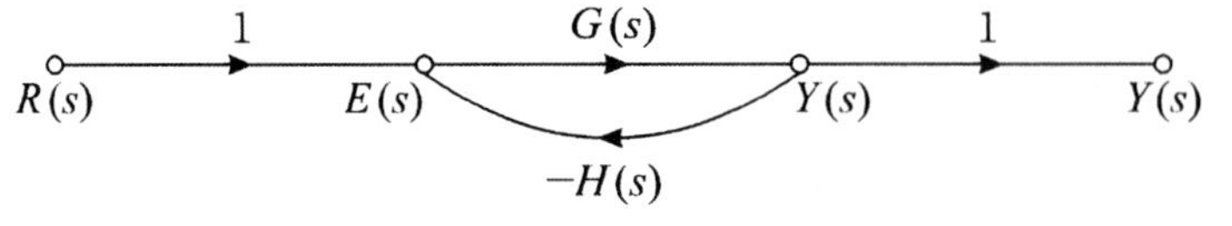

그림 4-28 궤환연결

4.2.5 블럭선도와 신호흐름선도의 등가변환

그림 4-29 (a)와 같은 시스템의 블록선도는 그림 4-29 (b)와 같이 변수 $X(s)$는 마디로, 블록은 가지로 등가변환된다.

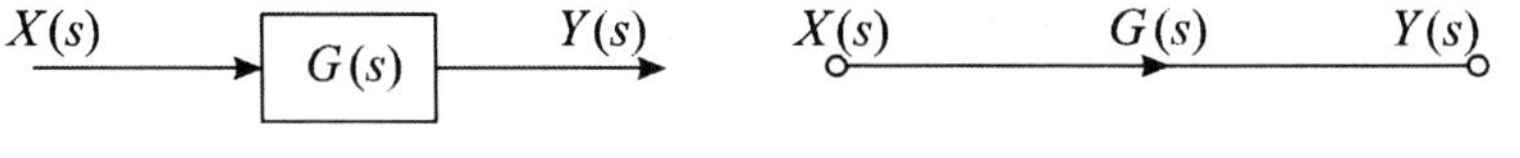

(a) 블록선도 (b) 신호흐름선도

그림 4-29

또한, 그림 4-30 (a)와 같은 가합점은 그림 4-30 (b)와 같이 등가변환된다.

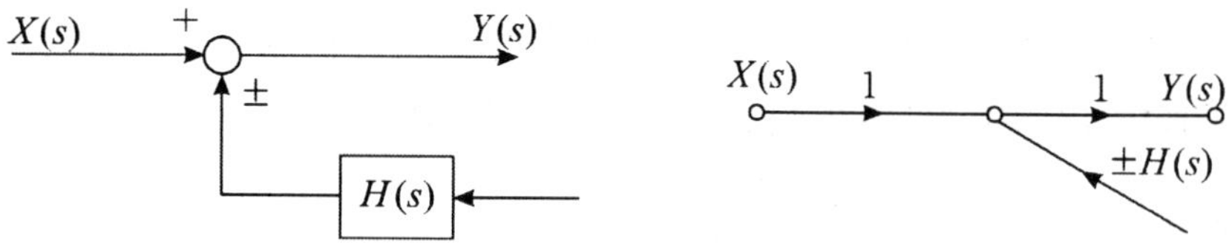

(a) 가합점 (b) 신호흐름선도

그림 4-30

그림 4-31 (a)와 같은 인출점은 그림 4-31 (b)와 같이 등가변환된다.

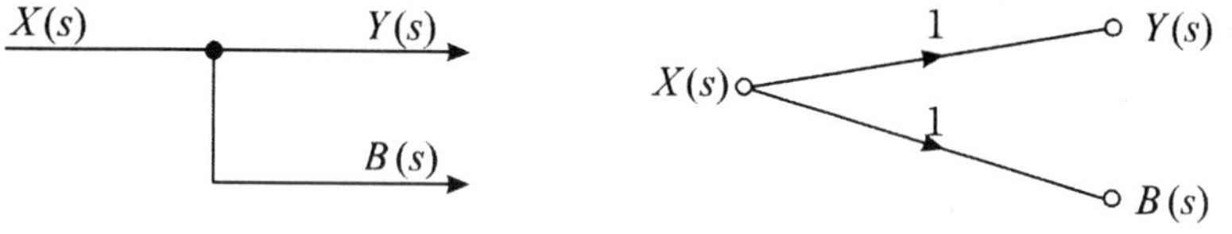

(a) 블록선도의 인출점 (b) 신호흐름선도

그림 4-31

블록선도와 신호흐름선도의 등가변환의 관계를 표 4-1에 표시하였다.

표 4-1 블록선도와 신호흐름선도의 대응관계

구 분	블록선도	신호흐름선도
신 호	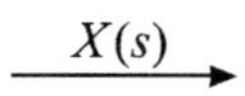	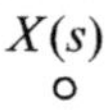
전달요소 $Y(s)=X(s)G(s)$	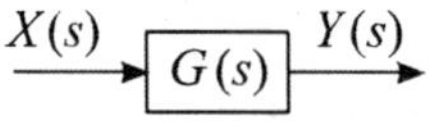	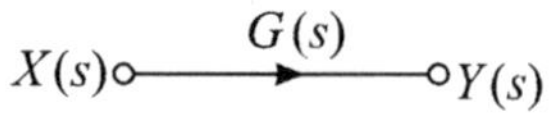
가합점 $Y(s)=X(s)\pm B(s)$	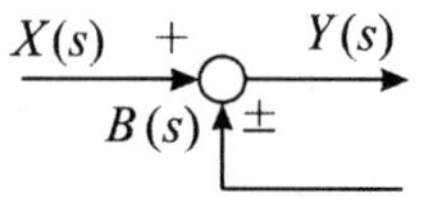	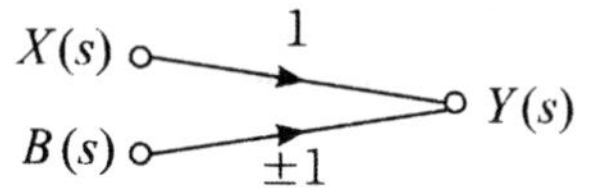
인출점 $X(s)=Y(s)=B(s)$	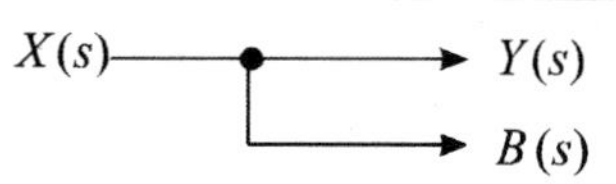	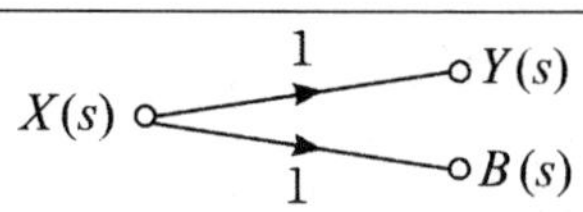
직렬 접속	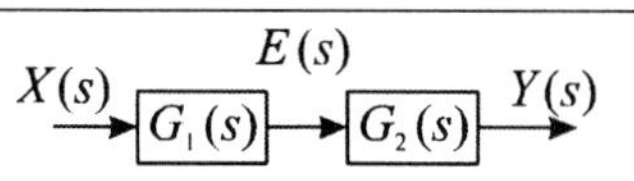	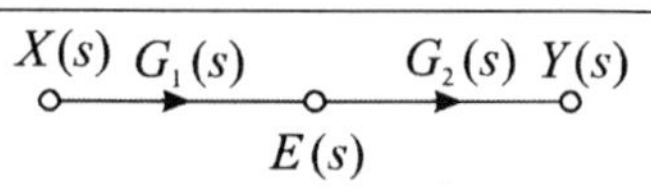
병렬 접속	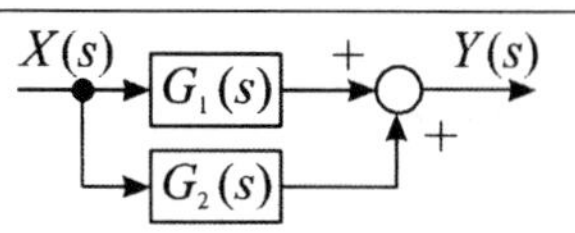	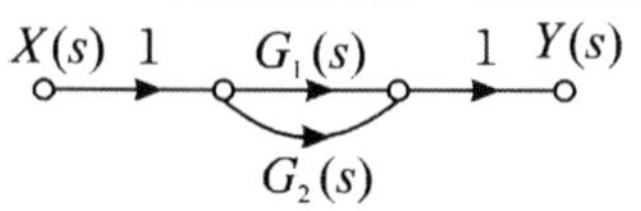
피드백 루프	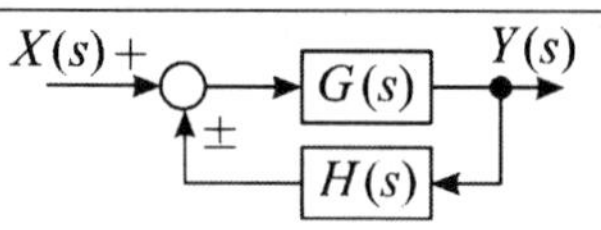	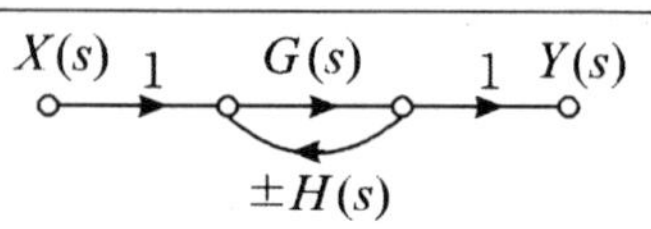

4.2.6 신호흐름선도의 이득공식

신호흐름선도나 블록선도가 주어졌을 때 대수적인 연산에 의하여 입출력 관계를 찾는 것은 매우 지루한 일이며 쉽게 구해지지 않는다. 일반적으로 입력마디 y_{in}과 출력마디 y_{out} 사이의 관계는 다음과 같은 Mason의 공식에 의하여 구할 수 있다.

$$M=\frac{y_{out}}{y_{in}}=\sum_{k=1}^{N}\frac{M_k\Delta_k}{\Delta} \tag{4-23}$$

여기서, y_{in}=입력마디 변수, y_{out}=출력마디 변수

$M=y_{in}$과 y_{out} 사이의 이득, N=전향경로의 수

M_k=입력마디에서 출력마디 사이의 k번째 전향경로 이득

Δ_k= k번째 전향경로와 접촉하지 않는 신호흐름선도에 대한 Δ

$$\Delta = 1 - \sum L_i + \sum L_{ij} - \sum L_{ijk} + \cdots \qquad (4\text{-}24)$$

$\sum L_i$: 모든 각각의 루프 이득의 합, $\sum L_{ij}$: 두 개의 비접촉 루프의 이득의 합(서로 만나지 않는 2개 루프이득 곱의 합), $\sum L_{ijk}$: 세 개의 비접촉 루프의 이득의 합(서로 만나지 않는 3개 루프이득 곱의 합)

이 이득 공식은 입력마디와 출력마디 사이에만 적용할 수 있다.

예제 그림 4-32와 같은 신호흐름선도에서 Y_i를 입력, Y_0를 출력이라고 할 때 Y_0 / Y_i를 구하라.

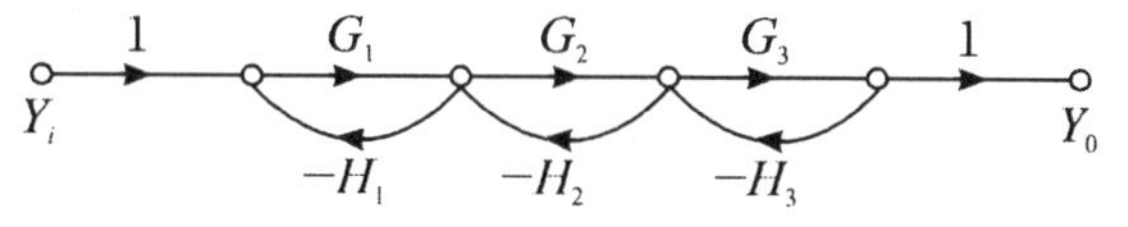

그림 4-32

풀이 이 신호흐름선도에는 $Y_i \rightarrow 1 \rightarrow G_1 \rightarrow 1 \rightarrow G_2 \rightarrow 1 \rightarrow G_3 \rightarrow 1 \rightarrow Y_0$의 전향경로 한 개가 존재하며 전향경로이득 $M_1 = G_1 G_2 G_3$가 된다. 모든 루프는 전향경로와 접속하므로 Δ_1은 1이 된다.

또 그림 4-33과 같이 3개의 루프가 존재하며 루프이득은 다음과 같이 된다.

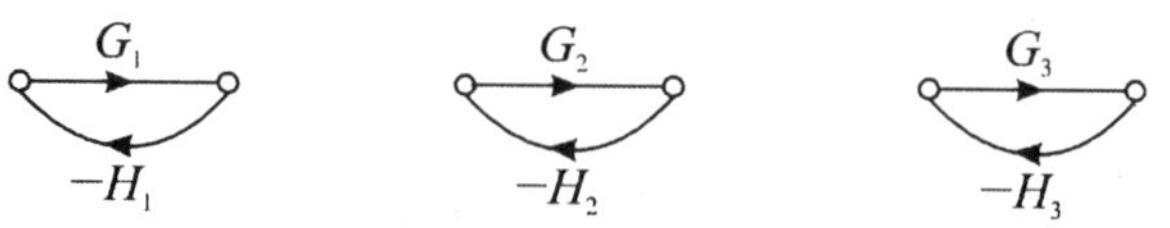

그림 4-33 3개의 루프

$L_1 = G_1(-H_1),\ L_2 = G_2(-H_2),\ L_3 = G_3(-H_3)$

서로 접촉하지 않는 루프는 하나 있다. 즉 루프 $G_1(-H_1)$과 $G_3(-H_3)$는 비접촉 루프이다. 그리고 그 이득은 $L_{13} = G_1(-H_1)G_3(-H_3)$가 된다.

그러므로

$$\Delta = 1 - (L_1 + L_2 + L_3) + L_{13}$$
$$= 1 + G_1H_1 + G_2H_2 + G_3H_3 + G_1G_3H_1H_3$$

$$\therefore \ \frac{Y_0}{Y_i} = \frac{M_1 \Delta_1}{\Delta} = \frac{G_1 G_2 G_3}{1 + G_1 H_1 + G_2 H_2 + G_3 H_3 + G_1 H_1 G_3 H_3}$$

예제 그림 4-34와 같은 신호흐름선도에서 Y_i를 입력, Y_0를 출력이라고 할 때 Y_0 / Y_i를 구하라.

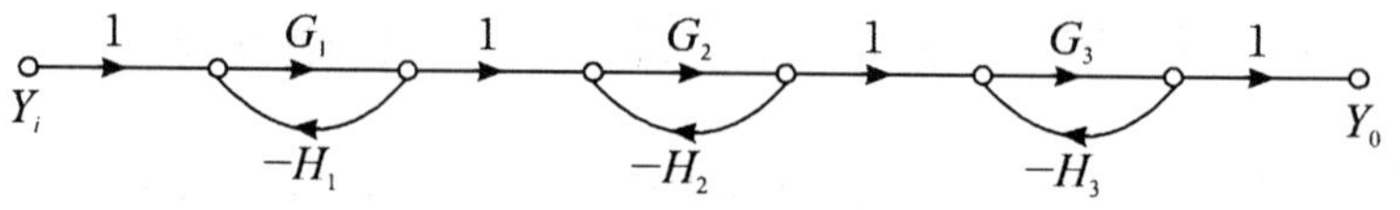

그림 4-34

풀이 이 신호흐름선도에는 $Y_i \to 1 \to G_1 \to 1 \to G_2 \to 1 \to G_3 \to 1 \to Y_0$의 전향경로 한 개가 존재하며 전향경로이득 $M_1 = G_1 G_2 G_3$가 된다. 모든 루프는 전향경로와 접속하므로 Δ_1은 1이 된다. 따라서 $M_1 \Delta_1 = G_1 G_2 G_3$가 된다.

또 그림 4-33과 같이 3개의 루프가 존재하며 루프이득은 다음과 같이 된다.

$L_1 = G_1(-H_1)$, $L_2 = G_2(-H_2)$, $L_3 = G_3(-H_3)$

2개의 서로 접촉하지 않는 루프는 세 개가 하나 있다. 즉 루프 $G_1(-H_1)$과 $G_2(-H_2)$, $G_1(-H_1)$과 $G_1(-H_3)$, $G_2(-H_2)$과 $G_3(-H_3)$는 비접촉 루프이다.

그리고 그 이득은

$L_{12} = G_1(-H_1) G_2(-H_2)$, $L_{13} = G_1(-H_1) G_3(-H_3)$, $L_{23} = G_2(-H_2) G_3(-H_3)$

가 된다.

3개의 서로 접촉하지 않는 루프는 1개가 있다.

즉 루프 $G_1(-H_1)$, $G_2(-H_2)$, $G_3(-H_3)$는 서로 접촉하지 않는다. 그러므로 이득은 $L_{123} = G_1(-H_1) G_2(-H_2) G_3(-H_3)$가 된다. 그러므로

$$\begin{aligned} \Delta &= 1 - (L_1 + L_2 + L_3) + (L_{12} + L_{13} + L_{23}) - L_{123} \\ &= 1 + G_1 H_1 + G_2 H_2 + G_3 H_3 + G_1 G_2 H_1 H_2 + G_2 G_3 H_2 H_3 + G_1 G_3 H_1 H_3 \\ &\quad + G_1 G_2 G_3 H_1 H_2 H_3 \end{aligned}$$

$$\therefore \ \frac{Y_0}{Y_i} = \frac{M_1 \Delta_1}{\Delta}$$

$$= \frac{G_1 G_2 G_3}{1 + G_1 H_1 + G_2 H_2 + G_3 H_3 + G_1 G_2 H_1 H_2 + G_2 G_3 H_2 H_3 + G_1 G_3 H_1 H_3 + G_1 G_2 G_3 H_1 H_2 H_3}$$

연 습 문 제

1. 그림 4-35와 같은 궤환제어의 전달함수를 구하라.

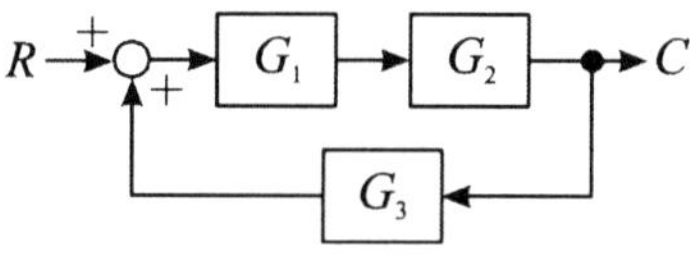

그림 4-35

2. 그림 4-36과 같이 2개의 입력 R과 u로 된 블록선도의 출력 C를 구하라.

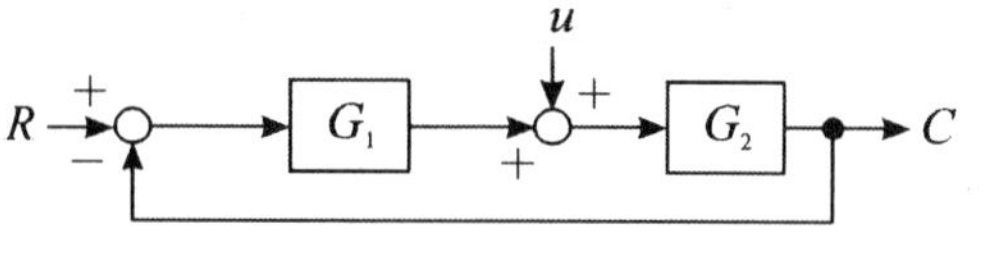

그림 4-36

3. 그림 4-37과 같은 블록선도의 전달함수를 구하라.

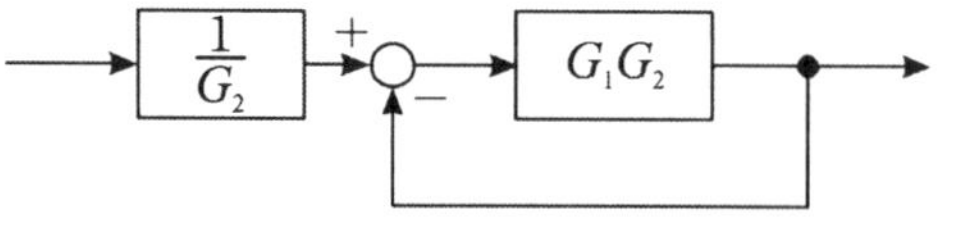

그림 4-37

4. 그림 4-38과 같은 블록선도의 전달함수 $\frac{C}{R}$를 구하라.

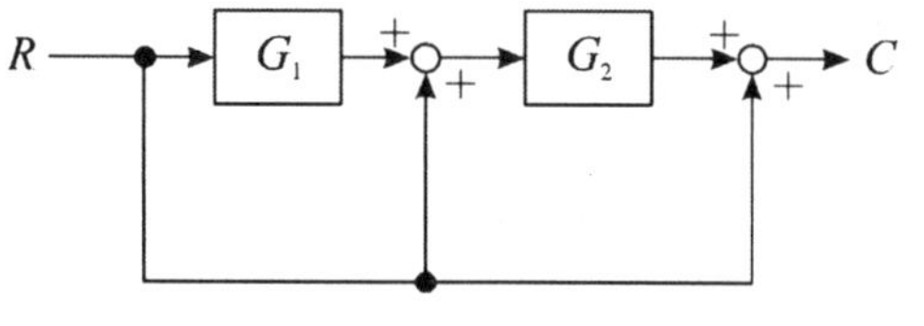

그림 4-38

5. 그림 4-39와 같은 신호흐름선도에서 $\frac{C}{R}$를 구하라.

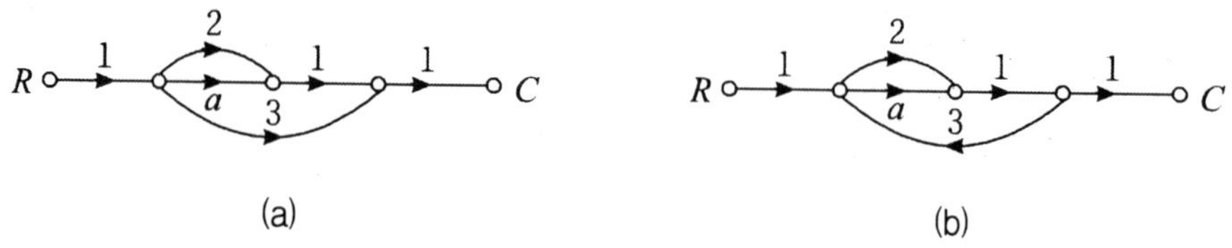

그림 4-39

6. 그림 4-40과 같은 신호흐름선도에서 전달함수 $\frac{C}{R}$를 구하라.

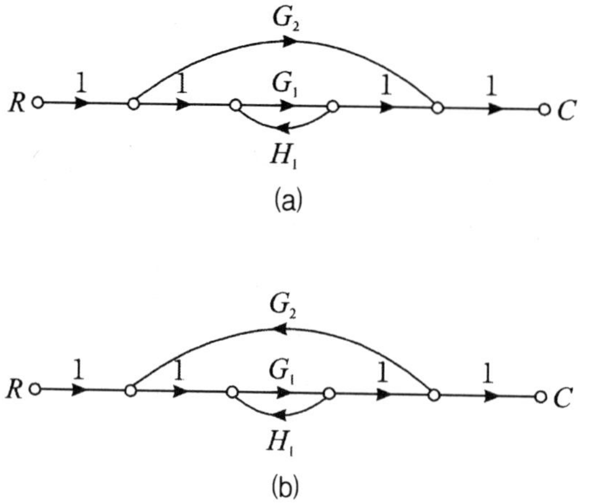

그림 4-40

7. 그림 4-41과 같은 신호흐름선도에서 $\frac{C}{R}$를 구하라.

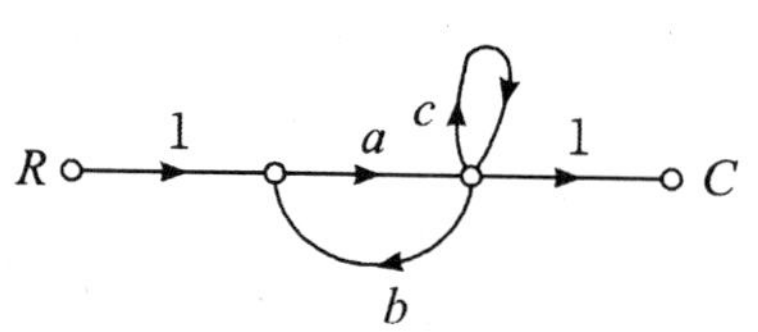

그림 4-41

8. 그림 4-42와 같은 신호흐름선도에서 $\frac{C}{R}$를 구하라.

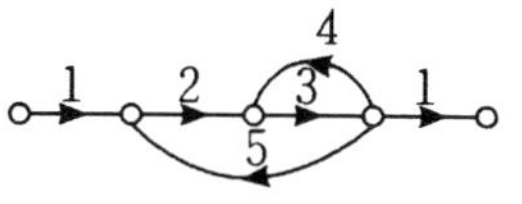

그림 4-42

9. 그림 4-43과 같은 신호흐름선도에서 $\frac{C}{R}$를 구하라.

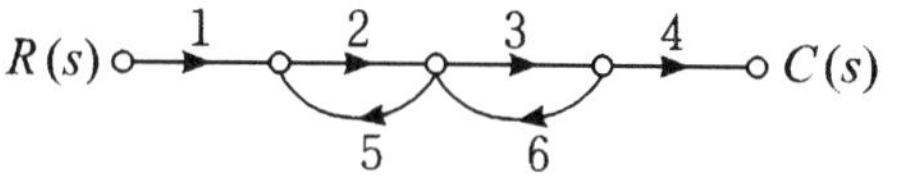

그림 4-43

10. 그림 4-44와 같은 신호흐름선도에서 $\frac{y_2}{y_1}$의 값을 구하라.

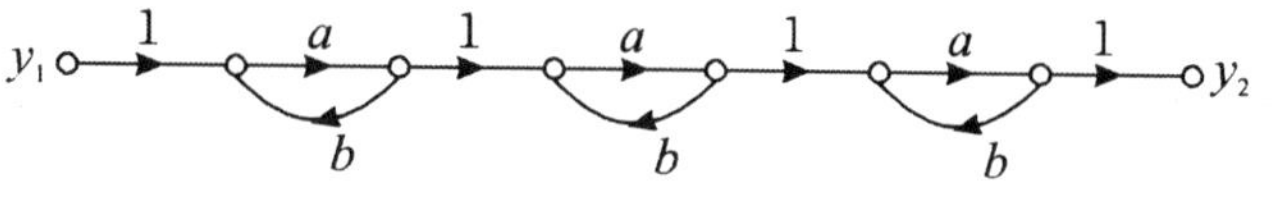

그림 4-44

연습문제 해답

1. $(R+G_3C)G_1G_2=C$

$RG_1G_2=C(1-G_1G_2G_3)$

$\therefore\ G(s)=\dfrac{C}{R}=\dfrac{G_1G_2}{1-G_1G_2G_3}$

2. $[(R-C)G_1+u]G_2=C$

$RG_1G_2-CG_1G_2+uG_2=C$

$RG_1G_2+uG_2=C(1+G_1G_2)$

$\therefore\ C=\dfrac{G_1G_2}{1+G_1G_2}R+\dfrac{G_2}{1+G_1G_2}u=\dfrac{G_2}{1+G_1G_2}(G_1R+u)$

3. $\dfrac{1}{G_2}\cdot\dfrac{G_1G_2}{1+G_1G_2}=\dfrac{G_1}{1+G_1G_2}$

4. $(RG_1+R)G_2+R=C$

$R(G_1G_2+G_2+1)=C$

$\therefore\ \dfrac{C}{R}=1+G_2+G_1G_2$

5. 그림 (a)는 $M_1=a$, $M_2=2$, $M_3=3$, $\Delta_1=1$, $\Delta_2=1$, $\Delta_3=1$, $\Delta=1$

$\therefore\ G=\dfrac{C}{R}=\dfrac{G_1\Delta_1+G_2\Delta_2+G_3\Delta_3}{\Delta}=a+2+3=a+5$

그림 (b)는 $M_1=a$, $M_2=2$, $M_3=3$ $\Delta_1=1$, $\Delta_2=1$, $L_1=3a$, $\Delta=1-L_1=1-3a$

$\therefore\ G=\dfrac{C}{R}=\dfrac{G_1\Delta_1+G_2\Delta_2}{\Delta}=\dfrac{a+2}{1-3a}$

6. 그림 (a)는 $M_1=G_1$, $\Delta_1=1$, $M_2=G_2$, $\Delta_2=1-G_1H_1$

$L_1=G_1H_1$

$\Delta=1-L_1=1-G_1H_1$

$\therefore\ \dfrac{C}{R}=\dfrac{M_1\Delta_1+M_2\Delta_2}{\Delta}=\dfrac{G_1+G_2(1-G_1H_1)}{1-G_1H_1}$

그림 (b)는 $M_1=G_1$, $\Delta_1=1$, $L_1=G_1H_1$, $L_2=G_1G_2$

$\Delta=1-(L_1+L_2)=1-G_1H_1-G_1G_2$

$$\therefore\ \frac{C}{R}=\frac{M_1\Delta_1}{\Delta}=\frac{G_1}{1-G_1H_1-G_1G_2}$$

7. $\dfrac{C}{R}=\dfrac{a}{1-ab-c}$

8. $M_1=1\cdot2\cdot3\cdot1=6,\ \Delta_1=1$

$L_1=3\cdot4=12,\quad L_2=2\cdot3\cdot5=30$

$\Delta=1-(L_1+L_2)=1-(12+30)=-41$

$$\therefore\ \frac{C}{R}=\frac{M_1\Delta_1}{\Delta}=\frac{6\cdot1}{-41}=-\frac{6}{41}$$

9. $\dfrac{C}{R}=\dfrac{24}{1-10-18}=-\dfrac{8}{9}$

10. 전향경로는 한 개이므로

$M_1=a^3,\ \Delta_1=1$

$L_1=ab,\ L_2=ab,\ L_3=ab$

$L_{12}=a^2b^2,\ L_{23}=a^2b^2,\ L_{13}=a^2b^2$

$L_{123}=a^3b^3$이므로

$\Delta=1-3ab+3a^2b^2-a^3b^3$

$\therefore\ \dfrac{y_2}{y_1}=\dfrac{a^3}{1-3ab+3a^2b^2-a^3b^3}$ [별해] $\therefore\ \dfrac{y_2}{y_1}=\left(\dfrac{a}{1-ab}\right)\left(\dfrac{a}{1-ab}\right)\left(\dfrac{a}{1-ab}\right)=\left(\dfrac{a}{1-ab}\right)^3$

제 5 장 제어 시스템의 응답 특성

5.1 제어 시스템의 시간영역응답

대부분의 제어 시스템에서 시간은 독립변수(independent variable)로 사용되기 때문에 시간에 대한 상태(state)나 출력응답(output response) 또는 시간응답(time response)을 계산하는 것이 중요하다. 기준입력신호(reference input signal)가 시스템에 가해진 후 시스템의 성능은 시스템 응답을 시간영역(time domain)에서 고찰함으로써 구할 수 있다. 제어 시스템의 목적이 임의의 초기시간(initial time)과 초기조건(initial condition)을 가지는 입력신호를 추적하는 출력변수를 얻는 경우라면, 입력과 출력을 시간의 함수로써 비교할 필요가 있다. 그러므로 대부분 제어 시스템의 문제에서 시스템 성능에 대한 최종 평가는 시간응답에 근거를 둔다. 제어 시스템의 시간응답은 보통 과도응답(transient response)과 정상상태 응답(steady state response)의 두 부분으로 나누어진다.

$y(t)$를 연속치 제어 시스템의 시간응답이라고 하면 이 시간응답은 다음과 같이 쓸 수 있다.

$$y(t) = y_t(t) + y_{ss}(t) \tag{5-1}$$

여기서 $y_t(t)$는 과도응답이고, $y_{ss}(t)$는 정상상태응답을 나타낸다.

제어 시스템에서 과도응답은 시간을 매우 크게(무한대) 할 때 영이 되는 시간 응답의 한 부분으로 정의한다. 그러므로

$$\lim_{t \to \infty} y_t(t) = 0 \tag{5-2}$$

인 성질을 가진다.

정상상태 응답은 과도응답이 없어진 후 남게 되는 전체 응답의 한 부분이다. 그러므로 정상상태 응답은 정현파나 시간에 따라 증가하는 램프함수와 같은 형태로 변할 수 있다.

실제의 모든 제어 시스템은 정상상태에 도달하기 전 얼마간의 과도현상을 나타낸다. 물리적 시스템에서 관성(inertia), 질량(mass), 인덕턴스는 피할 수 없는 것이기 때문에 전형적인 제어 시스템의 응답은 순간적으로 변하는 입력에 그대로 따를 수가 없기 때문에 실제의 모든 제어 시스템은 정상상태에 도달하기 전 얼마간 과도현상이 나타낸다.

제어 시스템의 정상상태 응답은 시간이 경과할 때 시스템 응답이 어디까지 도달하느냐를 나타내므로 매우 중요하다. 위치제어 시스템(position control system)에서 정상상태 응답을 기준입력신호와 비교함으로써 시스템의 정확도를 얻을 수 있다. 출력의 정상상태 응답이 입력의 정상상태와 완전히 일치하지 않는다면 이 시스템은 정상상태오차(steady state error)를 가진다고 한다. 제어 시스템의 시간영역 연구에서 시스템의 과도응답과 정상상태응답의 계산은 필연적이다.

5.2 제어 시스템의 정상상태오차

대부분의 제어 시스템의 목적 중 하나는 그 시스템 출력응답이 정상상태에서 특정 기준신호에 정확히 따라 주어야 한다. 즉 시스템의 출력이 우리가 원하는 신호가 되도록 하는 것이다. 출력과 기준입력 사이의 정상상태에서의 차이를 정상상태 오차로 정의하였다. 실제의 시스템에서는 시스템의 마찰이나 결함 또는 시스템의 혼합구성으로 말미암아 출력응답의 정상상태는 기준입력에 정확히 일치하는 경우가 드물다. 그러므로 제어 시스템에서 정상상태편차는 거의 피할 수 없으며, 설계 문제 중의 하나는 이 편차를 최소로 유지하거나 어떤 허용치 이하의 값으로 내리는 일이며, 동시에 과도응답이 특정 규격을 만족하도록 하는 것이다.

제어 시스템의 정확성 요구는 시스템의 제어 목적에 따라 광범위 하다. 일반적으로 선형 제어 시스템의 정상상태오차는 입력과 시스템의 형태에 따라 좌우된다. 오차란 가능하면 빨리 영으로 되는 신호로 간주할 수 있다. 제어 시스템에서 기준 입력 $r(t)$와 제어되는 출력 $y(t)$가 동일한 차원이라면 오차신호 $e(t)$는

$$e(t) = r(t) - y(t) \tag{5-3}$$

로 쓸 수 있다. 그러나 기준 입력을 제어되는 출력과 같은 차원으로 설정하는 것은 거의 불가능하다. 예를 들면 고전압 전력원의 출력을 제어하기 위하여 저전압원을 사용할 필요가 있다. 이러한 조건들에 의해서 식 (5-3)은 의미가 없게 된다. 그러므로 그림 5-1과 같은 단위가 없는 피드백 제어 시스템에서 오차를

$$e(t) = r(t) - b(t) \tag{5-4}$$

로 정의한다.

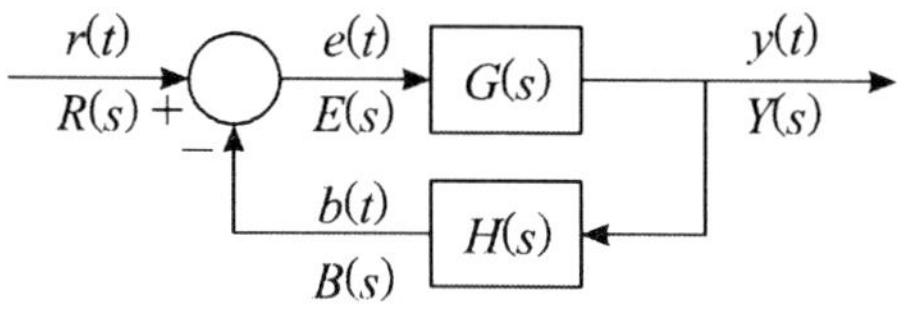

그림 5-1 피드백 제어 시스템

피드백 제어 시스템의 정상상태오차는 시간이 무한대로 접근할 때의 오차로 정의하며 e_{ss}로 표시한다.

$$e_{ss} = \lim_{t \to \infty} e(t) \tag{5-5}$$

그림 5-1에서

$$E(s) = R(s) - B(s),\ B(s) = H(s)Y(s),\ Y(s) = G(s)E(s) \tag{5-6}$$

를 얻을 수 있으며 이 식들에 의하여 오차함수는

$$E(s) = \frac{R(s)}{1 + G(s)H(s)} \tag{5-7}$$

가 된다. 식 (5-7)에 라플라스 변환의 최종값 정리를 이용하면 정상상태오차는 다음과 같이 된다.

$$e_{ss} = \lim_{t\to\infty} e(t) = \lim_{s\to 0} sE(s) = \lim_{s\to 0} \frac{sR(s)}{1 + G(s)H(s)} \tag{5-8}$$

일반적으로 피드백 제어 루프 전달함수 $G(s)H(s)$는 다음과 같다.

$$G(s)H(s) = \frac{K(1 + T_1 s)(1 + T_2 s)\cdots(1 + T_{m1}s + T_{m2}s^2)}{s^j(1 + T_a s)(1 + T_b s)\cdots(1 + T_{n1}s + T_{n2}s^2)}\, e^{-T_d s} \tag{5-9}$$

$j=0, 1, 2, \cdots$

여기서 K와 T는 상수이다. 제어 시스템의 형식은 $s=0$에 있는 $G(s)H(s)$의 극점의 차수에 관련된다. 이 극점의 차수를 제어 시스템 형(type) 또는 간단히 시스템 형이라 한다. 정상상태오차 e_{ss}는 그 시스템 형에 의존함을 보일 수 있다. 그러므로 식 (5-9)의 폐루프 시스템은 j형이다.

시스템의 형은 $s=0$에 있는 $G(s)H(s)$의 극점에만 관계하기 때문에 분모, 분자에 있는 전체항의 수나 계수의 값이 계통의 형에는 중요하지 않다. 예를 들면 식 (5-10)은 0형이며, 식 (5-11)은 2형임을 보여준다.

$$G(s)H(s)=\frac{K(1+5s)}{(1+2s)(1+3s+3s^2)(1+s+2s^2+5s^3+6s^4)} \tag{5-10}$$

$$G(s)H(s)=\frac{K(1+2s)(1+3s+5s^2)}{s^2} \tag{5-11}$$

피드백 제어 시스템의 정상상태오차를 표시하는 식 (5-8)은 기준 입력 $R(s)$와 전달함수 $G(s)H(s)$에 따라 변화하는 것을 나타내고 있으므로 제어 시스템에서 자주 다루게 되는 입력에 대해서 살펴보기로 한다. 입력으로서는 위치, 속도 및 가속도 등이 있으며, 이 입력들을 계단, 램프 및 포물선 함수라고 한다.

5.2.1 계단함수 입력을 가지는 시스템의 정상상태오차

그림 5-1에서 제어 시스템의 기준입력이 계단함수 $r(t)=R\ (t\geq 0)$일 때 기준입력의 라플라스 변환은 $\frac{R}{s}$이므로 식 (5-8)에 의하여 정상상태오차는

$$e_{ss}=\lim_{s\to 0}\frac{R}{1+G(s)H(s)}=\frac{R}{1+\lim_{s\to 0}G(s)H(s)}=\frac{R}{1+K_p} \tag{5-12}$$

가 된다. 여기서

$$K_p=\lim_{s\to 0}G(s)H(s) \tag{5-13}$$

이며, 이 K_p를 **계단 오차 상수**(step error constant) 또는 **위치 오차 상수**(position error constant)라 한다.

K_p가 유한이고 0이 아닌 경우 계단입력에 대한 정상상태오차 e_{ss}는 그림 5-2와

같다.

입력이 계단함수일 때 정상상태오차가 0이 되기 위해서는 위치 오차 상수 K_p가 무한대가 되어야 한다. 식 (5-13)으로부터 K_p가 무한대가 되기 위해서는 j가 적어도 1 이상이 되어야 한다. 즉 $G(s)H(s)$는 적어도 $s=0$에서 한 개의 극점 이상을 가져야 한다.

따라서 계단함수 입력에 대한 정상상태오차를 다음과 같이 요약할 수 있다.

0형 시스템 ($j=0$) $\qquad e_{ss}=\dfrac{R}{1+K_p}=$일정

1형 ($j=1$) 또는 더 높은 시스템 $\qquad e_{ss}=0$

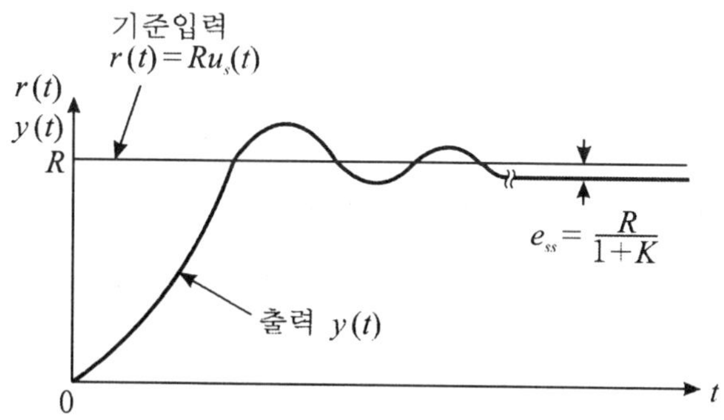

그림 5-2 계단입력에 대한 정상상태오차

예제 루프 전달함수 $G(s)H(s)=\dfrac{8}{(1+0.5s)(1+3s+2s^2)}$ 이고, 입력이 단위 계단 함수 $R(s)=\dfrac{1}{s}$ 일 때 정상상태오차를 구하라.

풀이

$$e_{ss}=\lim_{s\to 0}\frac{1}{1+G(s)H(s)}=\frac{1}{1+\lim\limits_{s\to 0}G(s)H(s)}$$

$$=\frac{1}{1+\lim\limits_{s\to 0}\dfrac{8}{(1+0.5s)(1+3s+2s^2)}}$$

$$=\frac{1}{1+8}=\frac{1}{9}$$

5.2.2 램프함수 입력을 가지는 계통의 정상상태오차

그림 5-1에서 제어 시스템의 기준입력이 램프함수 $r(t)=Rt\,(t\geq 0)$일 때 입력의 라플라스 변환은 $\frac{R}{s^2}$이므로 식 (5-8)에 의하여 정상상태오차는

$$e_{ss}=\lim_{s\to 0}\frac{R}{s+sG(s)H(s)}=\frac{R}{\lim\limits_{s\to 0}sG(s)H(s)}=\frac{R}{K_v} \tag{5-14}$$

가 된다. 여기서

$$K_v=\lim_{s\to 0}sG(s)H(s) \tag{5-15}$$

이며, 이 K_v를 **램프오차 상수**(ramp error constant) 또는 **속도오차 상수**(velocity error constant)라 한다.

K_v가 유한이고 0이 아닌 경우 램프입력에 대한 정상상태오차 e_{ss}가 그림 5-3에 나타나 있다. 입력이 램프함수일 때 정상상태오차 e_{ss}가 0이 되기 위해서는 램프오차상수 K_v가 무한대가 되어야 한다. 식 (5-9)와 (5-15)에서 K_v를 구하면 식 (5-16)과 같이 된다.

$$K_v=\lim_{s\to 0}sG(s)H(s)=\lim_{s\to 0}\frac{K}{s^{j-1}} \qquad j=0,\ 1,\ 2,\cdots \tag{5-16}$$

그러므로 K_v가 무한대가 되기 위해서는 j가 적어도 2 이상이 되어야 한다. 즉 제어 시스템이 2형이거나 더 높은 형이어야 한다. 램프 입력을 가지는 시스템의 정상상태오차에 관하여 다음과 같은 결론을 얻을 수 있다.

0형 시스템	$e_{ss}=\infty$
1형 시스템	$e_{ss}=\frac{R}{K_v}=$일정
2형 또는 2형보다 높은 형	$e_{ss}=0$

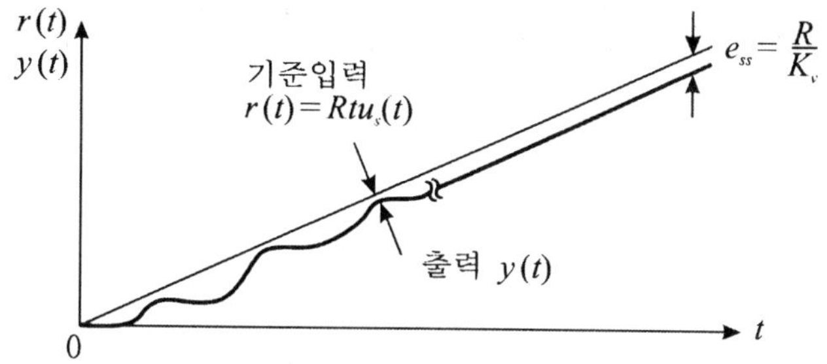

그림 5-3 램프 입력에 대한 정상상태오차

예제 개루프 전달함수가 $G(s)=\dfrac{3(1+s)}{s(1+2s)(1+3s)}$ 로 주어질 때 $H(s)=1$인 단위 궤환 제어 시스템에서 단위 경사 입력에 정상 편차를 구하여라.

풀이 $e_{ss}=\dfrac{1}{\lim\limits_{s\to 0} sG(s)}=\dfrac{1}{\lim\limits_{s\to 0} s\cdot\dfrac{3(1+s)}{s(1+2s)(1+3s)}}=\dfrac{1}{3}$

5.2.3 포물선함수 입력을 가지는 시스템의 정상상태오차

제어 시스템의 기준 입력이 $r(t)=\frac{R}{2}t^2(t\geq 0)$와 같은 포물선 함수일 때 $r(t)$의 라플라스 변환은 $\frac{R}{s^3}$이므로 정상상태오차는 다음과 같이 된다.

$$e_{ss}=\lim_{s\to 0}\frac{R}{s^2+s^2G(s)H(s)}=\frac{R}{\lim\limits_{s\to 0}s^2G(s)H(s)}=\frac{R}{K_a} \tag{5-17}$$

여기서

$$K_a=\lim_{s\to 0}s^2G(s)H(s) \tag{5-18}$$

이며, K_a를 포물선 오차 상수(parabolic error constant) 또는 가속도 오차 상수(acceleration error constant)라 한다.

K_a가 유한이고 0이 아닌 경우 포물선 입력에 대한 정상상태오차 e_{ss}가 그림 5-4에 나타나 있다. 입력이 포물선 함수일 때 정상상태오차 e_{ss}가 0이 되기 위해서는 K_a가 무한대가 되어야 하며 시스템이 3형 또는 그 이상이어야 한다. 포물선 입력을 가지는 시스템의 정상상태오차에 관해서 다음과 같은 결론을 얻을 수 있다.

0형 시스템 $e_{ss}=\infty$

1형 시스템 $e_{ss}=\infty$

2형 시스템 $e_{ss}=\dfrac{R}{K_a}$

3형 또는 그 이상의 시스템 $e_{ss}=0$

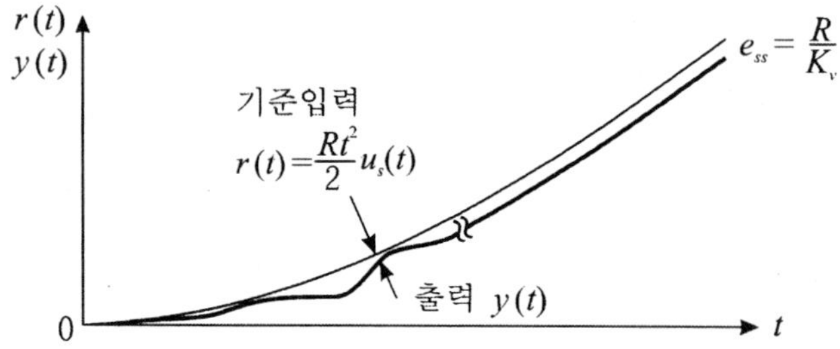

그림 5-4 포물선 입력에 대한 정상상태오차

따라서 제어 시스템의 정상상태 오차는 입력 $R(s)$와 루프 전달함수 $G(s)H(s)$의 형인 j에 의해 결정된다는 것을 알 수 있다. 시스템의 형별 및 입력형태 사이의 관계를 표 5-1에 요약하였다.

표 5-1 제어 시스템의 입력형태에 따른 정상상태오차

계통의 형	계단함수 입력		램프함수 입력		포물선함수 입력	
j	K_p	e_{ss}	K_v	e_{ss}	K_a	e_{ss}
0	K_p	$R/(1+K_p)$	0	∞	0	∞
1	∞	0	K_v	R/K_v	0	∞
2	∞	0	∞	0	K_a	R/K_a
3	∞	0	∞	0	∞	0

예제 제어 시스템 전달함수가 $G(s)H(s)=\dfrac{100(s+4)}{s^2(s+1)(s+2)}$ 이고 입력이 $\dfrac{1}{2}t^2$일 때 가속도 오차 상수와 정상상태 오차를 구하라.

풀이 가속도 오차 상수 K_a는 식 (5-18)로 부터

$$K_a = \lim_{s\to 0} s^2 G(s)H(s) = \lim_{s\to 0} s^2 \frac{100(s+4)}{s^2(s+1)(s+2)} = 200$$

정상상태 오차는 식 (5-17)로 부터

$$e_{ss} = \frac{1}{K_a} = \frac{1}{200}$$

5.3 제어 시스템의 과도응답

제어 시스템의 시간응답 중 과도응답은 정상상태응답과 함께 제어 시스템을 평가하는데 매우 중요하며, 시간이 경과함에 따라 0으로 되는 부분이다. 과도응답의 진폭과 지속시간은 허용범위 또는 미리 정해놓은 한계 내에 유지시켜야 하기 때문에 제어 시스템의 과도응답은 필연적으로 중요하다. 과도응답(transient response)은 시스템이 안정한 경우에만 중요하다. 왜냐하면 불안정한 시스템에 대한 과도응답은 시간의 경과에 따라 감소하지도 않고 조절할 수도 없기 때문이다.

제어 시스템의 과도응답을 평가하는데 있어서 여러 가지 시험입력신호 중에서 보통 단위계단함수를 사용하여 특성화시킨다. 계단함수는 신호발생이 용이하고 평가하기에 쉽기 때문이다. 입력이 단위계단함수일 때 제어 시스템의 응답을 단위계단응답(unit-step response)이라고 한다. 선형제어 시스템의 대표적인 단위계단응답을 그림 5-5에 나타내었다. 단위계단응답에 대한 시간 영역 내에서 선형제어 시스템의 특성화에 사용되는 대표적인 평가함수(performance criteria)는 다음과 같이 정의한다.

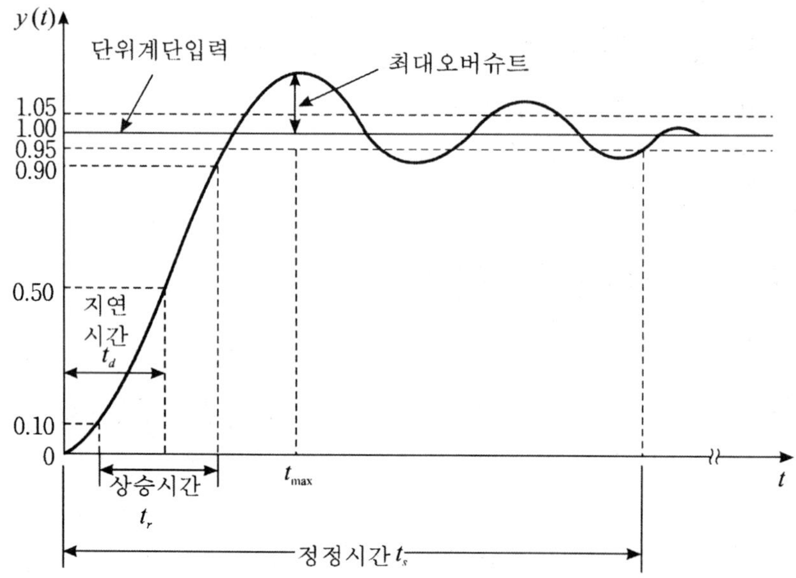

그림 5-5 제어 시스템의 대표적인 단위계단응답

(1) 최대 오버슈트(Maximum Overshoot)

단위계단응답을 $y(t)$, $y(t)$의 최대값을 $y_{\max}$, $y(t)$의 정상상태값을 y_{ss}, $y_{\max} \geq y_{ss}$이면 식 (5-20)과 같이 $y(t)$의 최대 오버슈트를 정의하며 계단응답의 백분율로써 자주 표현된다.

$$\text{최대 오버슈트} = y_{\max} - y_{ss} \tag{5-19}$$

$$\text{백분율 최대 오버슈트} = \frac{\text{최대 오버슈트}}{y_{ss}} \times 100[\%] \tag{5-20}$$

최대 오버슈트는 제어 시스템의 상대적인 안정도를 측정하는데 자주 이용된다. 오버슈트가 큰 시스템은 바람직하지 못하다. 그림 5-5에서는 최대 오버슈트가 첫 번째 오버슈트에서 나타남을 알 수 있다. 어떤 시스템에서는 최대 오버슈트가 첫 번째 이후의 첨두치에서 생긴다.

(2) 감쇠비(Decay ratio)

감쇠비는 과도응답의 소멸되는 정도를 나타내는 양으로서 최대 오버슈트와 다음 주기에 오는 오버슈트와의 비로 정의한다.

$$감쇠비 = \frac{\text{제2 오버슈트}}{\text{최대 오버슈트}} \tag{5-21}$$

(3) 지연시간(Delay Time)

지연시간 t_d는 계단응답이 최종값의 50[%]에 도달하는데 필요한 시간으로 정의한다.

(4) 상승시간(Rise Time)

상승시간 t_r는 계단응답이 최종값의 10[%]에서 90[%]에 도달하는데 필요한 시간으로 정의한다.

(5) 정정시간(Settling Time or Response Time)

정정시간 또는 응답시간 t_s는 최종값이 요구하는 오차 이내로 정착되는데 필요한 시간으로 정의하며 보통 목표값의 ±5[%] 이내의 오차 내로 정착되는 시간을 사용한다.

이들 시간영역의 정격들은 그림 5-5에서와 같이 정확히 정의된다면 측정하기가 비교적 쉽다. 그러나 3차 이하의 간단한 시스템을 제외하고는 이들 항을 해석적으로 구하는 것은 어렵다.

과도 응답특성을 표시하는 양은 이들 이외에도 제동비(damping ratio), 제동계수(damping factor), 자연 진동수, 주기 등이 있다.

5.4 2차 제어 시스템의 과도응답

그림 5-6과 같은 단위 궤환 2차 제어 시스템의 블록선도에서 개루프 전달함수는 다음과 같다.

$$G(s) = \frac{Y(s)}{E(s)} = \frac{{\omega_n}^2}{s(s+2\zeta\omega_n)} \tag{5-22}$$

여기서 ζ와 ω_n은 실정수이다. 이 시스템의 전달함수는 다음과 같이 된다.

$$\frac{Y(s)}{R(s)} = \frac{G(s)}{1+G(s)} = \frac{{\omega_n}^2}{s^2+2\zeta\omega_n s+{\omega_n}^2} \tag{5-23}$$

개루프 전달함수와 폐루프 전달함수가 식 (5-22)와 (5-23)으로 주어진 그림 5-6의 시스템을 원형 2차 시스템(prototype second-order system)이라고 한다.

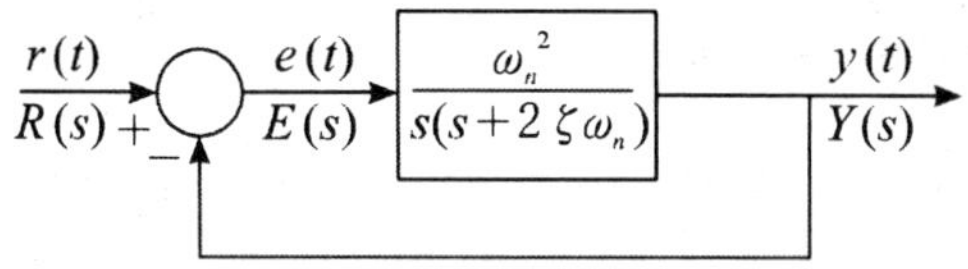

그림 5-6 원형 2차 제어 시스템

원형 2차 시스템의 특성 방정식은 폐루프 전달함수 즉 식 (5-23)의 분모를 0으로 놓아서 얻어지므로

$$\Delta(s) = s^2 + 2\zeta\omega_n s + \omega_n^2 = 0 \tag{5-24}$$

5.4.1 단위 계단 입력에 대한 과도응답

단위 계단 입력에 대한 라플라스 변환함수는 $R(s) = \frac{1}{s}$ 이므로 폐루프 제어 시스템의 출력응답은 출력변환의 라플라스 역변환에 의하여 구해진다.

$$Y(s) = \frac{\omega_n^2}{s(s^2 + 2\zeta\omega_n s + \omega_n^2)} \tag{5-25}$$

식 (5-25)의 라플라스 역변환은 라플라스 변환표를 참조하여 변환을 하면 다음과 같은 결과식을 얻는다.

$$y(t) = 1 - \frac{e^{-\zeta\omega_n t}}{\sqrt{1-\zeta^2}} \sin(\omega_n\sqrt{1-\zeta^2}\,t + \cos^{-1}\zeta) \quad t \geq 0 \tag{5-26}$$

그림 5-7은 제동비 ζ의 여러 가지 값에 대하여 정규화된 시간 $\omega_n t$의 함수로써 식 (5-26)의 단위 계단응답을 나타낸 것이다. 그림에서 ζ를 감소시키면 그 응답은 더 큰 오버슈트로 더 많은 진동을 하게 되며 $\zeta \geq 1$일 때 응답은 어떠한 오버슈트도 없다. 즉 출력은 과도응답기간 동안 최종값을 넘지 않는다. ω_n은 상승시간, 지연시간, 정정시간 등에 직접적인 영향이 있지만 오버슈트에는 어떠한 영향도 없다.

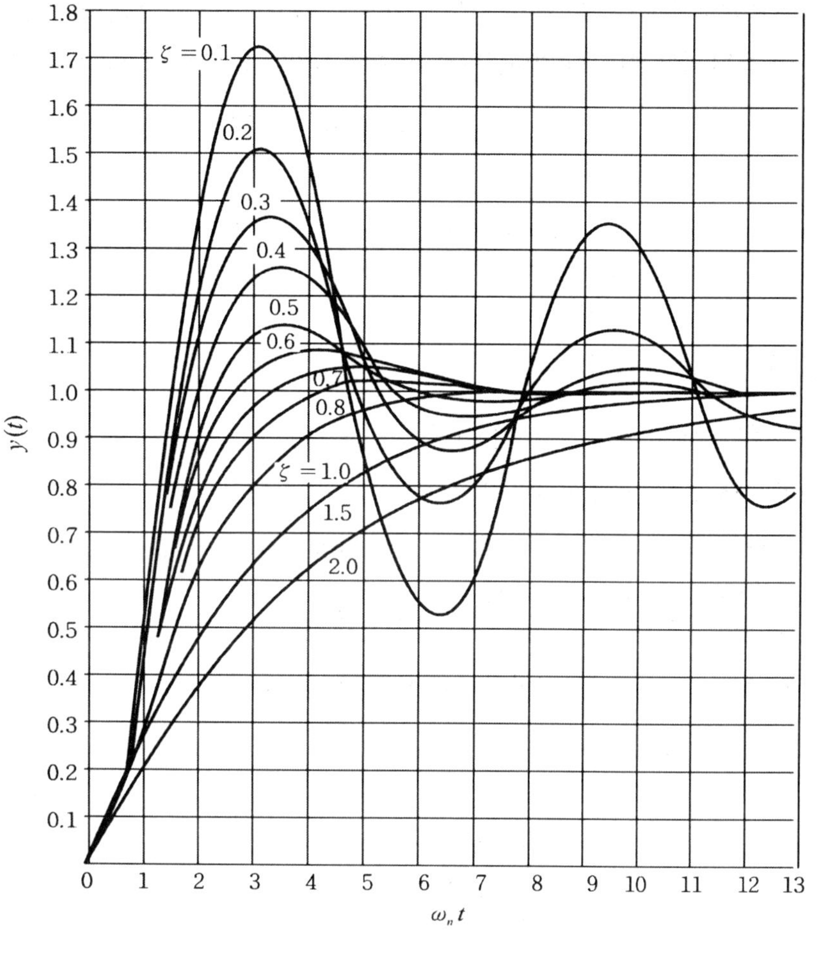

그림 5-7 제동비에 대한 원형 2차 시스템의 단위계단응답

(1) 제동비와 제동인자

식 (5-24)의 두 근을 다음과 같이 표현할 수 있다.

$$s_1,\ s_2 = -\zeta\omega_n \pm j\omega_n\sqrt{1-\zeta^2} = -\alpha \pm j\omega \qquad (5\text{-}27)$$

여기서, $\alpha = \zeta\omega_n,\ \omega = \omega_n\sqrt{1-\zeta^2}$

α는 $\zeta\omega_n$이고 α는 식 (5-26)의 지수항에 t와 곱해지는 정수이다. 그러므로 α는 계통의 제동을 제어하기 때문에 **제동인자**(damping factor) 또는 **제동상수**(damping constant)라 한다. α의 역수 $\frac{1}{\alpha}$는 계통의 시정수(time constant)에 비례한다.

특성 방정식의 두 근이 실근이고 서로 같은 경우 이 응답을 임계제동(critically damped)이라고 한다. 식 (5-27)로부터 임계제동은 $\zeta=1$일 때 발생하는 것을 알 수 있다. 이 때 제동인자 $\alpha=\omega_n$으로 된다. 그러므로 ζ를 다음과 같이 나타내며 제동비(damping ratio)라고 한다.

$$\zeta=\frac{\alpha}{\omega_n}=\frac{\text{실제 제동인자}}{\text{임계제동에서의 제동인자}} \tag{5-28}$$

(2) 고유 비제동 주파수

식 (5-27)에서 $\zeta=0$일 때 즉 제동이 0일 때 특성 방정식의 근은 허수가 되며, 식 (5-26)의 계단응답은 정현적으로 된다. 그러므로 ω_n은 비제동 정현 응답의 주파수에 대응하며 **고유 비제동 주파수**(natural undamped frequency)라고 정의한다.

예제 그림 5-8과 같은 회로망에서 입력전압을 $v_1(t)$, 출력전압을 $v_2(t)$라 할 때 전달함수를 구하고 고유주파수 ω_n과 제동비 ζ를 구하라.

$R=28[\Omega]$, $L=0.1[\text{H}]$, $C=250[\mu\text{F}]$이다.

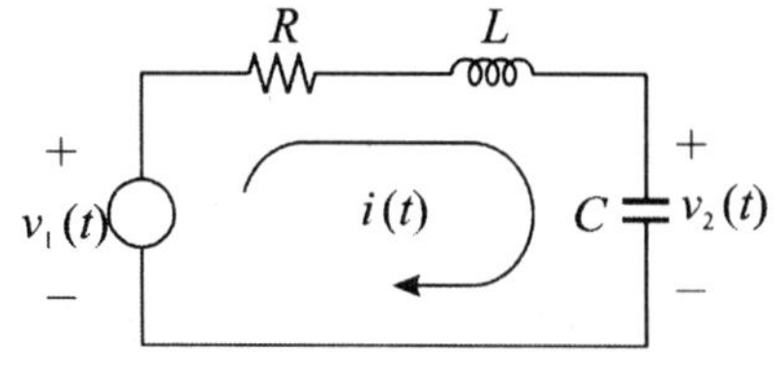

그림 5-8

풀이 그림 5-8에서 회로방정식을 구하면 다음과 같이 된다.

$$v_1(t)=Ri(t)+L\frac{di(t)}{dt}+\frac{1}{C}\int i(t)dt, \quad v_2(t)=\frac{1}{C}\int i(t)\,dt$$

위 두 식의 초기값을 0으로 놓고 라플라스 변환하면

$$V_1(s)=RI(s)+sLI(s)+\frac{1}{sC}I(s), \quad V_2(s)=\frac{1}{sC}I(s)$$

위 식으로부터 전달함수를 구하면

$$\frac{V_2(s)}{V_1(s)}=\frac{\frac{1}{sC}}{R+sL+\frac{1}{sC}}=\frac{\frac{1}{LC}}{s^2+\frac{R}{L}s+\frac{1}{LC}}$$

$$= \frac{40000}{s^2 + 280s + 40000}$$

$$\therefore \quad \omega_n^2 = 40000, \qquad \omega_n = 200\,[\text{rad/sec}]$$

$$2\zeta\omega_n = 280, \quad \zeta = \frac{280}{2\times 200} = 0.7$$

5.4.2 특성 방정식의 근의 위치에 대한 과도응답

그림 5-9는 특성 방정식의 근의 위치와 α, ζ, ω_n, ω 사이의 관계를 설명한 그림이다. 그림에서 좌반면은 양인 감쇠, 우반면은 음인 감쇠에 대응하며, 허수축은 $\alpha=0$, $\zeta=0$에 대응한다. 식 (5-26)에서 감쇠가 양이면 계단 응답은 $e^{-\zeta\omega_n t}$의 음의 지수 때문에 시간의 경과에 따라 일정한 최종값에 도달하게 된다. 이와 같이 양의 감쇠인 경우 응답은 최종값에 도달하므로 안정한 시스템이라 정의한다.

그러나 음인 감쇠는 무한히 커지는 응답에 대응하고 영인 감쇠는 지속적인 정현진동을 일으킨다. 이와 같이 음이나 영인 감쇠의 경우를 **불안정 시스템**이라 정의한다.

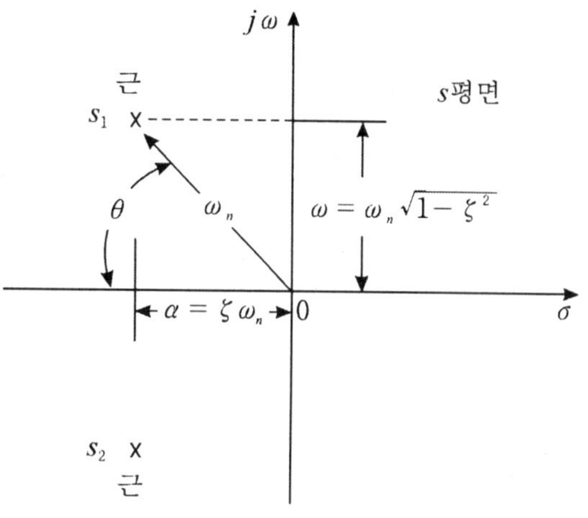

그림 5-9 원형 2차 시스템의 특성 방정식과 α, ζ, ω_n, ω 사이의 관계

따라서 s평면상에서 특성 방정식의 근이 좌반면에 있으면 시스템은 안정이고, 우반면에 있으면 시스템은 불안정이므로 특성 방정식의 근의 위치가 시스템의 응답에 밀접한 관계가 있음을 알 수 있다.

제동비 ζ의 값에 따른 시스템의 동적 특성은 다음과 같다.

$0<\zeta<1 : s_1, s_2 = -\zeta\omega_n \pm j\omega_n\sqrt{1-\zeta^2}$	부족제동
$\zeta=1 : s_1,\ s_2 = -\omega_n$	임계제동
$\zeta>1 : s_1,\ s_2 = -\zeta\omega_n \pm \omega_n\sqrt{\zeta^2-1}$	과제동
$\zeta=0 : s_1,\ s_2 = \pm j\omega_n$	비제동
$\zeta<0 : s_1,\ s_2 = -\zeta\omega_n \pm j\omega_n\sqrt{1-\zeta^2}$	음(-)제동

실제의 적용에서는 $\zeta>0$에 대응하는 안정한 시스템만이 중요하다.
과도응답과 특성 방정식의 근과의 관계를 요약하면 다음과 같다.

① 특성 방정식의 모든 근이 s평면의 좌반면에 존재하면 시스템의 과도응답은 시간이 무한대에 접근함에 따라 영으로 감소한다.
② s평면의 우반면에 존재하는 근이 없이 s평면의 허수축 상에만 단일 근으로 존재하면 과도응답은 비제동 정현진동이 된다.
③ s평면의 우반면에 한 개 이상의 근이 존재하면 과도 응답은 시간이 흐름에 따라 진폭이 점점 증가한다.

표 5-2는 특성 방정식의 근의 위치에 대한 계단응답을 나타냈다.

표 5-2 s평면상에서 특성 방정식의 근의 위치에 대한 계단응답

특성 방정식의 근	s평면	계단 응답
$\delta > 1$ $s_1,\ s_2 = -\delta\omega_n \pm \omega_n\sqrt{\delta^2 - 1}$	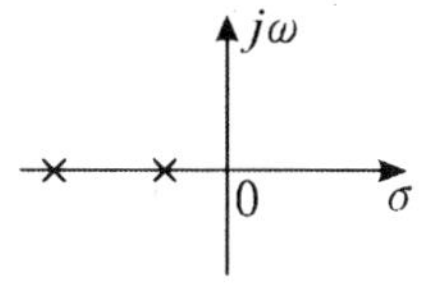	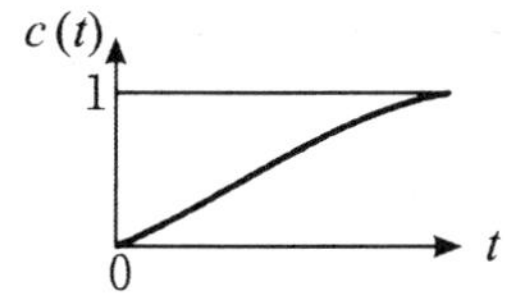
$\delta = 1$ $s_1,\ s_2 = \omega_n$	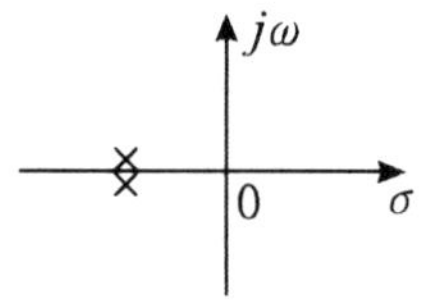	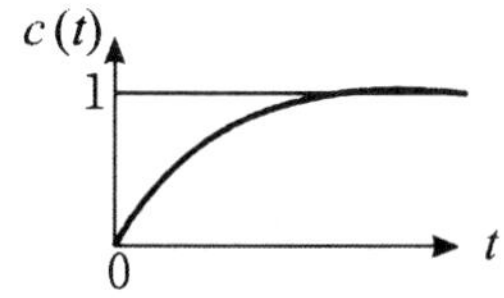
$0 < \delta < 1$ $s_1,\ s_2 = -\delta\omega_n \pm j\omega_n\sqrt{1 - \delta^2}$	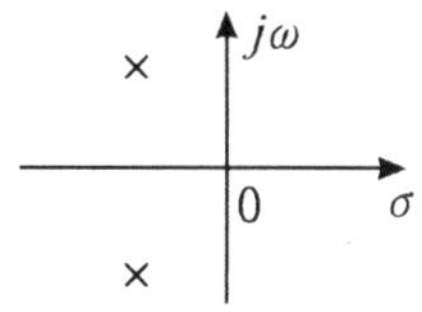	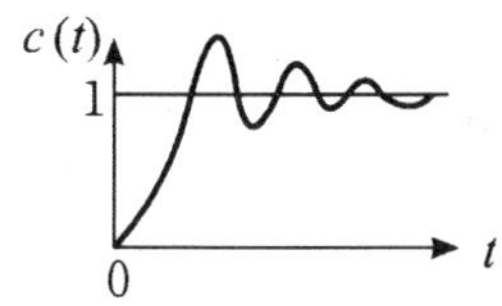
$\delta = 0$ $s_1,\ s_2 = \pm j\omega_n$	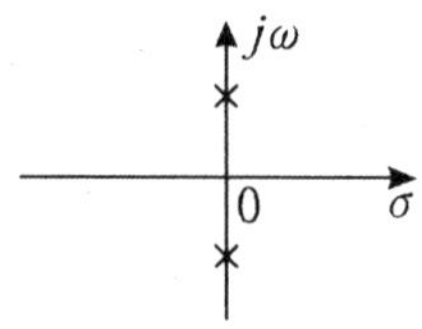	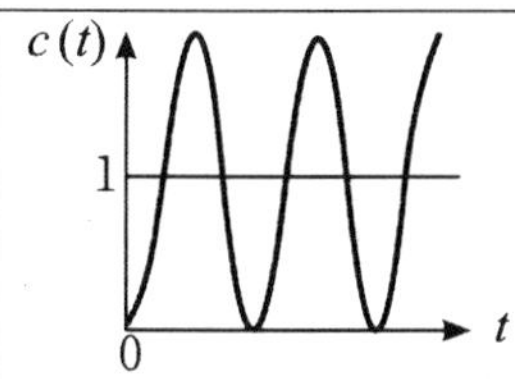
$0 > \delta > -1$ $s_1,\ s_2 = \delta\omega_n \pm j\omega_n\sqrt{1 - \delta^2}$	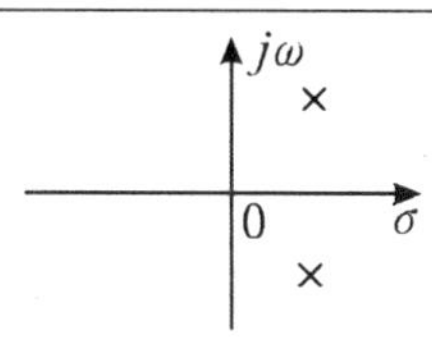	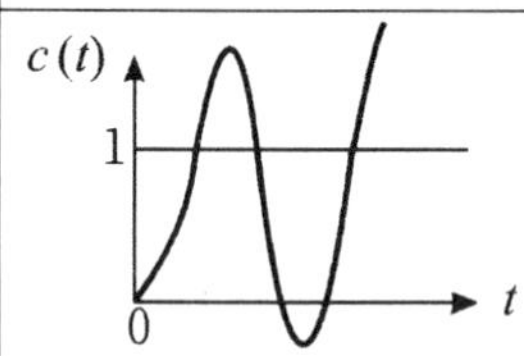
$\delta < -1$ $s_1,\ s_2 = \delta\omega_n \pm \omega_n\sqrt{\delta^2 - 1}$	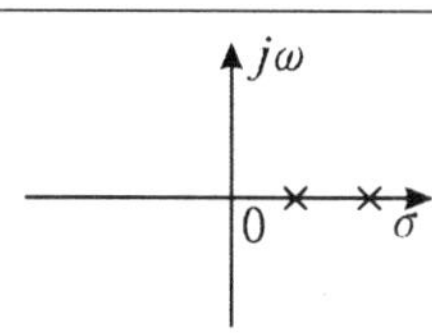	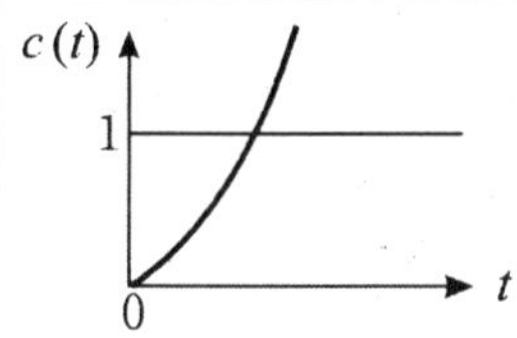

예제 그림 5-10은 s평면상에 제어 시스템의 전달함수의 특성 방정식의 근을 나타낸 것이다. 전달함수의 분자는 1일 때 각각의 그림에 대하여 단위 계단 응답을 구하라.

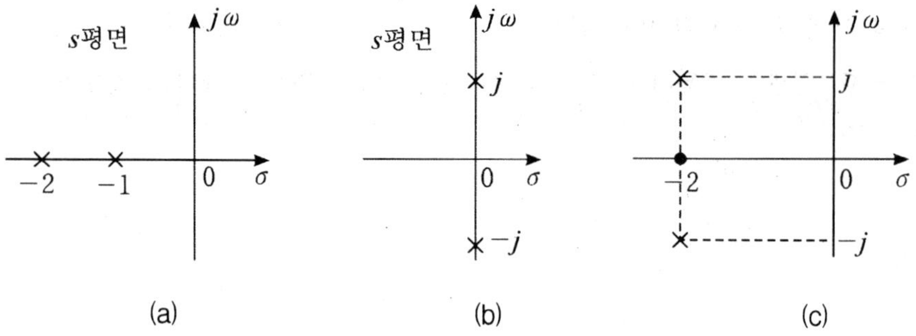

그림 5-10

풀이 ① 그림 (a)에서 극점이 $s_1=-1$, $s_2=-2$ 이므로 특성 방정식은

$(s+1)(s+2)=0$이므로 제어 시스템의 전달함수는

$$\frac{Y(s)}{R(s)}=\frac{1}{(s+1)(s+2)}$$

가 된다. 단위 계단함수이므로 $R(s)=\frac{1}{s}$ 이며 제어 시스템의 출력함수는

$$Y(s)=\frac{1}{s(s+1)(s+2)}=\frac{K_1}{s}+\frac{K_2}{s+1}+\frac{K_3}{s+2}$$

여기서 계수들을 구하면 $K_1=\frac{1}{2}$, $K_2=-1$, $K_3=-\frac{1}{2}$가 되므로

$$Y(s)=\frac{1}{2}\left(\frac{1}{s}\right)-\frac{1}{s+1}-\frac{1}{2}\left(\frac{1}{s+2}\right)$$

$$\therefore\quad y(t)=\frac{1}{2}-e^{-t}-\frac{1}{2}e^{-2t}$$

② 그림 (b)에서 극점이 $s_1=+j$, $s_2=-j$이므로 특성 방정식은

$(s+j)(s-j)=s^2+1=0$

이 된다. 전달함수를 구하면

$$\frac{Y(s)}{R(s)}=\frac{1}{(s+j)(s-j)}=\frac{1}{s^2+1}$$

단위 계단함수이므로 $R(s)=\frac{1}{s}$ 이며 제어 시스템의 출력함수는

$$Y(s)=\frac{1}{s(s^2+1)}=\frac{1}{s(s+j)(s-j)}=\frac{K_1}{s}+\frac{K_2s+K_3}{s^2+1}$$

여기서 계수들을 구하면 $K_1=1$, $K_2=-1$, $K_3=0$가 되므로

$$Y(s)=\frac{1}{s}-\frac{s}{s^2+1}$$

$\therefore\ y(t)=(1-\cos t)u(t)$

③ 그림 (c)에서 극점이 $s_1=-2+j$, $s_2=-2-j$이므로 특성 방정식은

$$(s+2+j)(s+2-j)=0$$

이 된다. 전달함수를 구하면

$$\frac{Y(s)}{R(s)}=\frac{1}{(s+2+j)(s+2-j)}$$

단위 계단함수이므로 $R(s)=\dfrac{1}{s}$ 이며 제어 시스템의 출력함수는

$$Y(s)=\frac{1}{s(s+2+j)(s+2-j)}=\frac{1}{s[(s+2)^2+1]}=\frac{K_1}{s}+\frac{K_2s+K_3}{(s+2)^2+1}$$

여기서 계수들을 구하면 $K_1=\dfrac{1}{5}$, $K_2=-\dfrac{1}{5}$, $K_3=-\dfrac{4}{5}$가 되므로

$$Y(s)=\frac{1}{5}\left[\frac{1}{s}-\frac{s+2}{(s+2)^2+1}-\frac{2}{(s+2)^2+1}\right]$$

$$\therefore\ y(t)=\frac{1}{5}-\frac{1}{5}e^{-2t}\cos t-\frac{2}{5}e^{-2t}\sin t$$

5.5 감 도(感度)

전달함수는 유한개의 상수(常數) 매개변수가 선택되면 고정된다. 이들 매개변수에 주어진 값을 지정값(nominal value) 또는 설정값이라 하며, 이 지정값에 대응하는 전달함수를 지정(指定) 전달함수라 한다.

제어 시스템의 해석이나 설계를 위한 첫 단계는 시스템의 여러 요소에 대한 모델을 만드는데 있다. 모델의 정확도는 지정 매개 변수의 값이 얼마나 실제의 매개 변수의 값에 가까운가 또는 프로세서의 매개 변수가 얼마나 설정값에서 벗어나는가에 달려 있다.

그러므로 시스템의 감도는 그 시스템의 전달함수의 한 매개 변수가 지정값에서 벗어났을 때의 전달함수가 지정값에서 벗어난 양의 크기로 정의한다. 즉 시스템을 구성하는 요소의 특성 변화가 시스템 전체의 특성 변화에 미치는 영향 정도, 또는 시스템 특성에 대한 어떤 한 요소 특성의 의존도를 말한다.

설정된 전달함수의 매개 변수가 변하는 것은 항상 주위 조건의 변화 또는 기타 다른 요인에 의하여 영향을 받게 된다. 개루프 시스템의 경우 이러한 변화 및 오차는 그대로 출력에 나타난다. 그러나 폐루프 시스템에서는 이러한 변화에 따른 출력의 변화를 항상 검출하여 출력을 수정시키려고 한다. 그러므로 시스템의 감도를 줄

여주는 것이 폐루프 제어 시스템의 장점 중의 하나가 된다.

주어진 요소 K의 특성에 대한 시스템의 폐루프 전달함수 M의 감도는 다음과 같다.

$$S_K^M = \frac{\frac{dM}{M}}{\frac{dK}{K}} = \frac{K}{M} \cdot \frac{dM}{dK} \quad \left(\text{여기서} \quad M(s) = \frac{Y(s)}{R(s)}\right) \tag{5-29}$$

감도는 주파수의 함수이며, 이상계에서는 어떤 매개변수의 변화에 대해서 감도는 0이다.

예제 그림 5-11과 같은 블록선도의 제어 시스템에서 K_1에 대한 $M=\frac{C}{R}$에 대한 감도 $S_{K_1}^M$을 구하라.

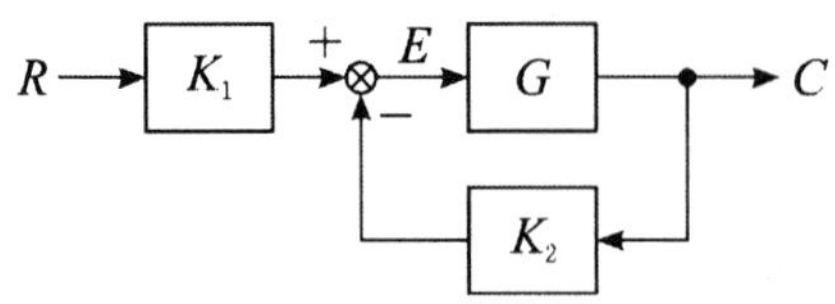

그림 5-11

풀이 $RK_1 - CK_2 = E$, $C = EG$이므로 $C = (RK_1 - CK_2)G = RK_1G - CK_2G$

$$\therefore \text{ 전달함수 } M = \frac{C}{R} = \frac{GK_1}{1+GK_2}$$

$$\therefore S_{K_1}^M = \frac{K_1}{\frac{GK_1}{1+GK_2}} \cdot \frac{dM}{dK_1} = \frac{1+GK_2}{G} \cdot \frac{d}{dK_1}\left(\frac{GK_1}{1+GK_2}\right)$$

$$= \frac{1+GK_2}{G} \cdot \frac{G}{1+GK_2} = 1$$

5.6 외 란(外亂)

제어 시스템에서 피드백의 중요한 역할 중의 하나는 외부에서 규칙적이든 불규칙적이든 어떠한 상태로 제어량을 변동시키는 요인이 주위 조건에 의하여 수시로 침입했을 때 이 외적인 요인에 의한 영향을 억제시키는데 있다. 제어 시스템에서 원하지 않는 불필요한 외부의 입력을 외란이라고 한다.

지금까지는 외란을 고려하지 않고 자동제어 시스템의 오차를 생각하였다. 그러나 실제로는 규칙적이든 불규칙적이든 어떠한 상태로 제어량을 변동시키는 요인이 주위 조건에 따라 수시로 침입한다. 제어 시스템에서 피드백의 중요한 역할 중의 하나는 외부에서 어떠한 상태로 제어량을 변동시키는 요인이 입력되었을 때 이 외적인 요인에 의한 영향을 억제시키는데 있다.

여기서는 규칙적인 외란이 침입될 때의 편차에 미치는 영향 등에 대하여 살펴보기로 한다.

일반적으로 외란을 $d(t)$라 하면 자동제어 시스템의 블록선도는 그림 5-12와 같은 형태로 나타낼 수 있다.

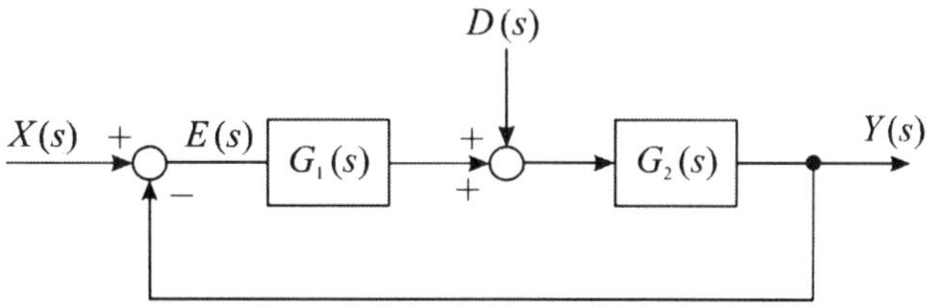

그림 5-12 외란이 있는 제어 시스템의 블록선도

이와 같은 블록선도로 표시되는 자동제어계의 입력 $X(s)$, 출력 $Y(s)$, 외란 $D(s)$ 사이의 관계는 다중 입력인 경우가 되므로 다음과 같은 식이 된다. 여기서 $D(s)$는 외란 $d(t)$의 라플라스 변환이다.

$$Y(s)=\frac{G_1(s)G_2(s)}{1+G_1(s)G_2(s)}X(s)+\frac{G_2(s)}{1+G_1(s)G_2(s)}D(s) \tag{5-30}$$

오차 $E(s)$는 입력과 출력의 차이므로

$$\begin{aligned} E(s)&=X(s)-Y(s)\\ &=\frac{1}{1+G_1(s)G_2(s)}X(s)-\frac{G_2(s)}{1+G_1(s)G_2(s)}D(s) \end{aligned} \tag{5-31}$$

식 (5-31)로부터 오차 $E(s)$를 적게 하려면 개루프 전달함수 $G(s)=G_1(s)G_2(s)$를 크게 해야 한다는 것을 알 수 있다. 그러나 $G(s)$는 $G_1(s)$와 $G_2(s)$로 나누어져 있으므로 $G(s)$를 크게 하기 위하여 $G_2(s)$를 크게 하면 외란의 영향이 커지게 되므로 외란의 영향을 적게 받고 시스템의 오차를 적게 하려면 $G_2(s)$에 비하여 $G_1(s)$를 크게 하는 것이 필요하다는 것을 알 수 있다.

따라서 외란 $D(s)$에 대한 정상 오차는 다음 식과 같이 된다.

$$e_{ds} = \lim_{t\to\infty} e_d(t) = \lim_{s\to 0} sE(s) = \lim_{s\to 0} \frac{sG_2(s)}{1+G_1(s)G_2(s)} D(s) \tag{5-32}$$

예제 그림 5-13과 같은 제어 시스템에서 단위 계단입력이 D에 주어졌을 때 외란 D에 의한 정상상태오차를 구하라.

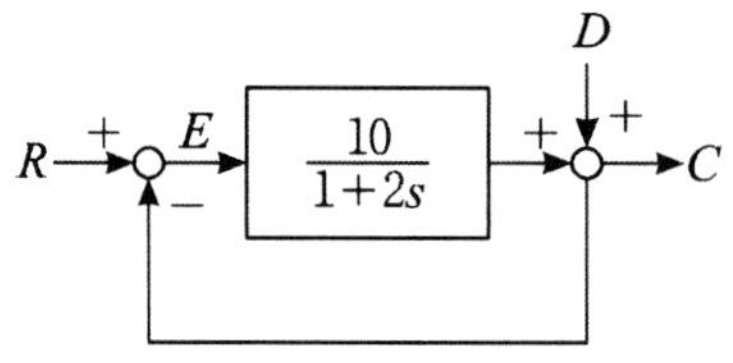

그림 5-13

풀이 외란 D에 의한 정상 편차이므로 $R=0$이라고 놓고 블록선도를 재배치하면 주어진 블록선도는 5-14와 같이 된다.

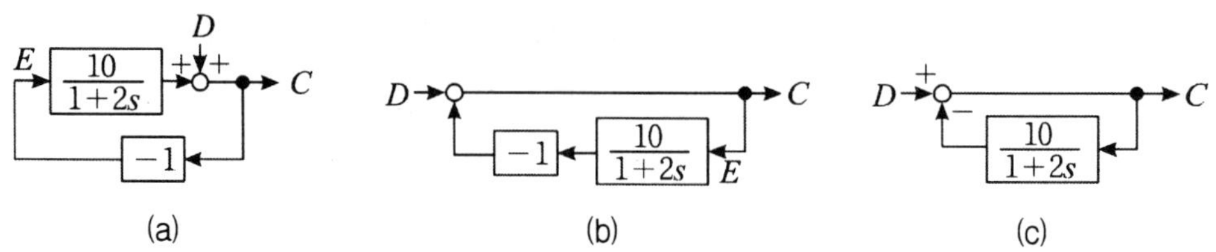

그림 5-14

(−1) 블록을 가합점에 흡수하면 그림 (c)에서 $C=E$이므로

$$D - \frac{10}{1+2s}E = E$$

$$E\left(1+\frac{10}{1+2s}\right) = D$$

$$e = \frac{1}{1+\frac{10}{1+2s}}D = \frac{1}{1+\frac{10}{1+2s}} \cdot \frac{1}{s}$$

$$\therefore\ e_{ss} = \lim_{s\to 0} sE(s) = -\frac{1}{\lim\limits_{s\to 0} 1+\frac{10}{1+2s}} = \frac{1}{11}$$

연 습 문 제

1. 그림 5-15와 같은 궤환 제어 시스템의 제동비를 구하라.

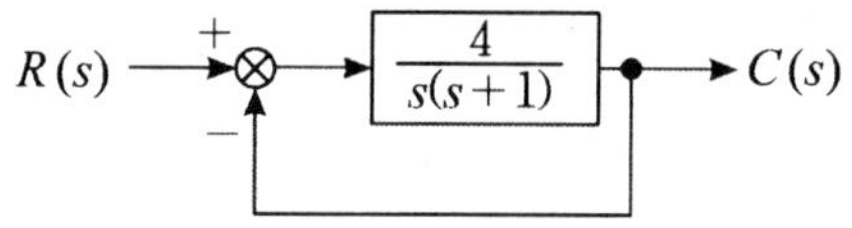

그림 5-15

2. 그림 5-16과 같은 회로에서 e_i는 입력, e_0는 출력일 때 고유주파수와 제동비를 구하라. $R=80[\Omega]$, $L=100[\mathrm{H}]$, $C=10,000[\mu\mathrm{F}]$이다.

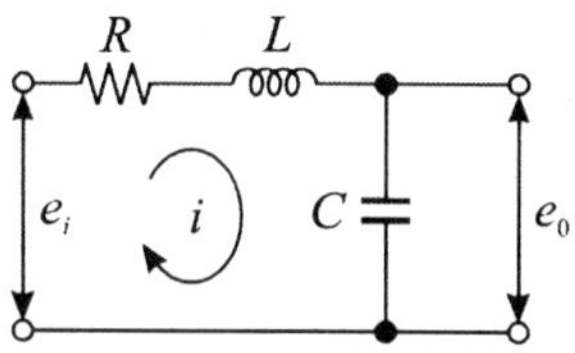

그림 5-16

3. 루프 전달함수 $G(s)H(s)=\dfrac{6}{(1+0.3s)(1+5s)}$ 이고, 입력이 단위 계단함수일 때 정상상태오차를 구하라.

4. 전달함수가 $\dfrac{1}{s+1}$ 인 시스템의 단위 계단 응답을 구하라.

5. 그림 5-17과 같은 그림에서 $G(s)=\dfrac{50}{s(s+0.5)}$ 일 때 단위 계단 함수 입력에 대한 정상 편차를 구하라.

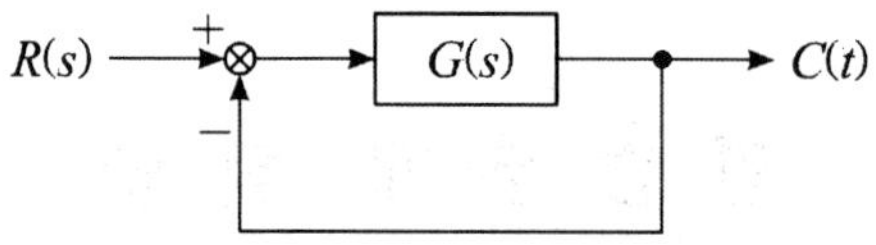

그림 5-17

6. 제어 시스템 전달함수가 $G(s)H(s)=\dfrac{(s+8)}{s^2(s+1)(s+2)}$ 이고 입력이 $\dfrac{1}{2}t^2$일 때 가속도 오차 상수와 정상상태오차를 구하라.

7. 제어 시스템의 폐루프 전달함수가 아래와 같고 입력이 단위 계단 함수일 때 최대 오버슈트, 최대 오버슈트가 일어나는 시간을 구하라.

$$\frac{Y(s)}{R(s)}=\frac{160000}{s^2+640s+160000}$$

8. 그림 5-18과 같은 블록선도의 제어 시스템에서 K에 대한 폐루프 전달함수 $M=\dfrac{C}{R}$에 대한 감도를 구하라.

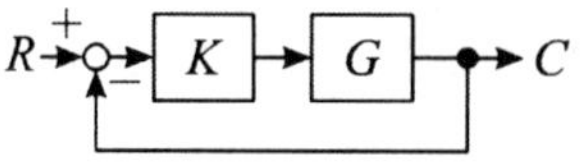

그림 5-18

9. 어떤 제어 시스템의 인디셜 응답(indicial response)이 $y(t)=1-2e^{-t}+e^{-2t}$ 일 때 이 제어 시스템의 전달함수를 구하라.

10. 특성 방정식이 $s^2+10s+K=0$일 때 K에 대한 특성근 $s=-2$일 때의 감도를 구하라.

연 습 문 제 해 답

1. 특성 방정식이 $1+G(s)H(s)=0$이므로

$$1+G(s)H(s)=1+\frac{4}{s(s+1)}=\frac{s^2+s+4}{s^2+s}=0$$

$$2\zeta\omega_n=1, \qquad \omega_n{}^2=4 \qquad \therefore\ \zeta=\frac{1}{4}$$

2. 폐루프 전달함수 $M(s)=\dfrac{1}{LCs^2+RCs+1}$ 이므로

$$M(s)=\frac{1}{s^2+0.8s+1}=\frac{1}{s^2+2\zeta\omega_n+\ \omega_n{}^2}$$

∴ 고유 주파수=1, 제동비=0.4

3. $$e_{ss}=\lim_{s\to 0}\frac{1}{1+G(s)H(s)}=\frac{1}{1+\lim\limits_{s\to 0}G(s)H(s)}$$

$$=\frac{1}{1+\lim\limits_{s\to 0}\dfrac{6}{(1+0.3s)(1+5s)}}$$

$$=\frac{1}{1+6}=\frac{1}{7}$$

4. 입력을 $r(t)$라 하면 입력이 단위 계단함수이므로 이것의 라플라스 변환은

$\mathcal{L}[r(t)]=\mathcal{L}[u(t)]=\dfrac{1}{s}$가 된다.

$$G(s)=\frac{Y(s)}{R(s)}=\frac{1}{s+1}$$

$$Y(s)=\frac{1}{s+1}R(s)=\frac{1}{s+1}\cdot\frac{1}{s}=\frac{1}{s(s+1)}=\frac{1}{s}-\frac{1}{s+1}$$

$$\therefore\ y(t)=\mathcal{L}^{-1}[Y(s)]=1-e^{-t}$$

5. $$e_{ss}=\lim_{t\to\infty}e(t)=\lim_{s\to 0}s\cdot E(s)=\lim_{s\to 0}\frac{R(s)}{1+G(s)}=\lim_{s\to 0}\frac{1}{1+\dfrac{50}{s(s+0.5)}}=0$$

6. $$K_a=\lim_{s\to 0}s^2G(s)H(s)=\lim_{s\to 0}s^2\frac{(s+8)}{s^2(s+1)(s+2)}=4$$

$$e_{ss}=\frac{1}{K_a}=\frac{1}{4}$$

7. 주어진 전달함수의 계수로부터

$2\zeta\omega_n = 640, \quad \omega_n{}^2 = 160000$

$\omega_n = 400[\text{rad/sec}] \qquad \zeta = \dfrac{640}{2\omega_n} = \dfrac{640}{800} = 0.8$

최대 오버슈트 $= e^{-\zeta\pi/\sqrt{1-\zeta^2}} = 0.01519$

최대 오버슈트가 일어나는 시간 $= \dfrac{\pi}{\omega_n\sqrt{1-\zeta^2}} = 0.01308[\text{sec}]$

8. $M = \dfrac{C}{R} = \dfrac{KG}{1+KG}$

감도 공식 $S_K^M = \dfrac{K}{M} \cdot \dfrac{dM}{dK}$에 대입하면

$$S_K^T = \frac{K}{\dfrac{KG}{1+KG}} \cdot \frac{d}{dK}\left(\frac{KG}{1+KG}\right) = \frac{1+KG}{G} \cdot \frac{G(1+KG) - KG \cdot G}{(1+KG)^2}$$

$$= \frac{1+KG}{G} \cdot \frac{G(1+KG-KG)}{(1+KG)^2} = \frac{1}{1+KG}$$

9. $Y(s) = G(s) \cdot R(s) = \dfrac{1}{s} - 2\dfrac{1}{s+1} + \dfrac{1}{s+2}$가 되고 $R(s) = \dfrac{1}{s}$가 되므로

전달함수 $G(s) = s \cdot Y(s) = 1 - 2\dfrac{s}{s+1} + \dfrac{s}{s+2}$

10. K에 대한 감도는 $s = \dfrac{K}{s} \cdot \dfrac{ds}{dK}$이므로 특성 방정식을 K에 대해 미분하면

$2s\dfrac{ds}{dK} + 10\dfrac{ds}{dK} + 1 = 0, \quad \dfrac{ds}{dK} = \dfrac{-1}{2s+10}, \quad K = -s^2 - 10s$이므로

$S = \dfrac{-s^2-10s}{s} \cdot \dfrac{-1}{2s+10} = \dfrac{4}{3}$

제 6 장

제어 시스템의 안정도(安定度)

6.1 선형 제어 시스템의 안정도

제어 시스템의 설계에서 사용된 여러 형태의 특성 중에서 가장 중요한 요구 조건은 그 시스템이 안정해야 한다는 것이다. 선형(linear), 비선형(nonlinear), 시변(time-varying), 시불변(time-invariant) 등의 모든 형태의 시스템을 생각할 때 안정도 정의는 매우 다른 형태로 주어질 수 있다.

제어 시스템의 안정성은 시스템 전달함수 특성 방정식의 근의 위치와 관계가 있다. 안정도는 시스템의 과도 응답의 특성이 상당히 중요하다. 대부분의 시스템은 시스템이 안정하도록 설계한다.

시스템에 있어서 해석과 설계를 목적으로 하여 제어 시스템의 안정도를 절대 안정도(absolute stability)와 상대 안정도(relative stability)로 분류할 수 있다. 절대 안정도는 시스템이 안정한가 불안정한가에 관한 조건만을 제시하는 것으로 안정 또는 불안정이 대답이 된다. 시스템이 안정하다고 하면 그것이 어느 정도 안정한가 하는 것을 결정하는 것이 중요하다. 이 안정도의 정도(Degree of stability)가 상대 안정도의 척도가 된다. 과도 응답에 대하여 사용된 오버슈트와 감쇠비 같은 평가함수들은 시간 영역 내에서 선형 시불변 시스템의 상대 안정도를 평가하는데 사용된다.

안정도의 정의를 내리기 위하여 선형 시불변 시스템에 대하여 다음 두 종류의 응답을 정의한다.

① **영상태 응답** : 영상태 응답은 시스템의 입력만을 고려한다. 모든 초기 조건은

0이다.

② 영입력 응답 : 영입력 응답은 시스템의 초기 조건만을 고려한다. 모든 입력은 0이다.

중첩의 원리에서, 한 시스템이 입력과 초기 조건 양쪽에서 지배를 받을 때, 전체 응답은 다음과 같이 된다.

전체 응답=영상태 입력+영입력 응답

일반적인 시스템에 있어서 다음의 두 조건이 만족되는 경우 안정하다고 한다.

① 시스템이 유한한 입력(bounded input)에 대해서 유한한 출력(bounded out-put)을 얻는다.(유한 입력이란 입력의 크기가 어떤 유한한 크기보다 적은 것을 말한다)

② 입력이 없는 경우, 초기값에 관계없이 출력이 0으로 된다.

6.1.1 상대 안정도

대부분의 시스템에서는 시스템이 안정한 것만으로 충분하지 않고 과도응답(tran-sient response)이 얼마나 빨리 없어지느냐에 관한 정량적인 척도인 상대 안정도(relative stability)에 대한 규격을 만족해야 한다. 상대 안정도는 각 근 혹은 근쌍의 상대적인 정정시간(settling time)에 의해 측정될 수 있다. 공액 복소근의 정정시간은 근의 실수부에 반비례한다. 이것은 실근에 대해서도 똑같이 적용된다. 그림 6-1에서와 같이 실근 혹은 복소근이 허수축에서 멀리 떨어질수록 상대 안정도는 증가한다.

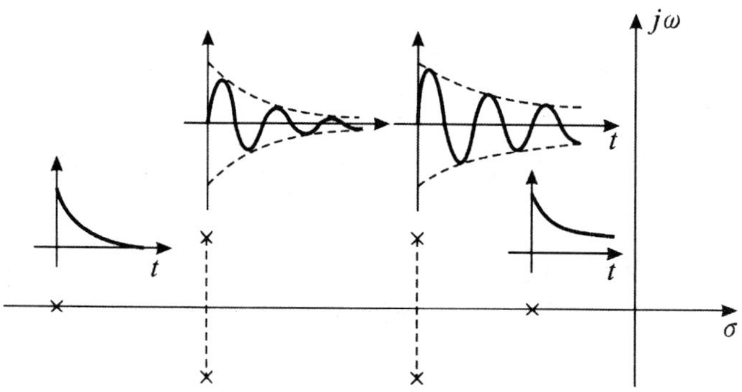

그림 6-1 s 평면상에서 근의 위치에 따른 상대 안정도

시스템의 안정도를 판별하는 방법으로는 루드-후르비쯔 안정도 판별법, 근궤적법, 나이키스트 안정도 판별법, 보드선도 및 니콜스선도에 의한 방법 등이 있다.

6.1.2 특성 방정식

그림 6-2와 같은 제어 시스템에서 입력 $r(t)$가 단위 계단으로 변화했을 때, 출력(제어량)의 응답을 살펴보면 제어 시스템의 궤환요소 $H(s)=1$이므로 개루프 전달함수(openloop transfer function)는

$$G(s)H(s)=G(s)=G_c(s)\cdot G_p(s)=\frac{K}{s(s^2+0.8s+1)} \qquad (6\text{-}1)$$

가 되므로 시스템의 폐루프 전달함수를 $M(s)$라 하면 다음과 같이 된다.

$$M(s)=\frac{G(s)}{1+G(s)H(s)}=\frac{G(s)}{1+G(s)}=\frac{K}{s^3+0.8s^2+s+K} \qquad (6\text{-}2)$$

제어량의 응답(출력)은 입력이 계단함수이므로

$$\begin{aligned} y(t) &= \mathcal{L}^{-1}[Y(s)]=\mathcal{L}^{-1}[M(s)\cdot R(s)] \\ &= \mathcal{L}^{-1}\left[\frac{K}{s^3+0.8s^2+s+K}\cdot\frac{1}{s}\right] \end{aligned} \qquad (6\text{-}3)$$

여기서 $Y(s)$의 극 중에서 $s=0$ 이외의 값 즉

$$s^3+0.8s^2+s+K=0 \qquad (6\text{-}4)$$

의 근을 구해보면 식 (6-4)의 근은 식 (6-2)의 분모를 0으로 놓은

$$1+G(S)H(S)=1+G(S)=0 \qquad (6\text{-}5)$$

의 것으로 제어 시스템의 특성 방정식이 되고 그 근은 특성근이 된다.

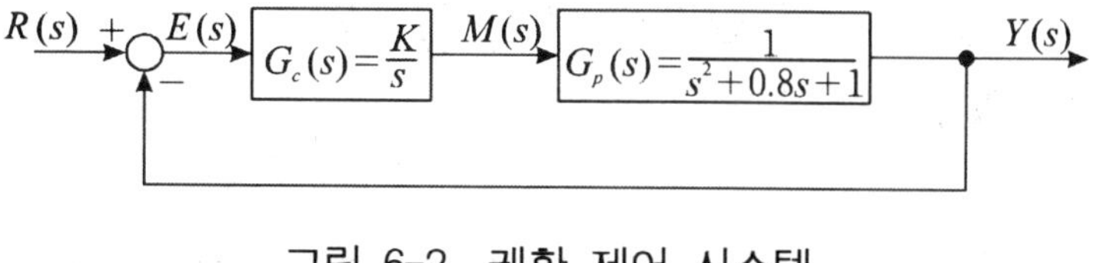

그림 6-2 궤환 제어 시스템

그림 6-2의 궤환 제어 시스템에서 제어장치의 이득 K의 값이 0.425, 0.8, 1.2일 때의 제어량(출력)을 비교해 보기로 한다.

(1) $K=0.425$일 때

식 (6-3)의 해를 구하면

$$y(t)=1-0.895e^{-0.5t}-3.14e^{-0.15t}\cos(0.19t-\tan^{-1}0.615) \qquad (6\text{-}6)$$

가 된다. 이것을 그래프로 표시하면 그림 6-3 (a)와 같이 된다. 식 (6-6)에서 e의 멱지수값이 전부 부(−)이기 때문에 출력 $y(t)$는 1에 수렴한다. 그러므로 이 시스템은 안정하게 된다. 멱지수의 계수 −0.5와 −0.15는 특성 방정식

$$s^2+0.8s^2+s+0.425=0 \qquad (6\text{-}7)$$

의 특성근

$$\left.\begin{aligned} s_1 &= -0.5 \\ s_2,\ s_3 &= -0.15 \pm j0.91 \end{aligned}\right\} \qquad (6\text{-}8)$$

의 실수부이다.

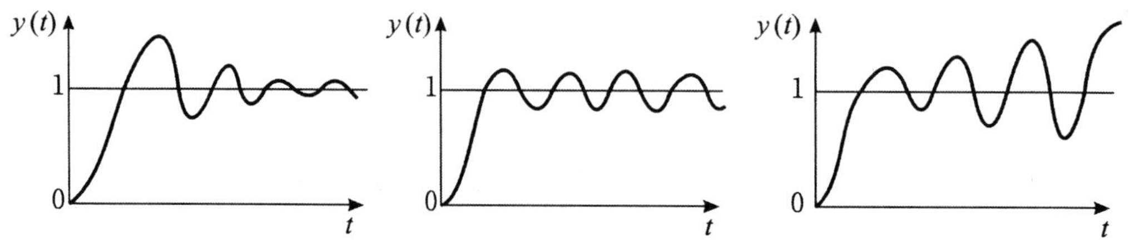

(a) 안정계 (b) 안정한계 (c) 불안정계

그림 6-3 궤환 제어 시스템의 인디셜 응답

(2) $K=0.8$일 때

식 (6-3)의 해 즉 $y(t)$의 응답은

$$y(t)=1-0.01e^{-0.8t}-0.62\cos t \qquad (6\text{-}9)$$

가 된다. 이것을 그래프로 표시하면 그림 6-3 (b)와 같이 지속진동으로 된다. 이때

특성 방정식은

$$s^3+0.8s^2+s+0.8=0 \tag{6-10}$$

이 되고 특성근

$$\left.\begin{aligned} s_1 &= -0.8 \\ s_2,\ s_3 &= \pm j \end{aligned}\right\} \tag{6-11}$$

의 특색은 실수부가 0인 공액 복소근(순허근)이 존재하고, 다른 근의 실수부는 부(−)가 된다.

(3) $K=1.2$일 때

$y(t)$의 응답은

$$y(t)=1-0.5e^{-t}-0.66e^{0.1t}\cos(1.1t-\tan^{-1}0.917) \tag{6-12}$$

가 된다. 제3항의 멱지수 $0.1t$의 영향에 의하여 발산진동으로 되며 그 결과는 그림 6-3 (c)와 같이 된다.

이 때 특성 방정식은

$$s^3+0.8s^2+s+1.2=0 \tag{6-13}$$

이 되고, 특성근은

$$\left.\begin{aligned} s_1 &= -1 \\ s_2,\ s_3 &= 0.1 \pm j1.1 \end{aligned}\right\} \tag{6-14}$$

이 된다.

목표값의 변경 혹은 외란입력 등의 원인에 의하여 발생한 제어량의 과도 응답이 (1)과 같이 계속 동적으로 합한 상태로 된다면 그 시스템은 안정(stable)이라고 판정하고 (3)과 같이 발산하면 그 시스템은 불안정(unstable)이라고 판정한다. (2)의 경우는 (1)과 (3)의 중간 형태로 안정한계(stability limit)에 있다고 한다.

제어 시스템의 안정성과 특성 방정식의 관계는 표 6-1과 같다.

따라서 제어 시스템의 안정, 불안정의 판정은 특성 방정식의 근의 성질을 조사하면 되며, 그 때마다 제어 시스템의 응답을 식 (6-6), (6-9), (6-12)와 같이 계산하지 않아도 좋음을 알 수 있다. 앞으로 다루게 될 안정도 판별법은 특성근의 실수부의 위치 즉 특성근이 복소평면의 좌반평면에 있는지의 여부를 조사하는 것이다.

표 6-1 특성근의 성질과 시스템의 안정성

특성근의 성질		제어 시스템의 안정성
실수부의 정부(正負)	복소 평면상의 위치	
전부 부(負)	전부의 근이 허수축의 왼쪽에 있음	안 정
1개 이상 정(正)	적어도 1개의 근이 허수축의 오른쪽에 있음	불안정
1개 이상 0이고, 다른 것은 전부 부(負)	1개 이상의 근이 허수축상에 있고, 다른 것은 왼쪽	안정한계(지속진동)

6.2 루드-후르비쯔 안정도 판별법

특성 방정식은 일반적으로 연산자 s의 고차 대수 방정식이고, 이것을 풀어서 특성근을 구하는 것은 대단히 힘들다. 루드와 후르비쯔 안정도 판별법은 실제 특성근을 구하지 않고 특성 방정식의 계수관계에 의해 특성근 실수부의 정부(正負)를 판정하는데 사용하는 것이다.

일반적으로 선형 시불변 자동제어 시스템의 특성 방정식이 다음과 같이 주어진다고 하자.

$$F(s) = a_n s^n + a_{n-1} s^{n-1} + \cdots + a_1 s + a_0 = 0 \tag{6-15}$$

여기서, 모든 계수는 실계수이다.

식 (6-15)의 식이 정(+)의 실수부를 가지는 근을 가지지 않기 위해서는 즉, 이 방정식의 근이 전부 복소평면의 좌반 평면에 있고, 제어 시스템이 안정하기 위한 필요조건은 다음과 같다.

① 다항식의 모든 계수는 같은 부호를 가져야 한다.

② 계수 a_n, $a_{n-1}, \cdots a_1$, a_0가 모두 존재해야 한다. 즉 계수의 어느 하나도 없어서는 안 된다.

s 평면 우반면에 근을 가지지 않기 위한 식 (6-15)에 대한 이와 같은 두 가지

조건은 그 방정식을 검토하여 쉽게 조사할 수 있다. 그러나, 이들 조건은 필요조건이지만 충분조건은 아니다. 즉, 이들이 만족되지 않으면 시스템은 불안정하다고 결론을 내릴 수 있다. 하지만 특성 방정식의 모든 계수가 존재하고 같은 부호를 가지더라도 s 평면 좌반면에 모든 근을 가지지 않는 경우가 있다. 그 일례로서 특성 방정식이 다음과 같은 경우

$$F(s)=s^3+s^2+2s+8=(s+2)(s^2-s+4) \tag{6-16}$$

다항식의 계수가 모두 존재하고 같은 부호이지만 시스템은 불안정하다.

6.2.1 후르비쯔(Hurwitz) 안정도 판별법

식 (6-15)의 모든 근이 s 평면의 좌반면에 놓일 필요충분조건 즉, 제어 시스템이 안정하기 위한 조건은 앞의 두 조건과 방정식의 다음 행렬식(후르비쯔 행렬식) D_i, $i=1, 2, \cdots, n-1$이 모두 정(+)이어야 한다.

식 (6-15)의 후르비쯔 행렬식은 다음과 같다.

$$D_1=a_{n-1},\quad D_2=\begin{vmatrix} a_{n-1} & a_{n-3} \\ a_n & a_{n-2} \end{vmatrix},\quad D_3=\begin{vmatrix} a_{n-1} & a_{n-3} & a_{n-5} \\ a_n & a_{n-2} & a_{n-4} \\ 0 & a_{n-1} & a_{n-3} \end{vmatrix}\quad \cdots$$

$$D_n=\begin{vmatrix} a_{n-1} & a_{n-3} & a_{n-5} & \cdots & 0 \\ a_n & a_{n-2} & a_{n-4} & \cdots & 0 \\ 0 & a_{n-1} & a_{n-3} & \cdots & 0 \\ \vdots & \vdots & \vdots & \ddots & \vdots \\ 0 & 0 & 0 & \cdots & a_0 \end{vmatrix} \tag{6-17}$$

여기서, $i=1, 2, 3, \cdots, (n-1)$이고, 또 n은 특성 방정식의 차수이다. n보다 큰 지수나 부(−)의 지수의 계수는 영으로 대치된다.

예제 제어 시스템의 전달함수의 값이 $M(s)=\dfrac{s+1}{(s-3)(s^2+4)}$로 표시된 경우 후르비쯔 방법에 의하여 안정성을 판별하라.

풀이 특성 방정식을 구하면

$$(s-3)(s^2+4)=s^3-3s^2+4s-12=0$$

후르비쯔의 판별법에서

$a_0=1,\ a_1=-3,\ a_2=4,\ a_3=-12$이고

다항식의 차수가 3차 이므로 후르비쯔 행렬식은 D_2까지 구하면 된다.

$$D_1 = a_1 = -3,\ D_2 = \begin{vmatrix} -3 & -12 \\ 1 & 4 \end{vmatrix} = -12-(-12)=0$$

$D_1 < 0,\ D_2 = 0$이므로 제어계는 불안정하다.

예제 제어 시스템의 특성 방정식이 $F(s) = s^4 + 3s^3 + 3s^2 + 3s + 2 = 0$일 때 이 제어 시스템의 안정도를 후르비쯔 안정도 판별법을 이용해서 구하라.

풀이 특성 방정식의 계수가 모두 존재하고 또 같은 부호이고 특성 방정식의 차수가 4차이므로 후르비쯔 행렬식은 D_3까지 구하면 된다.

$$D_1 = 3,\ D_2 = \begin{vmatrix} 3 & 3 \\ 1 & 3 \end{vmatrix} = 6,\ D_3 = \begin{vmatrix} 3 & 3 & 0 \\ 1 & 3 & 2 \\ 0 & 3 & 3 \end{vmatrix} = 0$$

D_3에서 0이 되므로 이 시스템은 안정하지 못하고 안정한계에 있음을 알 수 있다.

예제 특성 방정식이 $s^3 + 3s^2 + Ks + 9 = 0$으로 주어지는 제어 시스템이 안정하기 위한 K의 범위를 후르비쯔 방법에 의해 구하라.

풀이 모든 계수는 동일부호의 조건에 의해 $K > 0$

$$D_1 = a_1 = 3$$

$$D_2 = \begin{vmatrix} a_1 & a_3 \\ a_0 & a_2 \end{vmatrix} = \begin{vmatrix} 3 & 9 \\ 1 & K \end{vmatrix} = 3K - 9$$

제어 시스템이 안정하기 위해서는 $D_1 > 0$이고, 행렬식 $D_2 > 0$이어야 하므로

$3K - 9 > 0 \quad \therefore K > 3$

6.2.2 루스(Routh) 안정도 판별법

루스 판별법의 첫 번째 단계는 특성 방정식 식 (6-15)의 계수를 두 행으로 배열한다. 다음과 같이 제 1행은 제 1, 3, 5, … 계수로 구성되고 제2행은 제 2, 4, 6, … 계수로 구성되며 각 행은 가장 높은 차수의 항으로부터 낮은 차수의 항 순서로 배열된다.

$$\left.\begin{matrix} a_n & a_{n-2} & a_{n-4} & a_{n-6} & \cdots \\ a_{n-1} & a_{n-3} & a_{n-5} & a_{n-7} & \cdots \end{matrix}\right\} \tag{6-18}$$

두 번째 단계는 지시된 연산에 의하여 다음과 같은 배열을 구성한다. 다음과 같

이 특성 방정식이 6차인 경우에 대하여 설명한다.

$$a_6s^6 + a_5s^5 + a_4s^4 + a_3s^3 + a_2s^2 + a_1s + a_0 = 0 \qquad (6\text{-}19)$$

s^6	a_6	a_4	a_2	a_0
s^5	a_5	a_3	a_1	0
s^4	$\dfrac{a_5a_4 - a_6a_3}{a_5} = A$	$\dfrac{a_5a_2 - a_6a_1}{a_5} = B$	$\dfrac{a_5a_0 - a_6\times 0}{a_5} = a_0$	0
s^3	$\dfrac{Aa_3 - a_5B}{A} = C$	$\dfrac{Aa_1 - a_5a_0}{A} = D$	$\dfrac{A\times 0 - a_5\times 0}{A} = 0$	0
s^2	$\dfrac{BC - AD}{C} = E$	$\dfrac{Ca_0 - A\times 0}{C} = a_0$	$\dfrac{C\times 0 - A\times 0}{C} = 0$	0
s^1	$\dfrac{ED - Ca_0}{E} = F$	0	0	0
s^0	$\dfrac{Fa_0 - E\times 0}{F} = a_0$	0	0	0

이렇게 주어지는 수의 배열을 **루스표** 또는 **루스** 배열이라 한다. 루스표의 마지막 행은 항상 s^0행이라야 한다.

시스템이 안정하기 위한 필요 충분 조건은 다음과 같다.

① 계수 a_6, a_5, a_4, a_3, a_2, a_1, a_0가 모두 존재할 것.

② 계수가 모두 같은 부호일 것.

③ 루스표의 제1열의 모든 요소 (a_6, a_5, A, C, E, F, a_0)가 모두 같은 부호일 것.

루스표의 제1열의 각 요소의 부호가 같지 않을 때는 이 열에 있어서의 부호의 변화 횟수와 같은 수만큼 특성근이 복소평면의 우반평면에 존재한다. 루스 배열을 구성하는 경우에 임의의 행 전부의 요소에 정(正)의 수를 곱해도 루스 배열의 부호는 변화하지 않는다.

예제 제어계의 특성 방정식이 $s^3 + 3s^2 + 3s + 10 = 0$일 때 안정도를 루스표를 작성하여 판별하라.

풀이 루스표를 작성하면

s^3	1	3	0
s^2	3	10	0
s^1	$-1/3$	0	
s^0	10		

제1열의 부호가 (+) → (-) → (+) 로 두 번 변화하므로 특성 방정식의 근은 복소평면의 우반면에 2개의 근을 가지고 있어 이 시스템은 불안정하다.

예제 그림 6-4와 같은 단위 궤한 제어 시스템이 안정하기 위한 K의 범위를 루스표를 작성하여 구하라.

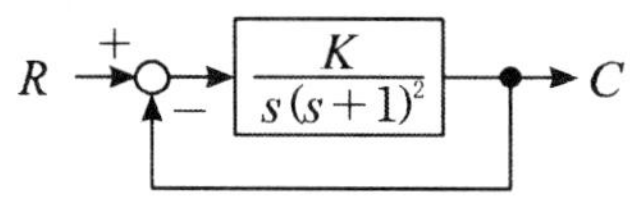

그림 6-4

풀이 특성 방정식을 구하면 $1+\dfrac{K}{s(s+1)^2}=0$

$s^3+2s^2+s+K=0$

루스표를 작성하면

s^3	1	1
s^2	2	K
s^1	$\dfrac{2-K}{2}$	0
s^0	K	

제1열의 부호 변화가 없어야 안정하므로

$2-K>0, \quad K>0$

$\therefore\ 0<K<2$

예제 개루프 전달함수가 $G(s)=\dfrac{2}{s(s+1)(s+3)}$ 인 단위 궤환계가 있다. 루스표를 작성하여 안정도를 판별하라.

풀이 단위 궤환계 $H(s)=1$이므로 특성 방정식을 구하면

$1+G(s)H(s)=1+\dfrac{2}{s(s+1)(s+3)}$ 에서 $s^3+4s^2+3s+2=0$이다.

루스표를 작성하면

s^3	1	3
s^2	4	2
s^1	2.5	0
s^0	2	

제1열의 모든 요소가 같은 부호이므로 안정하다.

6.3 특수한 경우의 안정도 판별법

① 루스표의 어느 한 행에서 첫 번째 요소가 영이 되나 다른 요소는 영이 아닌 경우

② 루스표의 한 행에 있는 요소가 모두 영인 경우

위의 두 경우는 루스표를 작성 중 무한대 또는 0이 나오므로 안정도 판별이 불가능하다. 각각의 경우를 생각해 보면 먼저

①의 경우 한 행의 첫 번째 요소가 영이면 다음 행의 요소는 모두 무한대가 된다. 그러므로 루스표를 완성할 수가 없다. 이런 경우 임의의 작은 정(+)의 수인 ε으로 제1열에 있는 영인 요소를 대치한 다음 루스표를 완성한다.

선형계통의 특성 방정식이 $s^5+2s^4+3s^3+4s^2+5s+6=0$일 때 루스표를 작성하여 안정도를 판별해 보면

s^5	1	3	5
s^4	2	4	6
s^3	1	2	0
s^2	0	6	0
s^1	∞		

s^2행의 제1열 요소가 0이므로 s^1행의 제1열 요소가 ∞로 된다. 그러므로 s^2행의 0 대신에 작은 정(+)의 수 ε로 대치하여 루스표를 완성한다.

s^5	1	3	5
s^4	2	4	6
s^3	1	2	0
s^2	0	6	0
s^1	$\frac{2\varepsilon-6}{\varepsilon}$	0	
s^0	$\frac{12\varepsilon-36}{2\varepsilon-6}$		

$$\lim_{\varepsilon \to 0}\frac{2\varepsilon-6}{\varepsilon}=-\infty \qquad \lim_{\varepsilon \to 0}\frac{12\varepsilon-36}{2\varepsilon-6}=6$$

따라서 루스표의 제1열의 요소 부호가 두 번 변했으므로 양의 실수부를 가지는 근이 2개 있으며 시스템은 불안정하다.

②의 전체 영의 행을 가지는 경우는 보조 방정식을 사용하여 수행한다. 보조 방정식은 루스표에서 영의 행 바로 위의 행의 계수로부터 구성된다. 그 보조 방정식의 근은 원방정식의 근이 된다. 즉 보조 방정식을 구성하고 풀 때 원방정식의 근에 속하는 근을 부수적으로 얻게 된다. 루스표를 완성하기 위하여 다음과 같은 단계를 수행한다.

① 영의 행의 바로 앞선 행으로부터 그 계수를 사용하여 보조방정식 $A(s)=0$을 구성한다.
② s에 관하여 보조 방정식의 미분을 취한다. 즉 $dA(s)/ds=0$을 행한다.
③ 영의 행을 $dA(s)/ds=0$의 계수로 대치한다.
④ 영의 행과 대치된 새로이 구성된 계수행으로 루스표를 계속해서 완성한다.
⑤ 루스표의 제1열에서의 계수의 부호를 해석한다.

선형 제어 시스템의 특성 방정식이 $s^5+4s^4+8s^3+8s^2+7s+4=0$일 때 루스표를 작성하면

s^5	1	8	7
s^4	4	8	4
s^3	6	6	0
s^2	4	4	0
s^1	0	0	

s^1행의 요소가 전부 0이므로 s^2행 즉, 0인 행 바로 위의 행에 포함된 계수들을 사용하여 보조 방정식을 만든다. 이 보조 방정식의 해는 특성 방정식의 해가 된다. 보조 방정식 $A(s)$는

$$A(s) = 4s^2 + 4 = 0 \tag{6-20}$$

이 보조방정식을 s에 관하여 미분하면

$$\frac{dA(s)}{ds} = 8s \tag{6-21}$$

루스표의 0인 행에 $\frac{dA(s)}{ds}$의 계수로 대치하여 루스표를 작성하면

s^5	1	8	7
s^4	4	8	4
s^3	6	6	0
s^2	4	4	0
s^1	8	0	
s^0	4	0	

전체 루스표의 첫 번째 열에 부호의 변화가 없기 때문에 s평면 우반부에 근을 갖지 않는다. 식 (6-20)의 보조 방정식을 풀면 $s=j$, $s=-j$에 두 근을 갖는다.
즉, 이 식은 $j\omega$축 위에 두 근을 갖는다. 따라서 이 식은 임계안정으로 볼 수 있다.
이들 허근이 초기 루스표에서 s^1형의 전체 요소에 영이 생기게 하였다.

예제 특성 방정식이 $s^4+5s^3+s^2+5s+2=0$일 때 루스표를 작성하여 안정도를 판별하라.

풀이 루스표를 작성하면

s^4	1	1	2
s^3	5	5	
s^2	0	2	
s^1	∞		
s^0			

가 되어 s^2행의 제 1열 원소가 0이므로 s^1행의 제 1열 원소가 ∞ 되어 루스표를 작성할 수가 없다. s^2항의 0을 ε라 놓고 루스표를 다시 작성하면

s^4	1	1	2
s^3	5	5	
s^2	ε	2	
s^1	$\dfrac{5\varepsilon-10}{\varepsilon}$	0	
s^0	2		

s^1행에서 ε이 매우 적은 값이어서 부호는 (−)가 된다. 따라서 루스표의 제 1열에 부호의 변화가 두 번 있으므로 시스템은 불안정하며 복소평면의 우반부에 2개의 근을 가지고 있다.

6.4 근궤적법

제어 시스템을 해석하기 위해서는 우선 시스템의 안정성을 판별해야 하는데 절대 안정도 뿐만 아니라 상대 안정도도 고려하여야 할 필요가 있다. 앞 절에서 기술한 루스-후르비쯔 안정도 판별법은 절대 안정도의 판별에는 만족스러운 방법이지만 상대 안정도를 판별하기에는 부적당하다.

폐루프 제어 시스템의 상대안정과 과도응답은 s평면상에서의 특성 방정식의 근의 위치와 직접적으로 관계가 있다. 폐루프 전달함수의 특성은 s평면상의 영점(零點)과 극점(極點)의 위치에 따라 임의적으로 결정되므로 안정도, 진동 주파수, 진폭의 감쇠 등을 가장 직접적으로 나타내려면 복소 평면상 폐루프의 근의 위치가 중요한 역할을 하게 된다. 또한 적절한 근의 위치를 구하기 위해서 시스템의 매개 변수를 하나 또는 그 이상 조정해야 할 필요가 있다. 그러므로 매개 변수가 변화함에 따라 주어진 시스템의 특성 방정식의 근이 s평면상에서 어떻게 변화하는가를 살펴볼 필요가 있다. 즉 매개 변수가 변화함에 따라 s평면상에서 근의 궤적을 구하는 것이 중요한 문제가 된다. 근궤적 기법은 매개변수에 의한 s평면상의 근의 궤적을 그리는 도표적인 방법이다. 근궤적 기법을 이용하여 고려중인 매개변수의 변화에 대한 시스템의 감도를 추정할 수 있다. 근궤적 기법은 도표적인 정보를 주며 개략적인 그림으로부터 시스템의 안정성 및 성능에 관한 정보를 얻을 수 있다.

6.4.1 근궤적의 성질

식 (6-22)와 같은 단일루프 제어 시스템의 폐루프 전달함수에서

$$\frac{Y(s)}{R(s)} = \frac{G(s)}{1+G(s)H(s)} \tag{6-22}$$

이 시스템의 특성 방정식은 식 (6-22)의 분모를 0으로 놓음으로써 얻을 수 있다. 그러므로 특성 방정식의 근은 다음과 같은 식을 만족해야 한다.

$$1+G(s)H(s)=0 \tag{6-23}$$

여기서 $G(s)H(s)$는 다음과 같은 유리함수로 표현할 수 있는 가변 파라미터 K를 승산인자(multiplying factor)로 포함한다고 가정한다.

$$G(s)H(s) = \frac{KQ(s)}{P(s)} \tag{6-24}$$

$P(s)$와 $Q(s)$는 식 $F(s)=P(s)+KQ(s)=0$에서 정의된 다항식이며 식 (6-24)는 다음과 같이 쓸 수 있다.

$$1+\frac{KQ(s)}{P(s)} = \frac{P(s)+KQ(s)}{P(s)} = 0 \tag{6-25}$$

식 (6-25)의 분자 다항식은 식 $F(s)=P(s)+KQ(s)=0$과 같다는 것을 알 수 있다. 그러므로 루프 전달함수 $G(s)H(s)$가 식 (6-24)의 형태로 표현될 수 있는가를 확인함으로써 제어 시스템의 근궤적을 일반적인 근궤적 문제 형태로 나타낼 수 있다.

가변 파라미터 K가 $G(s)H(s)$의 승산인자로써 나타나지 않았을 때는 그 함수를 식 $F(s)=P(s)+KQ(s)=0$과 같은 형태의 함수로 정리할 수 있다.

제어 시스템의 특성 방정식이 다음과 같은 식으로 표현된다고 하자.

$$s(s+1)(s+3)+2s^2+(7+5K)s+9=0 \tag{6-26}$$

이 식을 (6-25)와 같은 형태로 나타내기 위하여 K가 포함되지 않은 항으로 방정식 양변을 나누면 다음과 같은 식을 얻는다.

$$1+\frac{5Ks}{s(s+1)(s+3)+2s^2+7s+9} = 0 \tag{6-27}$$

이 식을 (6-25)와 비교하면 다음과 같은 식을 얻는다.

$$\frac{Q(s)}{P(s)} = \frac{5s}{s^3+6s^2+10s+9} \tag{6-28}$$

여기서 K는 함수 $Q(s)/P(s)$에 승산인자로써 구분되었다.

$G(s)H(s)=KQ(s)/P(s)$인 경우 근궤적 문제는 폐루프 시스템의 특성인 또 다른 예로서 이 경우 특성 방정식의 근으로 나타내어지는 루프 전달함수 $G(s)H(s)$로부터 결정된다.

시스템의 루프 전달함수 $G(s)H(s)$가 다음과 같이 표현되는 경우를 생각하자.

$$G(s)H(s) = \frac{K}{s(s+2)} \tag{6-29}$$

K값의 변화에 따른 근궤적을 살펴보면 이 시스템의 특성 방정식은

$$s(s+2)+K=0 \tag{6-30}$$

식 (6-30)을 풀면 특성근은

$$s_{1,2} = -1 \pm \sqrt{1-K}$$

가 됨을 알 수 있다. 특성 방정식의 근은 K가 $-\infty$로부터 $+\infty$까지 변할 때 다음과 같이 변한다.

① $-\infty < K < 0$: 두 개의 근은 실근이고 하나는 양, 다른 하나는 음이다.

② $K=0$: $s_1=0$, $s_2=-2$ 두 근은 $G(s)H(S)$의 극점과 일치한다.

③ $0 < K < 1$: 두 개의 근은 모두 음의 실근이다.

④ $K=1$: 두 개의 근은 중근 $s_1=s_2=-1$을 갖는다.

⑤ $1 < K < \infty$: 두 개의 근은 음의 실수부를 갖는 공액 복소근이다.

K가 $-\infty$로 부터 $+\infty$까지 변할 때 2개의 근이 그리는 궤적을 평면에 그리면 그림 6-5와 같이 된다.

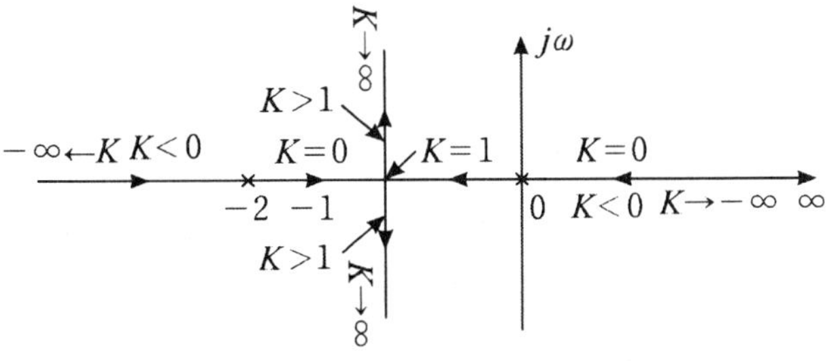

그림 6-5 $s^2+2s+K=0$의 근궤적

그림 6-5에 표시한 근궤적으로부터 다음과 같은 것을 알 수 있다.

① $K<0$에 대하여 시스템은 불안정하고 $K\geq 0$인 모든 K에 대해서 안정하다.

② $0<K<1$인 모든 K에 대하여 시스템은 과제동이고 $1<K<\infty$에 대하여 시스템은 부족제동 $K=1$일 때 임계제동이 된다.

③ 무제동 고유 진동주파수 ω_n은 K의 증가와 더불어 커진다.

④ $K\geq 1$에 대한 모든 K에 대하여 계단응답의 정정시간은 일정 불변이다.

개루프 전달함수가 식 (6-29)와 같이 간단한 경우에는 직접 특성 방정식을 풀 수가 있으며 근의 궤적을 그리는 것은 간단하다. 그러나 일반적인 경우에는 특성 방정식을 직접 풀어서 근의 궤적을 구하는 것은 대단히 곤란하다. 따라서 특성 방정식의 근을 구하지 않고 특성 방정식의 일반적인 성질을 이용해서 특성근의 궤적을 개략적으로 그리는 방법이 근궤적기법이다. 식 (6-24)에서 가변 파라미터 K가 $G(s)H(s)$의 승산인자로써 나타나지 않았을 때는 그 함수를 식 $F(s)=P(s)+KQ(s)=0$과 같은 형태의 함수로 정리할 수 있다.

루프 전달함수 $G(s)H(s)$를 식 (6-31)과 같이 표기하자.

$$G(s)H(s)=KG_1(s)H_1(s) \tag{6-31}$$

여기서 $G_1(s)H_1(s)$는 가변 파라미터 K를 포함하지 않는다. 그러므로 식 (6-23)은 다음과 같이 된다.

$$G_1(s)H_1(s)=-\frac{1}{K} \tag{6-32}$$

식 (6-32)가 만족되기 위해서는 다음의 조건들이 동시에 만족되어야 한다.

크기 조건(Condition on Magnitude)

$$|G_1(s)H_1(s)|=\frac{1}{|K|} \quad -\infty<K<\infty \tag{6-33}$$

각도 조건(Condition on Angles)

$$\angle G_1(s)H_1(s)=(2i+1)\pi \quad K\geq 0$$

$$=\pi \text{ radian 또는 } 180^\circ\text{의 기수배} \tag{6-34}$$

$$\angle G_1(s)H_1(s)=2i\pi \quad K\leq 0$$

$$=\pi \text{ radian 또는 } 180^\circ\text{의 우수배} \tag{6-35}$$

여기서 $i=0$, ±1, ±2, …(임의의 정수)

실제로 식 (6-33)으로부터 식 (6-35)까지 제시된 조건들은 완전 근궤적 구성시 서로 다른 규칙으로 사용된다.

식 (6-34) 또는 식 (6-35)의 각도에 관한 조건은 s평면내 완전 근궤적을 그리는데 이용된다.

완전 근궤적이 그려지면 궤적상 K의 값은 식 (6-33)의 크기에 대한 조건을 이용하여 결정한다.

근궤적 작도법 중 몇몇 법칙은 해석적으로 얻어지지만 근궤적의 작도는 근본적으로 도해적인 문제다.

근궤적은 피드백을 하기 전의 개루프 전달함수의 극점과 영점의 위치가 기본이 된다. $G(s)$를 전향경로의 전달함수 $H(s)$를 피드백 경로의 전달함수라 할 때 근궤적의 도해적 구성은 $G(s)H(s)$의 극점과 영점에 관한 정보로부터 시작한다. $G(s)H(s)$는 다음과 같이 표시되어야 한다.

$$G(s)H(s)=KG_1(s)H_1(s)=\frac{K(s+z_1)(s+z_2)\cdots(s+z_m)}{(s+p_1)(s+p_2)\cdots(s+p_n)} \tag{6-36}$$

여기서 $G(s)H(s)$의 극점과 영점은 실수이거나 복소 공액쌍이다.

식 (6-33), (6-34), 및 (6-35)의 조건을 식 (6-36)에 적용시키면 다음과 같은 식을 얻는다.

$$|G_1(s)H_1(s)|=\frac{\prod_{k=1}^{m}|s+z_k|}{\prod_{j=1}^{n}|s+p_j|}=\frac{1}{|K|} \quad -\infty<K<\infty \tag{6-37}$$

$0 \le K < \infty (RL)$에 대하여

$$\angle G_1(s)H_1(s) = \sum_{k=1}^{m} \angle (s+z_k) - \sum_{j=1}^{n} \angle (s+p_j) = (2i+1) \times 180^\circ \qquad (6\text{-}38)$$

$-\infty < K \le 0 (CRL)$에 대하여

$$\angle G_1(s)H_1(s) = \sum_{k=1}^{m} \angle (s+z_k) - \sum_{j=1}^{n} \angle (s+p_j) = 2i \times 180^\circ \qquad (6\text{-}39)$$

여기서 $k = 0, \pm 1, \pm 2, \cdots$

식 (6-38)의 도해적 해석은 K의 정(+)인 값에 대응하는 RL궤적상의 임의의 점 s_1이 다음 조건을 만족해야 한다.

$G(s)H(s)$의 영점으로부터 s_1에 그은 벡터각의 합과 극점에서 그은 벡터각의 합과의 차이가 180°의 기수배이다.

마찬가지로 식 (6-39)의 K의 부(−)인 값에 대응하는 CRL궤적상의 임의의 점 s_1은 다음 조건을 만족해야 한다.

$G(s)H(s)$의 영점에서 s_1에 그은 벡터각의 합과 극점에서 그은 벡터각의 합과의 차이는 0°를 포함해서 180°의 우수배이다.

완전 근궤적이 그려지면 근궤적상 K의 값은 식 (6-37)을 다음과 같이 표기함으로써 결정할 수 있다.

$$|K| = \frac{\prod_{j=1}^{m} |s+p_j|}{\prod_{k=1}^{m} |s+z_k|} \qquad (6\text{-}40)$$

RL궤적상 임의의 점 s_1에서 K의 값은 s_1값을 식 (6-40)에 대입해서 구한다. 식 (6-40)에서 분자는 $G(s)H(s)$ 극점에서 s_1에 그은 벡터 길이들의 곱이고 분모는 $G(s)H(s)$ 영점에서 s_1에 그은 벡터 길이들의 곱을 나타낸다. 만일 점 s_1이 RL상에 위치하고 있으면 K의 값은 정(+)이고, CRL상에 있으면 K의 값은 부(−)이다.

개루프 전달함수 $G(s)H(s)$가 식 (6-41)과 같고 개루프 전달함수의 영점과 극점을 그림 6-6과 같이 임의로 배치했을 때 K의 값과 각도를 구해보기로 한다.

$$G(s)H(s)=\frac{K(s+z_1)}{s(s+p_2)(s+p_3)} \tag{6-41}$$

s 평면내 임의의 점 s_1을 선정하여 $G(s)H(s)$의 극점과 영점에서 이 점으로 벡터를 긋는다. 만일 s_1이 $RL(0 \leq K < \infty)$상의 점이면 그림 6-6에 그린 벡터의 각도는 다음 식을 만족해야 한다.

$$\begin{aligned}&\angle(s_1+z_1)-\angle s_1-\angle(s_1+p_2)-\angle(s_1+p_3)\\&=\theta_{z1}-\theta_{p1}-\theta_{p2}-\theta_{p3}=(2i+1)\times 180°\end{aligned} \tag{6-42}$$

여기서 $i=0,\ \pm 1,\ \pm 2, \cdots$이다. 그림 6-6과 같이 벡터의 각도는 정(+)의 실수축을 기준축으로 측정한다.

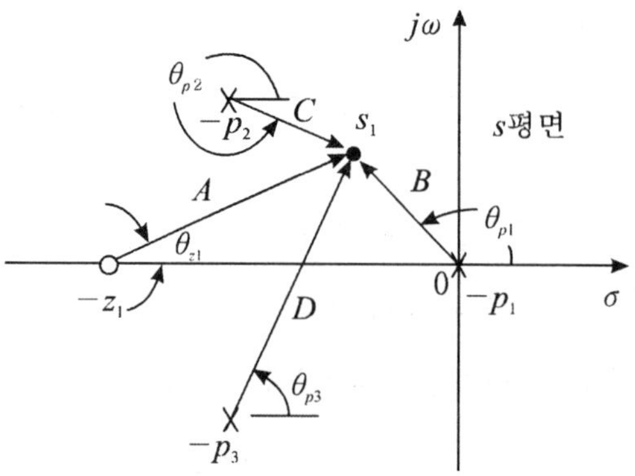

그림 6-6 극점과 영점의 배치

s_1이 $CRL(-\infty < K \leq 0)$상의 점이라면 식 (6-43)을 만족해야 한다.

$$\begin{aligned}&\angle(s_1+z_1)-\angle s_1-\angle(s_1+p_2)-\angle(s_1+p_3)\\&=\theta_{z_1}-\theta_{p1}-\theta_{p2}-\theta_{p3}=2i\times 180°\end{aligned} \tag{6-43}$$

여기서 $i=0,\ \pm 1,\ \pm 2, \cdots$

그림 6-6과 같이 극점과 영점에서 s_1에 내린 벡터의 길이를 각각 A, B, C, D로 나타내면 K의 크기는 다음과 같이 된다.

$$|K|=\frac{|s_1||s_1+p_2||s_1+p_3|}{|s_1+z_1|}=\frac{BCD}{A} \tag{6-44}$$

K의 부호는 s_1이 RL이나 CRL상 어디에 위치하느냐에 따라 결정된다.

결국 승산인자로서 K를 포함하는 전달함수 $G(s)H(s)$가 주어지고 극점과 영점이 정해지면 $1+G(s)H(s)$의 영점인 완전 근궤적의 구성은 다음과 같은 두 단계를 밟게 된다.

① s평면에서 모든 s_1이 정(+)의 K에 대한 식 (6-38)을 만족하는지를 알아본다. 만일 K의 부(−)에 대한 근궤적이 필요하면 식 (6-39)가 만족되어야 한다.

② 근궤적상 K의 크기를 구하려면 식 (6-40)을 이용한다.

6.4.2 근궤적의 작성

일반적으로 폐루프 제어 시스템의 극점과 영점을 해석적으로 구하기는 어렵고, 또한 진폭조건, 위상조건 등을 만족하는 s평면상의 점을 해석하는데 어려움이 따르므로 근궤적이 가지는 여러가지 성질들을 이용하면 비교적 쉽게 근궤적을 구할 수 있는데 다음의 여러 가지 근궤적 성질은 근궤적을 손으로 그리고 이해하기 위해서 유효한 것들이다. 이들 성질들은 루프 전달함수 $G(s)H(s)$의 극점과 영점 및 특성 방정식의 근인 $1+G(s)H(s)$의 영점과의 관계에 근거하여 유도된 것이다.

(1) 근궤적의 출발점과 도착점

① 근궤적상 $K=0$인 점들은 루프 전달함수 $G(s)H(s)$의 극점이다.
근궤적은 $K=0$일 때 폐루프계의 극은 전달함수의 극과 일치하고 개루프 전달함수의 극에서 출발한다.

② 근궤적상 $K=\pm\infty$인 점들은 루프 전달함수 $G(s)H(s)$의 영점이다.

여기에서의 극점과 영점이 필요하다면 무한대에 있는 점들도 포함한다.
K가 $\pm\infty$에 접근할 때 근궤적은 그 방정식의 영점에 접근한다.
시스템의 특성 방정식이 식 (6-45)와 같은 식을 생각하자.

$$s(s+2)(s+3)+K(s+1)=0 \tag{6-45}$$

$K=0$일 때 이 방정식의 세 개의 근은 $s=0$, -2와 -3에 있다. K의 크기가 무한대이면 이 방정식의 세 개의 근은 $s=-1$, ∞와 ∞에 있다. s 평면에서 무한대는 점의 개념으로 생각하는 것이 유용하다. 유한 s 평면은 무한 반경을 가지는 구

의 아주 작은 부분으로 볼 수 있다. 이때 s평면상 무한대는 우리가 직면한 구의 반대편의 한 점이 된다. 식 (6-45)의 양변을 K를 포함하지 않은 항으로 나누어 주면 다음과 같은 식을 얻는다.

$$1+G(s)H(s)=1+\frac{K(s+1)}{s(s+2)(s+3)}=0 \tag{6-46}$$

따라서

$$G(s)H(s)=\frac{K(s+1)}{s(s+2)(s+3)} \tag{6-47}$$

그러므로 $K=0$일 때 식 (6-45)의 세 개의 근은 함수 $G(s)H(s)$의 극점과 같다. $K=\pm\infty$일 때 식 (6-45)의 세 개의 근은 무한대를 포함하는 세 개의 $G(s)\,H(s)$의 영점에 있다. $K=0$에서의 근궤적상의 세 개의 점과 $K=\pm\infty$에서 세 개의 점을 나타내면 그림 6-7과 같다.

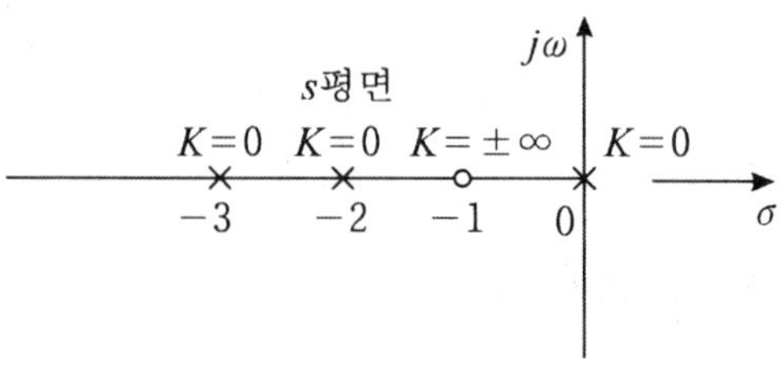

그림 6-7

(2) 근궤적의 갯수

완전 근궤적에서 한 개의 지로는 K의 값을 $-\infty$에서 ∞ 사이에 취하였을 때의 한근에 대한 궤적이다. 완전 근궤적의 지로의 수는 방정식의 근의 수와 같아야 하므로 다음의 성질을 얻는다.

식 (6-23)의 근궤적의 수는 다항식의 차수와 같다. 근궤적은 식 (6-36)으로 표시되는 루프 전달함수 $G(s)H(s)$의 극점에서 출발하여 영점에 도착되므로 근궤적의 개수는 m과 n중 큰 것과 일치한다.

즉 분모나 분자의 차수중 높은 차수의 근의 차수와 근궤적의 수는 같다.

예제 제어 시스템의 특성 방정식이 다음과 같을 때 근궤적의 수와 궤적의 출발점과 도착점을 구하고 그림으로 표시하여라.

$$s(s+2)(s+5)+K(s+1)(s+3)=0$$

풀이 특성 방정식에서 루프 전달함수를 구하면

$$1+G(s)H(s)=1+\frac{K(s+1)(s+3)}{s(s+2)(s+5)}=0$$

$$\therefore\ G(s)H(s)=\frac{K(s+1)(s+3)}{s(s+2)(s+5)}$$

루프 전달함수에서 극점이 3개이고 영점이 2개이므로 근궤적은 3개이다.

$K=0$일 때 극점 $s=0,\ -2,\ -5$에서 시작한다. 또한 K가 ∞로 접근함에 따라 근궤적은 $G(s)H(s)$의 영점으로 접근한다. 즉, $K=\infty$일 때 2개의 근궤적은 영점 $s=-1,\ -3$으로 가고, 나머지 1개는 $-\infty$로 간다.

시스템의 근궤적은 그림 6-8과 같다.

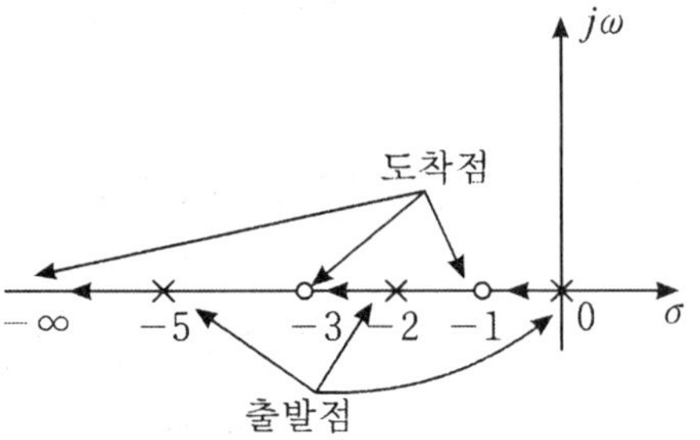

그림 6-8

(3) 근궤적의 대칭성

완전 근궤적은 s 평면의 실수축에 대하여 대칭이다.

특성 방정식의 근은 실근이거나 공액 복소근이므로 루프 전달함수 $G(s)H(s)$의 근궤적은 s 평면에서 실수축에 대해서 대칭이다.

(4) 근궤적의 점근선

근궤적의 점근선은 $s\to\infty$에서 근궤적의 성질과 관계된다. s 평면의 무한근처에서 근궤적의 성질을 $|s|\to\infty$일 때 궤적의 점근선(asymptotes)으로 표기한다.

s 평면의 실수축과의 교점과 점근선의 각도는 다음과 같이 나타낸다.

s의 값이 커지면 $K \geq 0$에 대한 근궤적(RL)은 다음 식으로 주어지는 각을 갖는 점근선을 따라간다.

$$\theta_i = \frac{2i+1}{|n-m|} \times 180° \qquad n \neq m \tag{6-48}$$

여기서 $i=0,\ 1,\ 2, \cdots |n-m-1|$

n과 m은 각각 $G(s)H(s)$의 유한 극점과 영점의 수이다.

$K \leq 0$(CRL)에 대한 점근선의 각도는 다음과 같이 된다.

$$\theta_i = \frac{2i}{|n-m|} \times 180° \qquad n \neq m \tag{8-49}$$

여기서 $i=0,\ 1,\ 2, \cdots |n-m-1|$

(5) 근궤적의 교차점

점근선의 교차점은 s평면의 실수축상에서만 교차하고 그 교차점은 다음과 같이 주어진다.

$$\sigma_1 = \frac{\sum G(s)H(s)\text{의 유한 극점} - \sum G(s)H(s)\text{의 유한 영점}}{n-m} \tag{6-50}$$

여기서 n은 $G(s)H(s)$의 유한 극점의 수이고 m은 유한 영점의 수이다. 점근선의 교차점 σ_1은 근궤적의 무게중심을 나타내며 항상 실수이다.

예제 루프 전달함수가 다음과 같을 때 근궤적의 점근선의 각도와 근궤적의 교차점을 구하라.

$$G(s)H(s) = \frac{K(s+2)}{s(s+1)(s+3)(s+5)}$$

풀이 루프 전달함수는 극점에서 4개의 근을 가지고 있고 영점에서 1개의 근을 가지고 있다.

식 (6-48)을 이용하면

$i=0$일 때 $\theta_0 = \frac{\pi}{3}$

$i=1$일 때 $\theta_1 = \pi$

$i=2$일 때 $\theta_2 = \frac{5\pi}{3}$

근궤적의 교차점은 식 (8-50)을 이용하면 된다. 극점은 0, −1, −3, −5, 영점은 −2 이므로

$$\sigma_1 = \frac{0-1-3-5-(-2)}{4-1} = -\frac{7}{3}$$

(6) 실수축상의 근궤적

s 평면의 전체 실수축은 근궤적으로 점유된다.(즉 RL 또는 CRL)

① RL : 실수축의 어느 구간에서 그 구간 우측에 있는 $G(s)H(s)$의 극과 영점의 총수가 기수(odd)인 경우 RL이 그려진다.

② CRL : 실수축의 어느 구간에서 그 구간 우측에 있는 $G(s)H(s)$의 극점과 영점의 총수가 우수(even)인 경우 그 구간에 CRL이 그려진다.

이들의 성질은 다음과 같은 사실에 근거를 두고 있다.

① $G(s)H(s)$의 복소공액 극점과 영점으로부터 실수축상 임의의 점 s_1에 그은 벡터의 합은 0이다. 그러므로 $G(s)H(s)$의 실수 극점과 영점만이 식 (6-38)과 식 (6-39)의 각도 관계에 기여한다.

② 임의의 점 좌측에 있는 실수 극점과 영점은 식 (6-38)과 식 (6-39)에 영인 각이기 때문에 점 s_1의 우측에 있는 $G(s)H(s)$의 실수 극점과 영점만이 식 (6-38)과 식 (6-39)에 기여한다.

③ s_1의 우측에 있는 모든 $G(s)H(s)$의 실수 극점은 $-180°$로 또 s_1의 우측에 있는 모든 $G(s)H(s)$의 실수 영점은 식 (6-38)과 식 (6-39)에 $+180°$로 기여한다.

(7) 근궤적의 출발각(angles of departure)과 도착각(angles of arrival)

루프 전달함수 $G(s)H(s)$의 근궤적에서 임의의 극점에서의 출발각은 다음과 같이 된다.

$$\Phi_p = \pm(2i+1)\pi + \theta_p, \quad i = 0, 1, 2, \cdots \tag{6-51}$$

여기서 θ_p는 임의의 극점에서 다른 극점 또는 영점과 이루는 각을 합한 것이다.

$G(s)H(s)$의 임의의 영점으로의 도착각은

$$\Phi_z = \pm(2i+1)\pi - \theta_z, \quad i=0,\ 1,\ 2, \cdots \tag{6-52}$$

여기서 θ_z는 임의의 영점에서 다른 $G(s)H(s)$의 극점 또는 영점과 이루는 각을 합한 것이다.

루프 전달함수 $G(s)H(s)$의 실수 극점에서의 출발각과 실수 영점으로의 도착각은 항상 0°가 아니면 180°가 된다.

출발각(또는 도착각)은 근궤적을 완성하는데 도움이 되며 복소수 극점(또는 영점)의 경우에 특히 유용하다.

그림 6-9 (a)와 같은 극점과 영점을 갖는 시스템의 s 평면상에서 극점 s_p로부터 출발하는 근궤적의 각은 그림 6-9 (b)와 같이 되며, 이 점 s_p에서 다른 극점 및 영점에 의한 각의 합은 다음과 같이 된다.

$$\theta_p = \theta_{z1} - (\theta_{p1} + \theta_{p2} + \theta_{p3}) \tag{6-53}$$

극점 s_p에 의한 출발각 Φ_p는 식 (6-51)의 조건으로부터 다음과 같이 된다.

$$\Phi_p - \theta_p = (2i+1)\pi, \quad i=0,\ 1,\ 2, \cdots \tag{6-54}$$

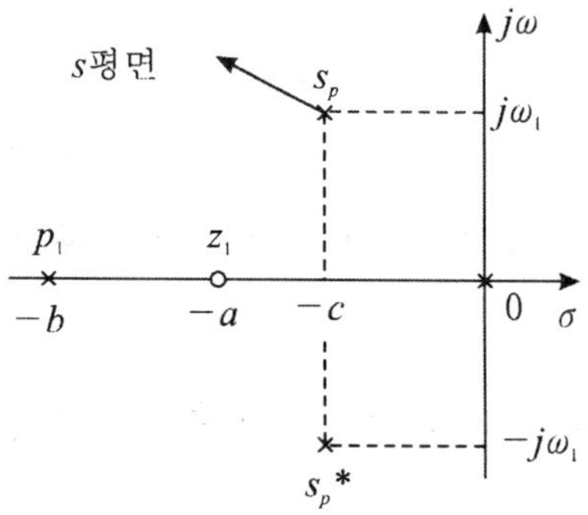

(a)

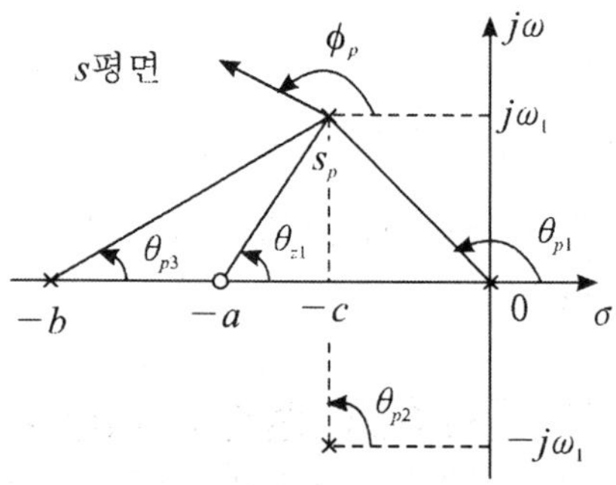

(b)

그림 6-9 근궤적의 출발각

(8) 근궤적과 허수축과의 교차점

근궤적은 K의 변화에 따라 허수축과 교차할 때 s 평면의 우반면에 들어가는 순간은 시스템의 안정성이 파괴되는 임계점에 대응한다.

완전 근궤적과 s 평면상의 허수축과 교차하는 점이 있다면 이에 대응하는 K의 값은 루스-후르비쯔 판별법으로 결정할 수 있다.

예제 제어 시스템의 루프 전달함수가 $G(s)H(s) = \dfrac{K}{s(s+1)(s+4)}$ 일 때 이 시스템이 근궤적의 허수축과 만나는 점에 대응하는 K값과 ω의 값을 구하라.

풀이 특성 방정식을 구하면 $1 + G(s)H(s) = 1 + \dfrac{K}{s(s+1)(s+4)} = 0$이므로

$s^3 + 5s^2 + 4s + K = 0$

루스표를 작성하면

s^3	1	4
s^2	5	K
s^1	$\dfrac{20-K}{5}$	0
s^0	K	0

K의 임계값은 s^1의 제1열 요소를 0으로 놓음으로써 얻을 수 있다.

$\dfrac{20-K}{5} = 0$, $K = 20$일 때 임계안정을 가지며, 근궤적은 허수축과 교차한다.

허수축과 만나는 점에서의 주파수 ω는 보조 방정식

$5s^2 + K = 0$에서 $K = 20$을 대입하면 $5s^2 + 20 = 0$

$s = \pm j2$ 이므로 $\omega = 2$[rad/sec]

(9) 근궤적의 이탈점(breakaway point)

어떤 방정식의 근궤적상 이탈점은 그 방정식의 다중근에 대응한다.

그림 6-10 (a)는 두 개의 근궤적이 실수축상의 이탈점에서 만난 후 실수축으로부터 반대방향으로 멀어지는 경우를 나타내고 있다. 이 경우 이탈점은 K의 값을 이 점에 대응하는 값으로 배정할 때 방정식의 이중근을 나타낸다. 그림 6-10 (b)는 두 개의 복소공액 근궤적이 실수축으로 접근하여 이탈점에서 만난 후 실수축을 따라 서로 반대방향으로 이탈되는 경우를 나타내고 있다. 일반적으로 한 개의 이탈점

은 두 개 이상의 근궤적을 포함 할 수 있다. 그림 6-10 (c)는 이탈점이 4중근을 나타내는 경우를 보여주고 있다.

한 개의 근궤적 선도는 한 개 이상의 이탈점을 가질 수 있으며, 실수축상에만 이탈점이 항상 존재할 필요는 없다. 근궤적의 공액 대칭성 때문에 실수축을 벗어난 이탈점은 실수이거나 복소 공액쌍이어야 한다. 일반적으로 각도 조건 때문에 이탈점에서의 궤적들의 기울기는 360°에 균등한 각도로 분포된다. 그림 6-10 (a)의 이탈점에서의 두 궤적은 180° 간격이며 그림 6-10 (c)에서는 4개의 궤적이 90°의 간격으로 분포하고 있다.

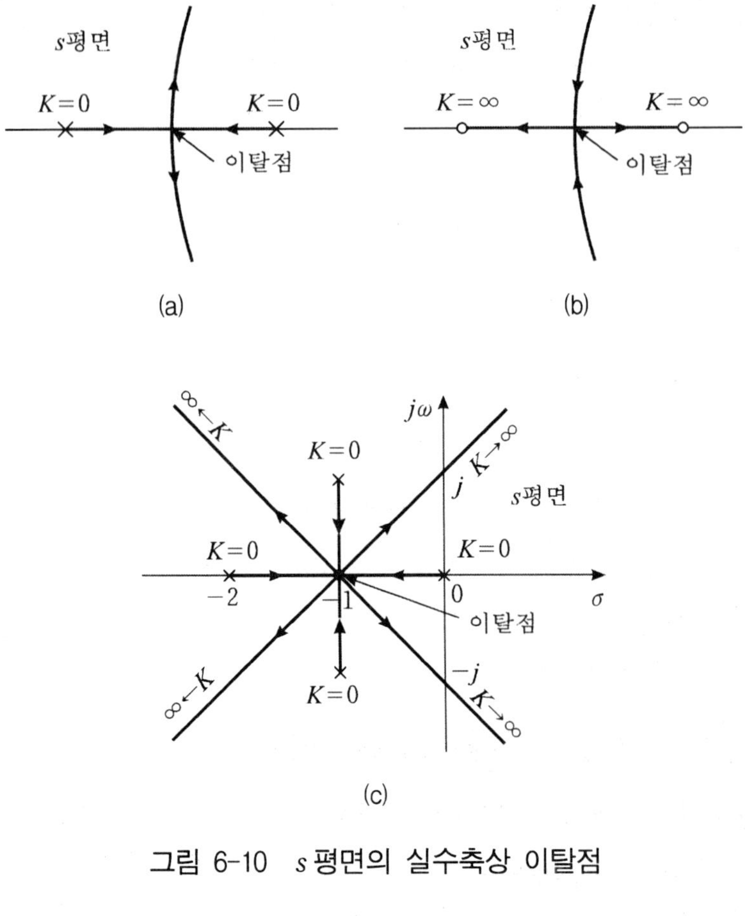

그림 6-10 s 평면의 실수축상 이탈점

시스템의 특성 방정식 $1+KG_1(s)H_1(s)=0$와 이득 $K=\dfrac{-1}{G_1(s)H_1(s)}$에서 근궤적상 이탈점은 다음 식을 만족하여야 한다.

$$\frac{dG_1(s)H_1(s)}{ds}=0 \tag{6-55}$$

식 (6-55)로 주어진 이탈점에 관한 조건은 필요 조건은 되어도 충분 조건은 되지 못한다. 바꾸어 말하면 *RL*과 *CRL*상 모든 이탈점은 식 (6-55)를 만족하여야 하지만 식 (6-55)의 모든 해가 이탈점은 아니다. 이탈점이 되려면 식 (6-55)의 해가 $1+KG_1(s)H_1(s)=0$의 방정식을 만족해야 한다. 즉 임의의 실수 K에 대하여 근궤적의 한 점이어야 한다.

일반적으로 식 (6-55)의 해와 관련지어 다음과 같은 결론을 얻을 수 있다.

① s 평면의 전체 실수축은 완전 근궤적으로 점유되기 때문에 식 (6-55)의 모든 실수해는 근궤적(*RL*과 *CRL*)상 이탈점이다.

② 식 (6-55)의 복소 공액해는 특성 방정식을 만족하거나 완전 근궤적상의 점인 경우에 이탈점이 된다.

③ 근궤적의 조건이 $K=\dfrac{-1}{G_1(s)H_1(s)}$ 이므로 양변을 s로 미분하면

$$\frac{dK}{ds}=\frac{dG_1(s)H_1(s)/ds}{[G_1(s)H_1(s)]^2} \tag{6-56}$$

그러므로 이탈점 조건은 다음과 같이 된다.

$$\frac{dK}{ds}=0 \tag{6-57}$$

예제 제어 시스템의 특성 방정식이 $s(s^2+2s+2)+K=0$일 때 s 평면상에서 근궤적의 이탈점을 구하라.

풀이 $1+KG_1(s)H_1(s)=1+\dfrac{K}{s(s^2+2s+2)}=0$

K에 대해 정리하고 $\dfrac{dK}{ds}=0$을 구하면

$3s^2+4s+2=0$을 얻는다.

위 식의 근을 구하면

$s_1=-0.667+j0.471$, $s_2=-0.667-j0.471$이다. 그런데 이 두 근은 임의 K 실수치에 대하여 원래의 특성 방정식을 만족시키지 못한다. 따라서 이 두 점들은 근궤적 상의 이탈점이 될 수 없다.

연 습 문 제

1. 제어 시스템의 특성 방정식이 $F(s)=s^4+2s^3+5s^2+4s+2=0$일 때 이 제어 시스템의 안정도를 후르비쯔 안정도 판별법을 이용하여 구하라.

2. 특성 방정식이 다음과 같이 표시될 때 제어 시스템이 안정되기 위한 K의 범위를 후르비쯔 판별법에 의해서 구하라.

$$F(s)=s^4+20Ks^3+5s^2+(10+K)s+15=0$$

3. 그림 6-11과 같은 제어 시스템이 안정되기 위한 K의 범위를 구하라.

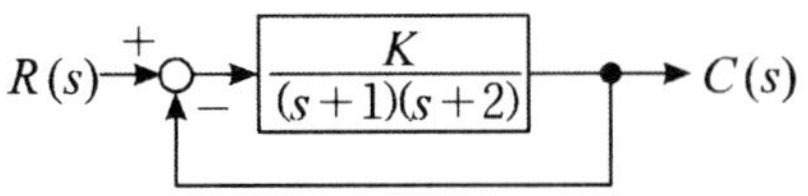

그림 6-11

4. 특성 방정식이 $s^3+s^2-s+1=0$일 때 안정한 근은 몇 개인가?

5. 특성 방정식이 $s^3+2s^2+3s+4=0$일 때 시스템의 안정도를 판별하라.

6. 그림 6-12와 같은 제어 시스템이 안정하기 위한 K의 범위를 구하라.

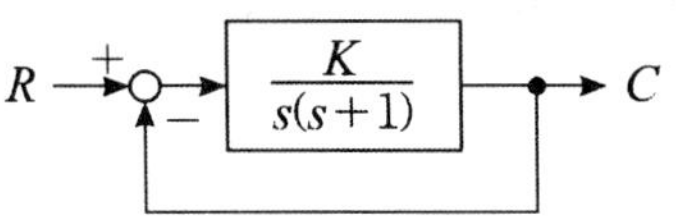

그림 6-12

7. 특성 방정식 $s^3+3s^2+3s+1+K=0$으로 주어진 제어 시스템이 안정하기 위한 K의 범위를 구하라.

8. 루프 전달함수 $G(s)H(s)=\dfrac{K(s+1)(s+2)}{s(s+3)^2(s+5)^2}$일 때 근궤적의 수는 몇 개인가?

9. 루프 전달함수가 다음과 같을 때 근궤적의 점근선의 각도와 근궤적의 교차점을 구하라.

$$G(s)H(s)=\frac{K}{s(s+1)(s+2)(s+3)}$$

10. 특성 방정식이 $s(s+1)(s+2)+K=0$ 일 때 근궤적의 이탈점을 구하라.

연 습 문 제 해 답

1. 다항식의 계수가 모두 존재하고 부호가 같으므로 안정도의 필요조건은 만족하고 다항식의 차수가 3차 이므로 후르비쯔 행렬식은 D_3까지 구하면 된다.

$$D_1 = 2,\quad D_2 = \begin{vmatrix} 2 & 4 \\ 1 & 5 \end{vmatrix} = 6,\quad D_3 = \begin{vmatrix} 2 & 4 & 0 \\ 1 & 5 & 2 \\ 0 & 2 & 4 \end{vmatrix} = 16$$

$\therefore\ D_1 > 0,\ D_2 > 0,\ D_3 > 0$이므로 안정하다.

2. 후르비쯔의 모든 계수는 동일 부호의 조건에 의해

$20K > 0$ 및 $10 + K > 0$가 되어야 하므로 이 두 식에 의해 $K > 0$

또 후르비쯔 행렬식의 조건에 의해 특성 방정식이 4차 이므로

$D_1 = 20K > 0$ 따라서 $K > 0$

$$D_2 = \begin{vmatrix} 20K & 10+K \\ 1 & 5 \end{vmatrix} = 99K - 10 > 0,\quad K > \frac{10}{99}$$

$$D_3 = \begin{vmatrix} 20K & 10+K & 0 \\ 1 & 5 & 15 \\ 0 & 20K & 10+K \end{vmatrix} = -590K^2 + 980K - 100 > 0$$

D_3의 조건을 만족하는 K는 존재하지 않으므로 이 제어계는 어떠한 K의 값에서도 불안정하다. 따라서 제어계를 안정시키는 K값은 존재하지 않는다.

3. 전달함수에서 특성 방정식을 구하면 $1 + \dfrac{K}{(s+1)(s+2)} = 0$이므로

$s^2 + 3s + 2 + K = 0$이 된다. 루스표를 작성하면

s^2	1	$2+K$
s^1	3	0
s^0	$2+K$	

제 1열이 0보다 커야 하므로 $\quad 2 + K > 0$

$\therefore\quad K > -2$

4. 루스표를 작성하면

s^3	1	-1
s^2	1	1
s^1	-2	0
s^0	1	

제 1열의 부호 변화가 2번 있으므로 정(+)의 실수부를 갖는 근(불안정)이 2개이고, 부(−)의 실수부를 갖는 근(안정근)이 1개이다.

5. 루스표를 작성하면

s^3	1	3
s^2	2	4
s^1	3	0
s^0	4	

제 1열의 부호 변화가 없으므로 안정하다.

6. 특성 방정식을 구하면 $1+G(s)H(s)=1+\dfrac{K}{s(s+1)}=0$

$s^2+s+K=0$

루스표를 작성하면

s^2	1	K
s^1	1	0
s^0	K	

제 1열의 부호 변화가 없으려면 $K>0$이어야 한다.

7. 루스표를 작성하면

s^3	1	3	0
s^2	3	$1+K$	0
s^1	$\dfrac{8-K}{3}$	0	
s^0	$1+K$		

제 1열에 부호의 변화가 없이 안정하려면

$(8-K)>0$, $(1+K)>0$

이어야 하므로 K의 범위는

$-1<K<8$에 있을 때 안정하다.

8. 영점의 수가 2개, 극점의 수가 5개이므로 근궤적의 수는 5개

9. 루프 전달함수는 극점에서 4개의 근을 가지고 있고 영점에서 근은 없다.
식 (6-48)을 이용하면

$i=0$일 때 $\theta_0=\frac{\pi}{4}$

$i=1$일 때 $\theta_1=\frac{3\pi}{4}$

$i=2$일 때 $\theta_2=\frac{5\pi}{4}$

$i=3$일 때 $\theta_3=\frac{7\pi}{4}$

근궤적의 교차점은 식 (6-50)을 이용하면 된다. 극점은 0, −1, −2, −3

$$\sigma_1=\frac{0-1-2-3}{4-0}=-\frac{3}{2}$$

10. $G(s)H(s)=\dfrac{K}{s(s+1)(s+2)}$

$$\frac{dK}{ds}=\frac{0-K(3s^2+6s+2)}{(s^3+3s^2+2s)^2}=0$$

$3s^2+6s+2=0$

$s=-1.267,\ 4.732$

제 7 장

제어 시스템의 주파수 영역 해석

7.1 주파수 응답

제어 시스템의 성능은 시간영역의 응답특성으로 평가하는 것이 실질적이고 직접적이며 쉽게 평가될 수 있다. 이것은 대부분의 제어 시스템 성능을 판단할 때 시험용 신호에 대한 출력응답이 시간에 기본을 두고 있기 때문이다. 시스템의 주파수 응답(frequency response)은 삼각함수 입력신호에 대한 시스템의 정상상태응답으로 정의된다. 삼각함수는 특별한 입력신호로서 그에 의한 선형 시스템의 출력신호나 시스템 내부의 모든 신호들은 정상상태에서 삼각함수가 된다. 주파수 응답의 장점은 주파수 응답 시험이 일반적으로 간단하다는 것과, 손쉽게 사용할 수 있는 정현파 신호발생기와 정밀 측정장치를 이용하여 주파수 응답을 정확하게 측정할 수 있다는 것이다. 복잡한 구성요소의 전달함수를 주파수 응답 시험에 의하여 실험적으로 구할 수 있다. 뿐만 아니라, 주파수 응답법을 이용하면 원하지 않는 노이즈의 영향이 무시되도록 시스템을 설계할 수 있으며, 또 이러한 해석 및 설계 방법을 비선형 제어 시스템으로 확장할 수 있다는 장점이 있다.

7.1.1 주파수 응답의 기초

선형 시스템의 주파수 영역 해석의 출발은 전달함수이다. 선형 시스템 이론으로부터 전달함수가 $G(s)$인 임의의 안정한 시스템에 식 (7-1)과 같이 진폭이 A이고 주파수가 ω인 정현파신호(sinusoidal signal)를 입력으로 인가한다.

$$r(t) = A\sin\omega t \tag{7-1}$$

이 때 시스템의 정상상태 출력 $y(t)$는 주파수는 입력과 같은 값을 가지고 진폭과 위상은 입력과 다른 값을 갖는 정현파로 표시할 수 있다.

$$y(t) = B\sin(\omega t + \phi) \tag{7-2}$$

여기서 B는 출력 정현파의 진폭이고 ϕ는 도 또는 rad로 나타낸 위상변화이다.

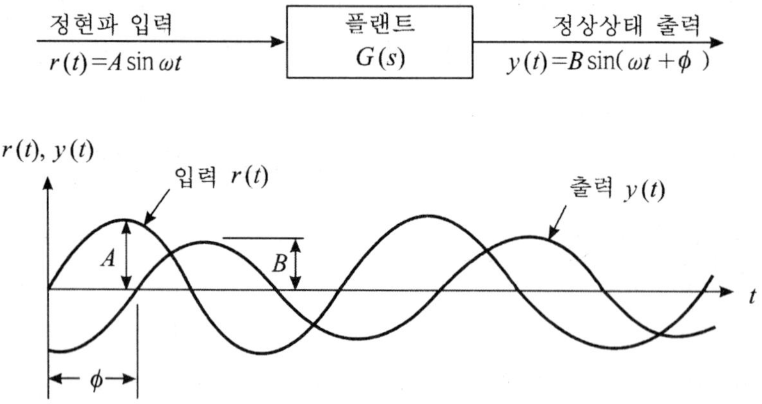

그림 7-1 주파수 응답

전달함수 $G(s)$에서 복소변수 s값에 $j\omega$를 대입한 $G(j\omega)$를 **주파수 전달함수**라고 한다. 주파수 전달함수 $G(j\omega)$는 주파수 영역에서 다음과 같이 표시된다.

$$G(j\omega) = X + jY \tag{7-3}$$

여기서, $X = Re[G(j\omega)]$, $Y = Im[G(j\omega)]$

또는

$$G(j\omega) = |G(j\omega)|e^{j\phi(\omega)} = |G(j\omega)|\angle\phi(\omega) \tag{7-4}$$

여기서

$$|G(j\omega)| = \sqrt{X^2 + Y^2}, \quad \phi(\omega) = \tan^{-1}\frac{Y}{X}$$

$|G(j\omega)|$를 **주파수 이득**(周波數利得 : gain), $\angle\phi(\omega)$를 **위상차**(位相差) 또는 위상이라 한다.

또 주파수 ω를 0에서 ∞까지 변화시킬 때의 $|G(j\omega)|$의 변화를 **이득 특성**(利得特性) 또는 **진폭 특성**, $\angle\phi(j\omega)$의 변화를 **위상 특성**이라며 이 두 가지를 합하여 주파

수 특성이라 한다.

선형 시스템의 전달함수 $G(s)$를 알면 입력이 정현파일 때 진폭 특성 $|G(j\omega)|$와 위상 특성 $\angle\phi(j\omega)$는 정상상태의 성능을 표시한다. 선형 시스템의 주파수 영역 해석의 요점은 폐루프 제어 시스템의 진폭 특성과 위상 특성을 이용하여 과도 및 정상상태 성능 모두를 예측할 수 있다는 점이다.

예제 전달함수 $G(s)=\dfrac{20}{3+2s}$을 갖는 요소에 $\omega=2$인 정현파를 인가했을 때 $|G(j\omega)|$와 $\angle G(j\omega)$를 구하라.

풀이 주파수 전달함수를 구하기 위하여 $G(s)$의 s를 $j\omega$로 치환하여 $G(j\omega)$를 구하면

$$G(j\omega)=\frac{20}{3+j2\omega}=\frac{20}{3+j4}=\frac{20(3-j4)}{25}$$

$$|G(j\omega)|=\frac{4}{5}\sqrt{3^2+4^2}=4$$

$$\angle G(j\omega)=-\tan^{-1}\frac{4}{3}\fallingdotseq-59.9°$$

7.1.2 폐루프 시스템의 주파수 응답

입력이 $R(s)$, 출력이 $Y(s)$, 전향 전달함수가 $G(s)$이고 궤환 전달함수가 $H(s)$인 궤환 제어 시스템의 폐루프 전달함수를 $M(s)$라 하면

$$M(s)=\frac{Y(s)}{R(s)}=\frac{G(s)}{1+G(s)H(s)} \tag{7-5}$$

가 된다. 정현파 정상상태에서는 $s=j\omega$로 하여 식 (7-5)는 다음과 같이 쓸 수 있다.

$$M(j\omega)=\frac{Y(j\omega)}{R(j\omega)}=\frac{G(j\omega)}{1+G(j\omega)H(j\omega)} \tag{7-6}$$

주파수 전달함수 $M(j\omega)$를 크기와 위상으로 표현하면 다음과 같이 된다.

$$M(j\omega)=|M(j\omega)|\angle M(j\omega) \tag{7-7}$$

또 실수부와 허수부로 나타내면

$$M(j\omega)=Re[M(j\omega)]+jIm[M(j\omega)] \tag{7-8}$$

$M(j\omega)$의 크기는

$$|M(j\omega)| = \left| \frac{G(j\omega)}{1+G(j\omega)H(j\omega)} \right| = \frac{|G(j\omega)|}{|1+G(j\omega)H(j\omega)|} \tag{7-9}$$

가 되고 $M(j\omega)$의 위상은

$$\angle M(j\omega) = \phi_M(j\omega) = \angle G(j\omega) - \angle[1+G(j\omega)H(j\omega)] \tag{7-10}$$

$M(s)$가 전기적인 필터의 입출력 전달함수를 나타낸다고 하면 $M(j\omega)$의 크기와 위상은 입력신호에 따른 필터의 특성을 나타낸다. 그림 7-2는 차단 주파수가 ω_c의 이상적인 저역 필터의 이득 및 위상 특성이다.

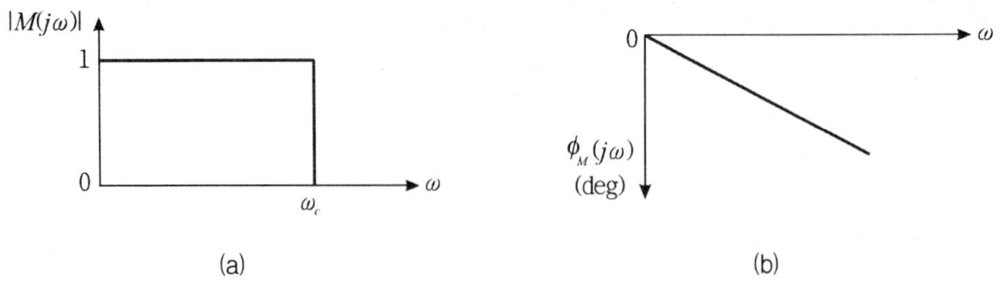

그림 7-2 이상적인 저역 필터의 이득 위상 특성

이상적인 필터의 특성을 물리적으로는 실현할 수 없다. 실제로 그림 7-2에 있는 이상적인 저역 필터의 특성을 물리적으로 실현할 수 있다면, 주파수 ω_c 이하에서 왜곡없이 모든 신호를 통과시키고 잡음이 있을 수 있는 ω_c이상의 성분은 완전히 제거되므로 제어계에 대하여도 바람직하다.

ω_c를 무한히 증가시키면 출력 $Y(j\omega)$는 모든 주파수에서 입력 $R(j\omega)$와 같게 된다. 이러한 계는 시간영역에서 정확하게 계단함수 입력을 따라간다. 식 (7-9)로부터 $|M(j\omega)|$를 모든 주파수에서 1이 되도록 하려면 개루프 전달함수 $G(j\omega)$이 크기가 무한대가 되어야 한다는 것을 알 수 있다. 물론 $G(j\omega)$의 크기가 무한대로 되는 것은 실제적으로 불가능하며 또한 대부분의 제어계에서 그 루프 이득이 매우 높으면 불안정하므로 $G(j\omega)$의 크기를 무한대로 하는 것이 바람직하지 않다. 모든 제어계는 동작시 잡음의 영향을 받고 있기 때문에 입력신호에 응답할 뿐만 아니라 잡음이나 원치 않는 신호를 제거하든가 억제하여야 한다.

그림 7-3은 제어 시스템의 전형적인 이득 및 위상 특성이다. 식 (7-9)와 (7-10)에서 알 수 있듯이 폐루프 제어 시스템의 이득 및 위상 특성은 전향경로함수와 루

프 전달함수로부터 결정할 수 있다. 실제로 개루프 전달함수 $G(s)$와 궤환 전달함수 $H(s)$의 주파수 응답을 시스템에 정현파 입력을 인가하고 그 주파수를 0으로부터 시스템의 주파수 범위를 넘는 값까지 변화시킴으로써 결정될 수 있다.

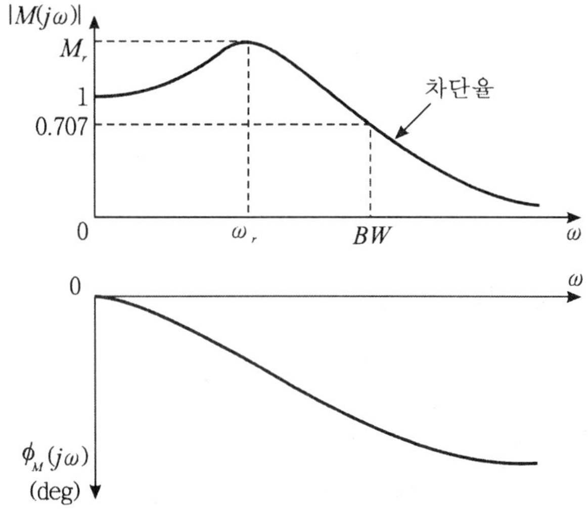

그림 7-3 궤환 제어 시스템의 전형적인 이득 위상 특성

예제 주파수 전달함수 $G(j\omega)=\dfrac{10}{j\omega(j\omega+1)}$ 인 경우 $\omega\to\infty$에서의 $|G(j\omega)|$와 $\angle G(j\omega)$를 구하라.

풀이

$$\lim_{\omega\to\infty}|G(j\omega)| = \lim_{\omega\to\infty}\frac{10}{j\omega(j\omega+1)} = \lim_{\omega\to\infty}\frac{10}{(j\omega)^2} = 0$$

$$\lim_{\omega\to\infty}\angle G(j\omega) = \lim_{\omega\to\infty}\angle\frac{10}{j\omega(j\omega+1)} = \lim_{\omega\to\infty}\angle\frac{10}{(j\omega)^2} = -180°$$

7.1.3 주파수 응답 특성에 관한 제정수(諸定數)

주파수 영역의 방법을 이용하여 선형 제어 시스템을 설계할 때에는 시스템의 성능을 나타낼 수 있는 사양들을 정의할 필요가 있다. 최대 오버슈트, 감쇠비 등과 같이 시간영역에서 사용하는 사양들을 주파수 영역에서는 더 이상 직접 사용할 수가 없다. 실제로는 다음과 같은 주파수 영역의 사양들을 사용한다.

그림 7-4 (a)는 제어 시스템의 이득 특성의 크기를 나타낸 것이고, 그림 7-4 (b)는 제어 시스템의 이득 특성을 데시벨[dB]을 취하여 나타낸 것이다.

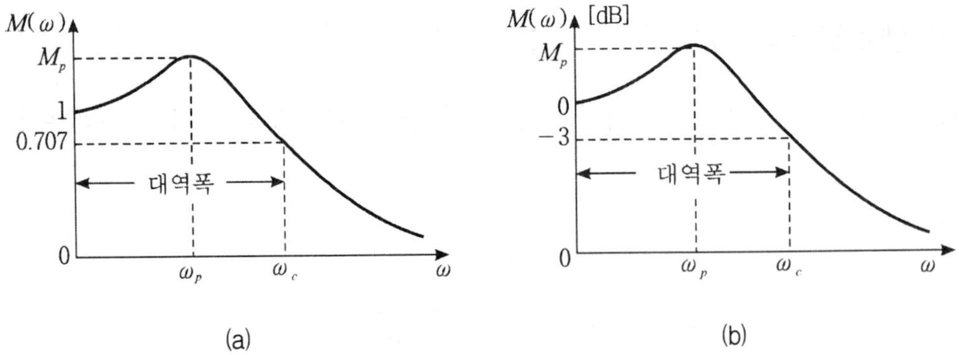

그림 7-4

(1) 첨두 공진값(共振値) : M_p

첨두 공진값(peak resonance value)은 식 (7-9)로 표시된 $|M(j\omega)|$의 최대값이다. 일반적으로 M_p의 크기는 안정한 궤환 제어 시스템의 상대적 안정도의 한 척도가 된다. 보통 M_p는 시스템의 시간영역에서의 과도 응답 특성을 간접적으로 나타낼 수 있어서 M_p가 커지면 오버슈트도 커지게 된다. 그러므로 공진 최대값 M_p는 주파수 응답을 이용한 제어 시스템 설계시 설계 사양으로 자주 사용되고 있으며 대부분의 제어 시스템에서 설계시에 주로 사용되는 적정한 M_p는 1.1과 1.5 사이의 값이 바람직하다.

(2) 공진 주파수(resonance frequency) : ω_r

공진 주파수(resonance frequency)는 첨두 공진값 M_p가 일어날 때의 주파수를 말하며 ω_r의 값이 높으면 주기는 적다.

$$\frac{dM(\omega)}{d\omega} = \frac{d}{d\omega}\left|\frac{G(j\omega)}{1+G(\omega)H(\omega)}\right| = 0 \tag{7-11}$$

로부터 구해지는 주파수가 공진 주파수이다. 따라서 첨두 공진값 M_p는 $\omega = \omega_r$일 때이므로 식 (7-9)로부터 다음과 같이 나타낸다.

$$M_p = M(\omega_r) = \left|\frac{G(\omega_r)}{1+G(\omega_r)H(\omega_r)}\right| \tag{7-12}$$

(3) 대역폭(bandwidth) : BW

대역폭 BW는 $|M(j\omega)|$의 크기가 주파수 0일 때의 값의 70.7[%] 또는 3[dB] 떨어질 때의 주파수로 정의하며 이 주파수를 **차단 주파수**라 하고 ω_c로 표시한다. 식 (7-9)로부터

$$M(\omega_c) = \left| \frac{G(\omega_c)}{1 + G(\omega_c)H(\omega_c)} \right| = \frac{1}{\sqrt{2}} = 0.707 \tag{7-13}$$

가 되는 주파수를 말한다.

대역폭은 시스템 응답의 속응성(速應性)을 나타내는 기준이 되기도 한다. 큰 대역폭은 더 빠른 상승시간에 대응하며 더 높은 주파수 신호들을 쉽게 통과시킨다. 반대로 대역폭이 작으면 상대적으로 낮은 주파수의 신호를 통과시키고 시간응답은 늦어지고 완만하게 된다.

시스템이 임의의 입력을 정확하게 따라가기 위해서는 시스템이 큰 대역폭을 가질 필요가 있다. 그러나 잡음의 관점에서 보면 대역폭이 너무 커져서는 안된다. 따라서 대역폭에 대한 상충된 요구조건이 존재하므로 좋은 설계를 하기 위해서는 항상 절충이 필요하다. 큰 대역폭을 갖는 시스템은 고성능의 구성요소를 필요로 한다. 따라서 구성요소의 값은 항상 대역폭과 함께 증가한다.

대역폭은 잡음을 제거하는 특성과 시스템의 견실성도 역시 나타낸다. 견실성은 변수의 변화에 대한 시스템의 감도를 나타낸다. 견실한 시스템은 변수의 변화에 둔감하다.

(4) 차단율(cutoff rate)

신호와 잡음을 구별하는데 대역폭만으로는 시스템의 특성을 나타내는 것이 적합하지 못하는 경우가 있다. 시스템의 입력신호에서 잡음을 차단하는 제어 시스템의 특성을 나타내는데 사용하는 사양이 차단율이다. 일반적으로 잡음신호는 고주파에서 에너지를 가지고 있으므로 차단율이 크면 클수록 잡음을 제거하는 성능은 좋아지지만, 반면에 큰 공진값을 동반하게 되어 시스템을 불안정하게 할 수도 있다. 두 개의 시스템이 동일한 대역폭을 가질 수 있어도 차단율은 서로 다를 수 있다.

(5) DC게인(M_0)

주파수 ω가 0일 때의 시스템 게인이다. 최종값 정리에 의하면 단위 계단 입력에 대한 정상상태응답은 전달함수에서 복소변수 s값에 0을 대입하여 얻을 수 있으므로 단위 계단 입력을 가했을 때 정상상태 응답의 크기는 DC게인과 같다. 따라서 $1-M_0=$오차를 나타낸다. 적분 동작을 포함하는 물리계는 항상 $M_0=1$이 된다.

7.2 벡터 궤적

주파수 응답의 도시방법에는 보통 벡터 궤적(vector locus), 보드 선도, 이득-위상 선도 등이 주로 사용된다. 여기서는 우선 벡터 궤적에 대하여 살펴본다.

어떤 요소의 주파수 전달함수 $G(j\omega)$는 일반적으로 입력신호의 각 주파수 ω의 함수로 되어 있으므로 그 절대치나 편각의 크기는 ω의 변화와 함께 변한다.

그래서 $G(j\omega)$를 복소평면상의 벡터로 나타낸 크기 $|G(j\omega)|$와 편각 $\angle G(j\omega)$에서 각 주파수 ω를 0에서 무한대까지 변화시켰을 때 그려진 궤적을 그림으로 나타내는 선도를 **주파수 벡터 궤적** 또는 **나이키스트(Nyquist)** 선도라 한다.

7.2.1 비례요소(比例要素)

비례요소의 방정식은 다음과 같이 표현된다.

$$y(t)=Kx(t) \tag{7-14}$$

여기서, $x(t)$는 입력, $y(t)$는 출력

전달함수 $G(s)=K$가 된다. 주파수 전달함수를 구하면

$$G(j\omega)=K+j0 \tag{7-15}$$

$$\therefore\ |G(j\omega)|=\sqrt{K^2+0^2}=K \tag{7-16}$$

$$\tan\phi=\frac{0}{K}=0 \tag{7-17}$$

$$\therefore\ \phi=0° \tag{7-18}$$

$|G(j\omega)|$와 ϕ는 주파수 ω에 관계없이 항상 K와 0°이므로 벡터 궤적은 그림 7-5와 같이 실수축상 K의 위치에 단 하나의 점으로 나타난다.

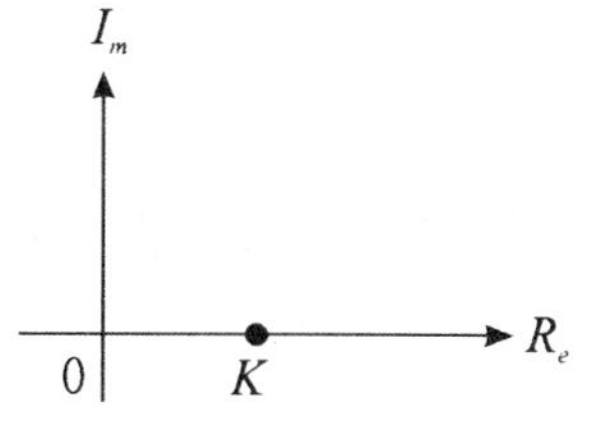

그림 7-5 비례요소의 벡터 궤적

7.2.2 미분요소(微分要素)

미분요소의 방정식은 식 (7-19)와 같이 표현된다.

$$y(t) = \frac{dx(t)}{dt} \tag{7-19}$$

전달함수 $G(s) = s$이므로 주파수 전달함수는

$$G(j\omega) = 0 + j\omega \tag{7-20}$$

$$\therefore \ |G(j\omega)| = \sqrt{0^2 + \omega^2} = \omega \tag{7-21}$$

$$\tan\phi = \frac{\omega}{0} = \infty \tag{7-22}$$

$$\therefore \ \phi = 90° \tag{7-23}$$

$\lim_{\omega \to 0} G(j\omega) = 0 \angle 90°$, $\lim_{\omega \to \infty} G(j\omega) = \infty \angle 90°$에 수렴하므로 벡터 궤적은 그림 7-6과 같이 ω가 증가함에 따라 0에서 ∞로 올라가는 직선이 되고 편각은 ω에 관계없이 90°이다.

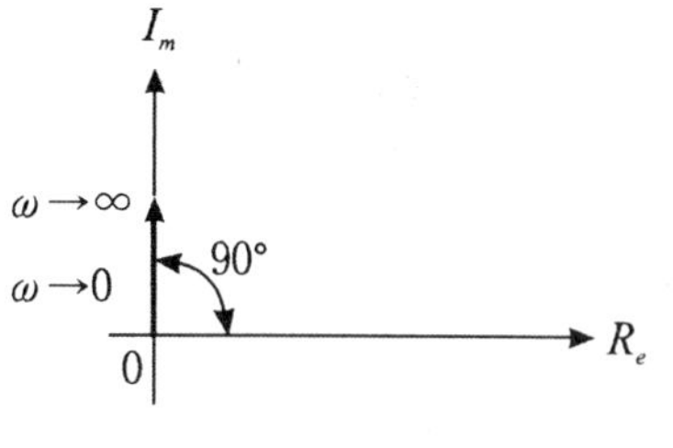

그림 7-6 미분요소의 벡터 궤적

7.2.3 적분요소(積分要素)

적분요소의 방정식은 다음과 같이 표현된다.

$$y(t) = \int_0^t x(t)dt \tag{7-24}$$

전달함수 $G(s) = \frac{1}{s}$이므로 주파수 전달함수는

$$G(j\omega) = 0 + \frac{1}{j\omega} = 0 - j\frac{1}{\omega} = -j\frac{1}{\omega} \tag{7-25}$$

$$|G(j\omega)| = \sqrt{0 + \left(\frac{-1}{\omega}\right)^2} = \frac{1}{\omega} \tag{7-26}$$

$$\phi = \tan^{-1}\frac{-\frac{1}{\omega}}{0} = -90° \tag{7-27}$$

로서 순허수뿐이므로 $\lim_{\omega \to 0} G(j\omega) = \infty \angle -90°$, $\lim_{\omega \to \infty} G(j\omega) = 0 \angle -90°$에 수렴하므로 벡터 궤적은 그림 7-7과 같이 주파수 ω가 증가함에 따라 허수축상 $-\infty$에서 0으로 올라오는 직선이 되고, 편각은 주파수 ω에 관계없이 $-90°$가 된다.

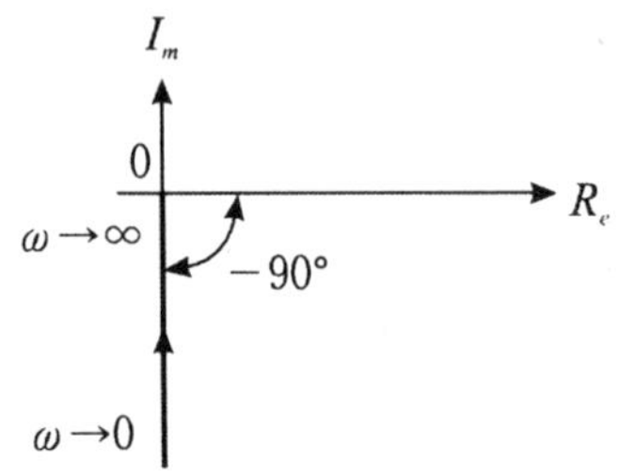

그림 7-7 적분요소의 벡터 궤적

7.2.4 비례 미분요소

비례 미분요소의 방정식은 다음과 같이 표현된다.

$$y(t) = b_1\frac{dx(t)}{dt} + b_0x(t) \tag{7-28}$$

여기서, b_1/b_0를 T라 하면 전달함수 $G(s) = 1 + Ts$이므로 주파수 전달함수는

$$G(j\omega) = 1 + j\omega T \tag{7-29}$$

$$\therefore \ |G(j\omega)| = \sqrt{1 + \omega^2 T^2} \tag{7-30}$$

$$\phi = \tan^{-1}\omega T \tag{7-31}$$

ω의 변화에 따라 $\lim_{\omega \to 0} G(j\omega) = 1 + j0 = 1\angle 0°$, $\lim_{\omega \to \infty} G(j\omega) = 1 + j\infty = \infty\angle 90°$ 로 변화하므로 벡터 궤적은 그림 7-8과 같이 (1, $j0$)인 점에서 위로 올라가는 직선이 된다.

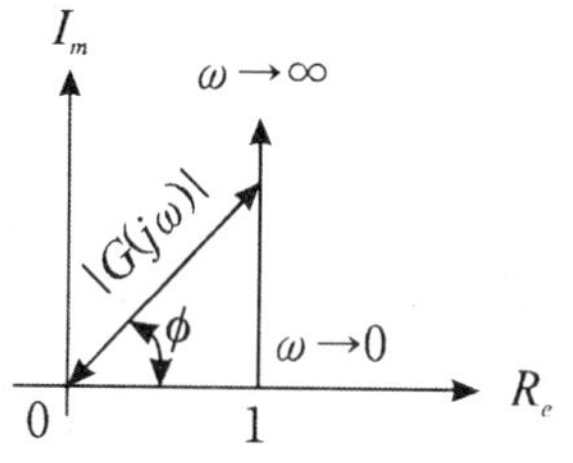

그림 7-8 비례 미분요소의 벡터 궤적

7.2.5 1차 지연요소(1次 遲延要素)

1차 지연요소의 방정식은 다음과 같이 표현된다.

$$b_1 \frac{dy(t)}{dt} + b_0 y(t) = a_0 x(t) \tag{7-32}$$

전달함수 $G(s) = \dfrac{1}{1+Ts}$ 의 형태로 표시할 수 있으므로 주파수 전달함수는

$$G(j\omega) = \frac{1}{1+j\omega T} = \frac{1}{1+\omega^2 T^2} - j\frac{\omega T}{1+\omega^2 T^2} \tag{7-33}$$

여기서, 실수부를 X, 허수부를 Y라 하면

$$X = \frac{1}{1+\omega^2 T^2} \tag{7-34}$$

$$Y = -\frac{\omega T}{1+\omega^2 T^2} \tag{7-35}$$

$$\therefore \ |G(j\omega)| = \sqrt{X^2 + Y^2}$$

$$=\sqrt{\left(\frac{1}{1+\omega^2T^2}\right)^2+\left(\frac{\omega T}{1+\omega^2T^2}\right)^2}$$

$$=\frac{1}{\sqrt{1+\omega^2T^2}} \tag{7-36}$$

$$\phi=-\tan^{-1}\omega T \tag{7-37}$$

따라서 $|G(j\omega)|$와 ϕ를 $\omega T=0\rightarrow\infty$까지 변화시키면서 $\omega T=0$, 1, ∞값을 주면 $|G(j\omega)|$와 ϕ는 표 7-1과 같이 되며, 이 값을 근거로 하여 벡터 궤적을 그리면 그림 7-9와 같이 하반원이 된다.

표 7-1

	$\omega T=0$	$\omega T=1$	$\omega T=\infty$
$\|G(j\omega)\|$	1	$\frac{1}{\sqrt{2}}$	0
ϕ	0°	−45°	−90°

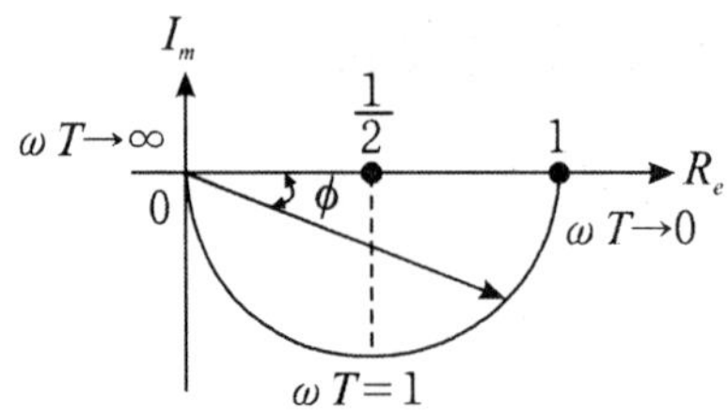

그림 7-9 1차 지연요소의 벡터 궤적

이 1차 지연요소의 벡터 궤적은 다음과 같이 해석적으로 구할 수 있다. 식 (7-34)와 식 (7-35)로부터

$$X^2+Y^2=\frac{1}{(1+\omega^2T^2)^2}+\frac{\omega^2T^2}{(1+\omega^2T^2)^2}$$

$$=\frac{1}{1+\omega^2T^2}=X \tag{7-38}$$

의 관계가 성립되므로

$$X^2+Y^2-X=0 \tag{7-39}$$

이 된다. 따라서 식 (7-39)는 다음과 같이 표현된다.

$$\left(X-\frac{1}{2}\right)^2+Y^2=\left(\frac{1}{2}\right)^2 \tag{7-40}$$

이 식은 중심이 $\left(\frac{1}{2},\ j0\right)$, 반지름 $\frac{1}{2}$인 원을 나타낸다. 여기서 $\frac{Y}{X}$는 항상 음의 수이므로 그림 7-9와 같은 반원이 되며, 출력신호의 위상은 입력신호에 비해 뒤진다. 이런 의미로 지연요소라 한다.

예제 $G(s)=\dfrac{1+0.5s}{1+3s}$ 인 함수의 벡터 궤적을 구하라.

풀이 $G(j\omega)=\dfrac{1+j0.5\,\omega}{1+j3\,\omega}$ 이므로

$$|G(j\omega)|=\frac{\sqrt{1+(0.5\,\omega)^2}}{\sqrt{1+(3\,\omega)^2}}$$

$$\phi=\tan^{-1}0.5\,\omega-\tan^{-1}3\,\omega$$

가 된다. ω를 $0\to\infty$까지 변화시키면서 $|G(j\omega)|$와 ϕ를 계산하면 표 7-2와 같이 되며, 이 표를 이용하면 그림 7-10과 같은 궤적을 구할 수 있다.

표 7-2

ω	$\lvert G(j\omega)\rvert$	ϕ
0	1	0°
0.1	0.96	−14°
1	0.35	−45°
10	0.169	−9.4°
∞	0.167	−0°

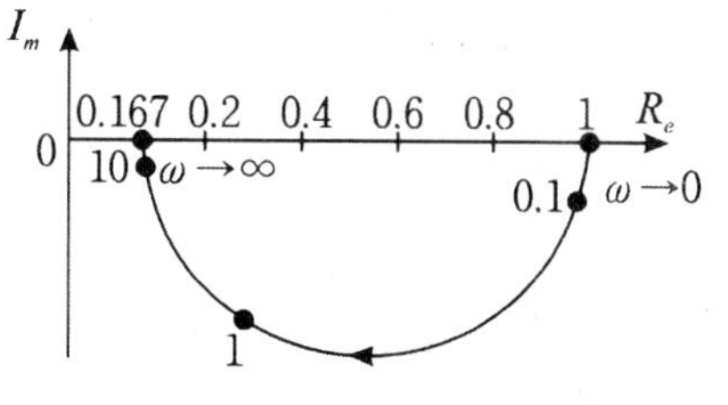

그림 7-10

7.2.6 2차 지연요소

2차 지연요소의 방정식은 다음과 같이 나타낸다.

$$b_2\frac{d^2y(t)}{dt^2}+b_1\frac{dy(t)}{dt}+b_0y(t)=a_0x(t) \tag{7-41}$$

전달함수를 구하면 다음 식과 같이 나타낼 수 있다.

$$G(s)=\frac{1}{T^2s^2+2\zeta Ts+1}=\frac{{\omega_n}^2}{s^2+2\zeta\omega_n s+\omega_n^2} \tag{7-42}$$

이 식의 주파수 전달함수를 구하면

$$\begin{aligned}G(j\omega)&=\frac{{\omega_n}^2}{(j\omega)^2+j2\omega\zeta\omega_n+\omega_n^2}=\frac{{\omega_n}^2}{{\omega_n}^2-\omega^2+j2\omega\zeta\omega_n}\\&=\frac{1}{1-\left(\frac{\omega}{\omega_n}\right)^2+j2\zeta\frac{\omega}{\omega_n}}\end{aligned} \tag{7-43}$$

여기서, $\frac{\omega}{\omega_n}=\lambda$라 두고 식 (7-43)을 정리하면

$$\frac{1}{1-\lambda^2+j2\zeta\lambda}=\frac{1-\lambda^2-j2\zeta\lambda}{(1-\lambda^2)^2+(2\zeta\lambda)^2} \tag{7-44}$$

여기서, 실수부를 X, 허수부를 Y라 하면

$$X=\frac{1-\lambda^2}{(1-\lambda^2)^2+(2\zeta\lambda)^2}$$

$$Y=\frac{-2\zeta\lambda}{(1-\lambda^2)^2+(2\zeta\lambda)^2}$$

$$\therefore\ |G(j\omega)|=\sqrt{X^2+Y^2}=\frac{1}{\sqrt{(1-\lambda^2)^2+(2\zeta\lambda)^2}} \tag{7-45}$$

$$\phi=-\tan^{-1}\frac{2\zeta\lambda}{1-\lambda^2} \tag{7-46}$$

$\lambda=0\to\infty$까지 변화시키면서 $\lambda=0$, 1, ∞값을 주면 $G(j\omega)$와 ϕ는 표 7-3과 같은 값을 얻는다. 이 표의 값을 기준으로 하여 ζ값의 변화에 따른 2차 지연요소의 벡터 궤적을 그리면 그림 7-11과 같이 된다.

표 7-3

	$\lambda=0$	$\lambda=1$	$\lambda=\infty$
$\lvert G(j\omega)\rvert$	1	$\frac{1}{2\zeta}$	0
ϕ	0°	−90	−180

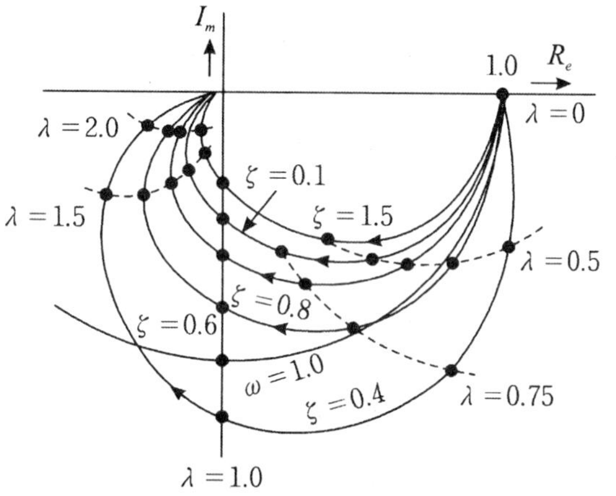

그림 7-11 2차 지연요소의 벡터 궤적

7.2.7 부동작 시간요소(不動作 時間要素)

부동작 시간요소의 방정식은 다음과 같이 표현된다.

$$y(t)=x(t-L) \tag{7-47}$$

$G(s)=e^{-Ls}$이므로 주파수 전달함수는 다음과 같이 된다.

$$G(j\omega)=e^{-j\omega L}=\cos\omega L-j\sin\omega L \tag{7-48}$$

따라서 그 크기와 위상을 구하면

$$|G(j\omega)|=\sqrt{(\cos\omega L)^2+(\sin\omega L)^2}=1 \tag{7-49}$$

$$\phi=-\tan^{-1}\frac{\sin\omega L}{\cos\omega L}=-\omega L[\text{rad/sec}] \tag{7-50}$$

이 되며, ω의 변화에 따라 $\lim_{\omega L\to 0} G(j\omega)=1\angle-0°$, $\lim_{\omega L\to \frac{\pi}{2}} G(j\omega)=1\angle-90°$,

$\lim\limits_{\omega L \to \frac{3\pi}{2}} G(j\omega) = 1\angle -270°$로 되므로 벡터 궤적은 그림 7-12와 같이 크기는 1이고 시계방향으로 회전하는 원이 된다.

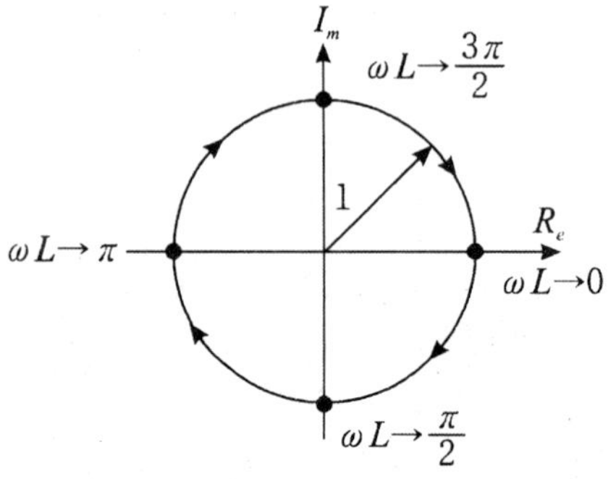

그림 7-12 부동작 시간요소의 벡터 궤적

예제 $G(s) = \dfrac{1}{1+Ts}$ 의 벡터 궤적을 구하라. 단 $T = 2[\text{sec}]$ $\omega = 0.5[\text{rad/sec}]$

풀이 주어진 값을 대입하여 주파수 전달함수를 구하면

$$G(j\omega) = \frac{1}{1+j}$$

$$\therefore \ |G(j\omega)| = \frac{1}{\sqrt{1^2+1^2}} = \frac{1}{\sqrt{2}} = 0.707$$

$$\phi = -\tan^{-1}1 = -45°$$

그러므로 벡터 궤적을 구하면 그림 7-13과 같이 된다.

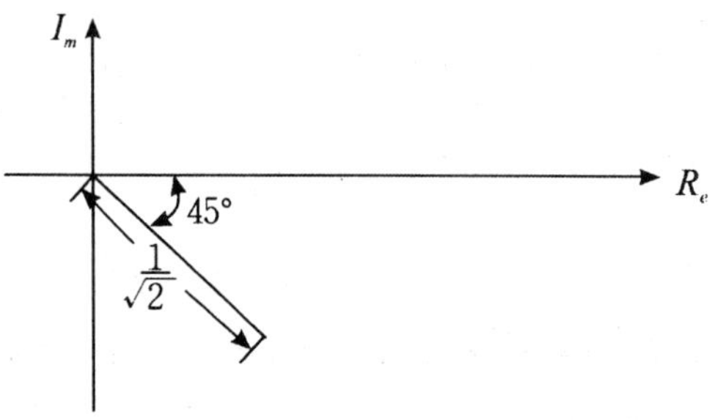

그림 7-13

7.2.8 결합계의 벡터 궤적

몇 개의 요소가 직렬 또는 병렬, 혹은 직병렬로 결합되어 있을 때, 이들의 벡터 궤적은 단독인 요소의 벡터 궤적과 같은 방법으로 각 ω에 대한 궤적을 구한 후, 직렬인 경우는 곱하고, 병렬인 경우는 더하면 결합계의 벡터 궤적이 구해진다. 즉, $G(j\omega)=G_1(j\omega)\cdot G_2(j\omega)$은

$$|G(j\omega)|=|G_1(j\omega)|\cdot|G_2(j\omega)| \tag{7-51}$$

$$\angle G(j\omega)=\angle G_1(j\omega)+\angle G_2(j\omega) \tag{7-52}$$

7.3 나이키스트(Nyquist) 안정도 판별법

루드-후르비쯔의 안정도 판별법은 절대 안정도에 대한 정보만을 얻을 수 있으므로 시스템이 어느 정도 안정한가, 또 시스템을 개선하는 방법에 대한 정보를 얻을 수 없는 반면에, 주파수 응답인 나이키스트 안정도 판별법은 절대 안정도와 상대 안정도에 대한 정보를 제시하고, 시스템의 안정도를 개선하는 방법에 대한 정보를 제시해 준다. 또 나이키스트법은 실험적인 주파수 응답 자료의 요소나 시스템의 전달함수에 관한 정보를 얻는데도 유용하다.

나이키스트 안정도 판별법은 개루프 주파수 응답 $G(j\omega)H(j\omega)$를 s평면의 오른쪽 반평면에 존재하는 $1+G(s)H(s)$의 영점과 극점의 숫자와 관련시키는 방법이다. H. Nyquist에 의해 유도된 이 판별법은 폐루프 극점을 구하지 않고 폐루프 시스템의 절대 안정도를 개루프 주파수 응답 곡선으로부터 도해적으로 구할 수 있기 때문에 제어공학에서 매우 유용하게 이용된다.

나이키스트 판별법은 개루프 전달함수 $G(s)H(s)$ 또는 $L(s)$의 나이키스트 도면을 조사하여 폐루프 시스템의 안정도를 결정한다.

① 나이키스트 판별법은 루드-후르비쯔 판별법과 마찬가지로 절대 안정도를 제공함과 동시에, 안정한 시스템의 상대 안정도에 관한 정보와 불안정한 시스템의 불안정성 정도를 제공한다. 또한 필요할 경우 시스템의 안정도를 개선하는 방안을 제시한다.

② $G(s)H(s)$의 나이키스트 선도는 M_p, ω_r, BW 등의 주파수 영역의 특성에 대한 정보를 제공한다.

③ 나이키스트 선도는 루드-후르비쯔 판별법에서는 다룰 수 없고 근궤적으로 해석하기 어려운 순수 시간지연을 갖는 시스템에 적용할 수 있다.

7.3.1 안정도

나이키스트 판별법은 s 평면의 좌반면과 우반면에 있는 특성 방정식의 근의 위치를 결정하는 방법을 나타낸다. 근궤적법과 달리 나이키스트 판별법은 특성 방정식 근의 정확한 위치를 주지 않는다.

단일 입력 단일 출력 시스템의 폐루프 전달함수가 다음과 같다고 하자.

$$M(s) = \frac{G(s)}{1 + G(s)H(s)} \tag{7-53}$$

여기서, $G(s)H(s)$는 다음과 같다고 가정한다.

$$G(s)H(s) = \frac{K(1+T_1 s)(1+T_2 s)\cdots(1+T_m s)}{s^p(1+T_a s)(1+T_b s)\cdots(1+T_n s)} e^{-T_d s} \tag{7-54}$$

이 때 T는 실수 또는 공액 복소수인 계수이고 T_d는 실시간 지연이다.

특성 방정식은 폐루프 시스템의 전달함수의 분모를 0으로 놓아서 얻으므로 특성 방정식의 근은 $1+G(s)H(s)$의 영점으로 구한다. 특성근은 다음 식을 만족해야 한다.

$$\Delta(s) = 1 + G(s)H(s) = 0 \tag{7-55}$$

일반적으로 다중 루프를 갖고 있는 폐루프계에 대해서 $M(s)$의 분모는 다음과 같이 쓸 수 있다.

$$\Delta(s) = 1 + L(s) = 0 \tag{7-56}$$

여기서 $L(s)$는 루프 전달함수이며 식 (7-54)의 형태이다.

여러 가지 시스템의 전달함수들의 극점과 영점 관계를 요약하면 다음과 같다.

루프 전달함수의 영점 : $L(s)$의 영점

루프 전달함수의 극점 : $L(s)$의 극점

폐루프 전달함수의 극점 : $1+L(s)$의 영점=특성 방정식의 근

$1+L(s)$의 극점 $= L(s)$의 극점

7.3.2 일주(encircled)와 포함(enclosed)의 정의

(1) 일 주

복소 평면상에서 한 점이나 영역이 한 폐경로의 내부에서 찾게 되면 그 점이나 영역은 그 폐경로에 의하여 일주되었다고 말한다.

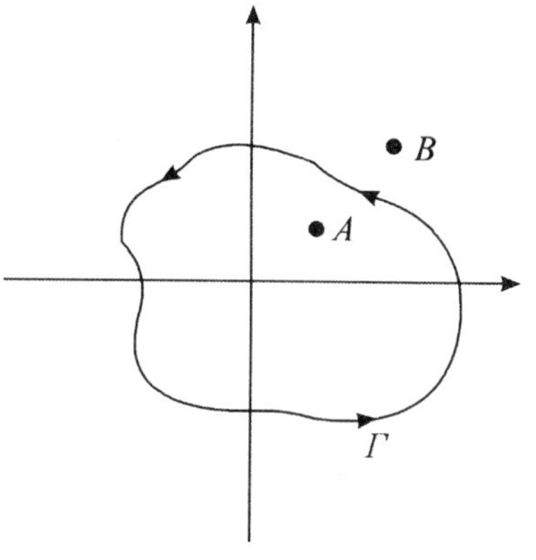

그림 7-14 일주의 정리

그림 7-14에서 점 A는 폐경로 Γ에 의해 일주되었는데 이는 A가 폐경로 안에 있기 때문이다. 점 B는 폐경로 Γ밖에 있으므로 일주되지 않는다. 폐경로 Γ가 방향을 가지고 있으면 일주가 시계방향이나 반시계 방향이 될 수 있다. 그림 7-14에서 점 A는 Γ에 의해 반시계 방향으로 일주되었다. 따라서 경로 내부 영역은 지정된 방향으로 일주되었고, 경로 외부는 일주되지 않았다고 말할 수 있다.

(2) 포 함

한 점이나 폐경로가 어떤 방향으로 진행할 때 반시계 방향으로 일주되었거나 경로의 왼쪽에 놓여 있을 때 이들은 곡선에 포함되어 있다고 말한다.

포함의 개념은 특히 폐경로의 일부분만이 나타나 있을 경우에 쓸모가 있다. 그림 7-15 (a)에서는 폐곡선 안쪽부분이 (b)에서는 폐곡선 바깥부분이 폐곡선 Γ에 의해 포함되었다고 본다. 그림 7-15 (a)에서 점 A는 Γ에 의해 포함되었으나 그림 7-15 (b)에서 A는 포함되어 있지 않다. 그러나 그림 7-15 (b)에서 점 B와 Γ밖의 영역은 포함되었다.

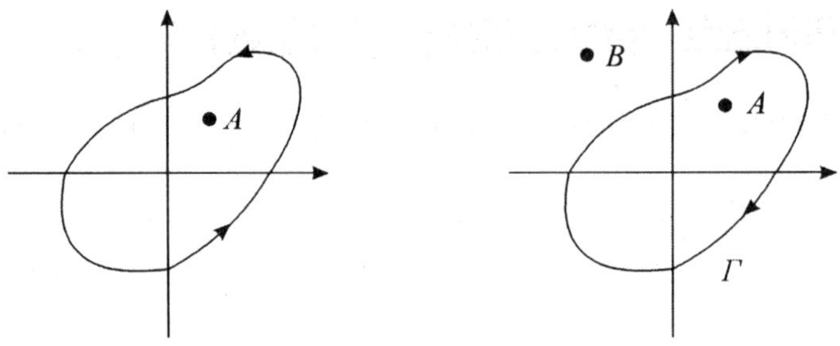

(a) Γ가 A를 포함한다. (b) 궤적 Γ가 점 A는 포함하지 않고 B는 포함한다.

그림 7-15 포함된 점과 영역

7.3.3 일주와 포함의 횟수

한 점이 폐곡선 Γ에 의해 일주 되었을 때 일주되어 있는 횟수에 N을 부여한다. N의 값은 그 점에서 폐곡선 위의 임의의 점 s_1까지의 화살표를 그리고 s_1이 곡선의 방향을 따라가서 그것이 출발점까지 돌아오도록 하여 결정될 수 있다. 이 화살표에 따라 이동하는 순수 회전수를 N이라 한다. 바꿔 말하면 화살표에 의한 순수 이동각이 $2\pi N$[rad]이다. 그림 7-16 (a)에서 시계방향으로 점 A는 Γ에 의해 한번 일주 되었고 즉 2π[rad]이고 점 B는 두 번 일주되어 4π[rad]이다. 그림 7-16 (b)에서는 Γ에 의해 점 A는 한번 포함되었고 B는 두 번 포함되었다. 정의에 따라 N은 반시계 방향으로 일주할 때는 양이고, 시계 방향으로 일주할 때는 음이다.

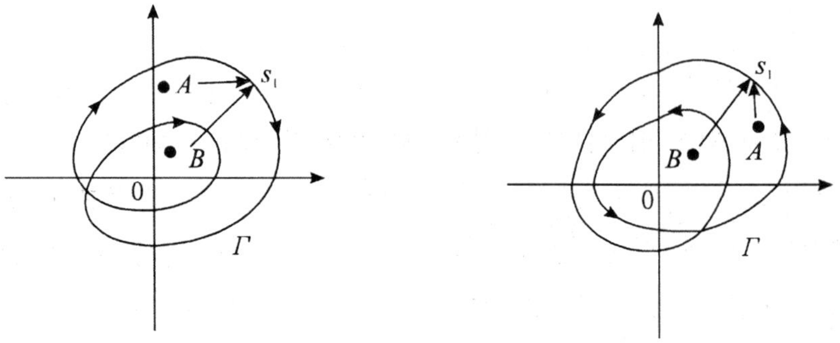

(a) (b)

그림 7-16 일주와 포함 횟수의 정의

7.3.4 나이키스트 경로(經路)와 선도(線圖)

나이키스트 경로(Nyquist path)란 그림 7-17과 같이 s평면의 우반면 전부를 포함하는 s평면에서의 폐경로(폐곡선) Γ_s를 말하며, s평면에서의 나이키스트 경로에 대한 $G(s)H(s)$평면상의 사상을 나이키스트 선도(Nyquist plot)라 한다. 나이키스트 경로는 $\Delta(s)$의 어느 영점이나 극점도 지나지 않아야 하므로 $j\omega$축 위에 극점이나 영점이 위치하고 있으면 이들 주위로 반원을 따라가도록 그림 7-17에 나타내었다.

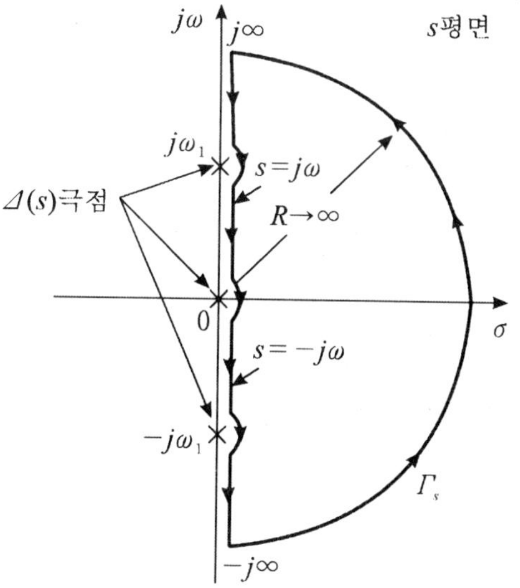

그림 7-17 나이키스트 경로

7.3.5 $\Delta(s)$형에 의한 나이키스트 안정도 판별

다음과 같이 $\Delta(s)$의 형에 따른 안정도 판별을 구해보기로 한다.

(1) 0형의 $\Delta(s)$를 가지는 시스템

$$\Delta(s)=\frac{K}{(1+T_1 s)(1+T_2 s)} \tag{7-57}$$

로 주어지는 시스템의 나이키스트 선도를 구해보면

$$\Delta(j\omega) = \frac{K}{(1+j\omega T_1)(1+j\omega T_2)} \tag{7-58}$$

$$|\Delta(j\omega)| = \frac{K}{|(1+j\omega T_1)(1+j\omega T_2)|}$$

$$= \frac{K}{\sqrt{1+\omega^2 T_1^2}\sqrt{1+\omega^2 T_2^2}} \tag{7-59}$$

$$\angle \Delta(j\omega) = -\angle(1+j\omega T_1) - \angle(1+j\omega T_2)$$

$$= -\tan^{-1}\omega T_1 - \tan^{-1}\omega T_2 \tag{7-60}$$

$\omega = 0 \to \infty$의 변화에 대하여 크기와 위상은 $|\Delta(j\omega)| = K \to 0$, $\angle \Delta(j\omega) = 0 \to -\pi$와 같이 변화하므로 그림 7-18의 실선과 같이 되므로 이것을 반전한 점선부와 연결하면 $s = -j\infty \to 0 \to +j\infty$로 변화시킬 때의 $\Delta(j\omega)$의 궤적이 얻어진다.

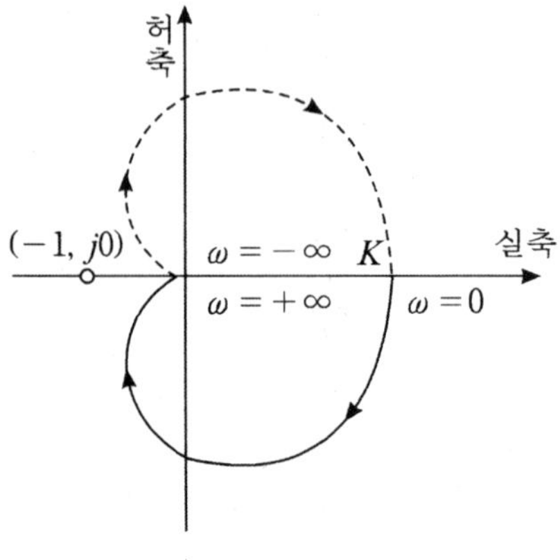

그림 7-18 $\Delta(s) = \frac{K}{(1+T_1 s)(1+T_2 s)}$의 나이키스트 선도

이 곡선은 점 $(-1, j0)$을 내부에 포함하고 있지 않으므로 점 $(-1, j0)$의 주위를 회전하지 않는다. 따라서 이 시스템은 안정하다.

(2) 1형의 $\Delta(s)$를 가지는 시스템

$$\Delta(s) = \frac{K}{s(1+Ts)} \tag{7-61}$$

와 같은 시스템에서는, $s=0$에 $\Delta(s)$의 극이 존재한다.

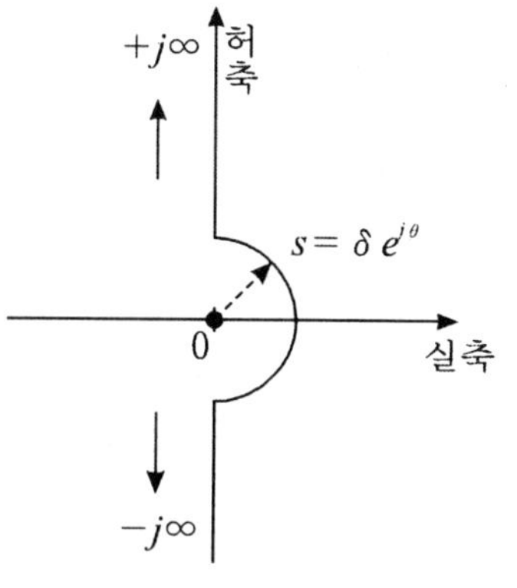

그림 7-19 원점 부근의 우회

이와 같이 s 평면의 원점에 극이 있을 때는 그림 7-19와 같이 원점을 통과하지 않고($s=0$는 제외), 원점의 미소 반경으로 우회(迂回)한다. 이와 같이 회전하는 미소 반경을 δ, 위상을 θ라 하면

$$s=\delta e^{j\theta} \quad \text{단,} \ -\frac{\pi}{2} \leq \theta \leq +\frac{\pi}{2} \tag{7-62}$$

로 변화하므로, 이 때의 $\Delta(s)$의 궤적은

$$\Delta(s) \fallingdotseq \frac{K}{s}=\frac{K}{\delta e^{j\theta}}=\frac{K}{\delta}e^{-j\theta} \tag{7-63}$$

로 되고, $|\Delta(s)|=\infty$, $\angle\Delta(s)=-\left(-\frac{\pi}{2}\rightarrow+\frac{\pi}{2}\right)=\frac{\pi}{2}\rightarrow-\frac{\pi}{2}$로 변화하므로, 무한대 반경으로 $\frac{\pi}{2}$에서 $-\frac{\pi}{2}$로 우회전함을 알 수 있다.

따라서, 식 (7-63)의 $\Delta(s)$ 궤적은 그림 7-19와 같이 된다. 우측 반원의 $s \fallingdotseq 0$ 이외의 $\Delta(j\omega)$의 벡터 궤적을 구하면

$$\Delta(j\omega)=\frac{K}{j\omega(1+j\omega T)} \tag{7-64}$$

$$|\Delta(j\omega)|=\frac{K}{|j\omega(1+j\omega T)|}=\frac{K}{\omega\sqrt{1+\omega^2 T^2}} \tag{7-65}$$

$$\angle\Delta(j\omega)=-\angle j\omega-\angle(1+j\omega T)=-\frac{\pi}{2}-\tan^{-1}\omega T \tag{7-66}$$

따라서, $\omega=0\to\infty$로 변화시키면 $|\Delta(j\omega)|=\infty\to 0$로 변화하고 $\angle\Delta(j\omega)=-\frac{\pi}{2}\to-\frac{\pi}{2}-\frac{\pi}{2}=-\frac{\pi}{2}\to-\pi$로 변화한다.

$s\to 0$ 부근에서는 무한대 반경으로 우회전하는 것으로 그림 7-20의 실선과 같이 되고, 이 실선과 점선부와 합치면 우회전의 폐곡선이 된다. 이 곡선은 점 $(-1,\ j0)$의 주위를 회전하지 않으므로 안정하다.

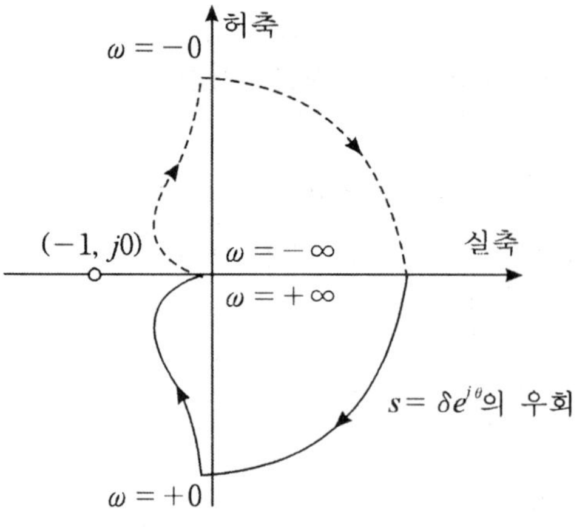

그림 7-20 $\Delta(s)=\dfrac{K}{s(1+Ts)}$의 나이키스트 선도

(3) 2형의 $\Delta(s)$를 가지는 시스템

$$\Delta(s)=\frac{K(1+T_2s)}{s^2(1+T_1s)} \tag{7-67}$$

$$\Delta(j\omega)=\frac{K(1+j\omega T_2)}{(j\omega)^2(1+j\omega T_1)}=\frac{K(1+j\omega T_2)}{-\omega^2(1+j\omega T_1)} \tag{7-68}$$

$$|\Delta(j\omega)|=K\frac{|1+j\omega T_2|}{\omega^2|1+j\omega T_1|}=K\frac{\sqrt{1+\omega^2T_2^2}}{\omega^2\sqrt{1+\omega^2T_1^2}} \tag{7-69}$$

$$\angle\Delta(j\omega)=\angle\left(-\frac{K}{\omega^2}\right)+\angle(1+j\omega T_2)-\angle(1+j\omega T_1)$$

$$=-\pi+\tan^{-1}\omega T_2-\tan^{-1}\omega T_1 \tag{7-70}$$

이때도 원점에 극이 있어, 원점의 부근을 회전하는 것으로 하여 $s=\delta e^{j\theta}$ $\Big($단, $\delta=$미소변경, $-\frac{\pi}{2}\leq\theta\leq+\frac{\pi}{2}\Big)$라 하면

$$\Delta(s)\fallingdotseq\frac{K}{s^2}=\frac{K}{\delta^2}e^{-j2\theta} \tag{7-71}$$

따라서

$$|\Delta(s)|_{s\to 0}=\infty$$

$$\angle\Delta(s)=-2\left(-\frac{\pi}{2}\to\frac{\pi}{2}\right)=\pi\to-\pi \tag{7-72}$$

즉, 무한대 반경으로 오른쪽으로 회전하는 것을 알 수 있다. 그러나 이 나이키스트 선도는 T_1과 T_2의 크기에 따라 큰 차이점이 있다. 이 차이에 따른 그림을 7-21의 (a)와 (b)에 나타내었다.

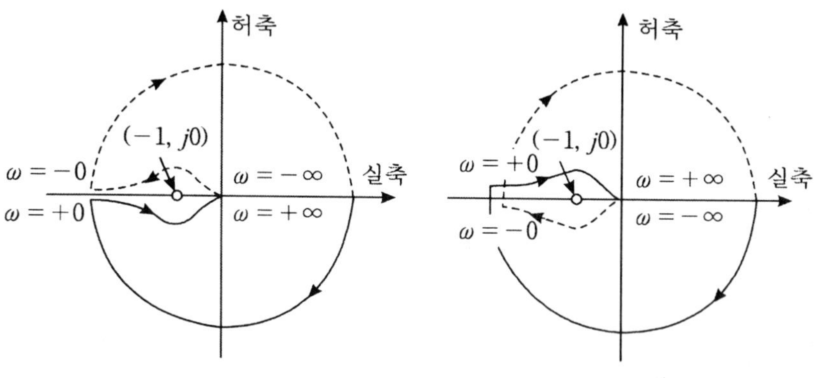

(a) $T_1<T_2$의 경우　　(b) $T_1>T_2$의 경우

그림 7-21 $\Delta(s)=\dfrac{K(1+T_2s)}{s^2(1+T_1s)}$의 나이키스트 선도

그림 7-21 (a)는 $T_1<T_2$의 경우로 식 (7-70)에 의하여

$$\angle\Delta(j\omega)=(\tan^{-1}\omega T_2-\tan^{-1}\omega T_1)-\pi \tag{7-73}$$

이므로, $\omega>0$에 대해서는 $(\tan^{-1}\omega T_2-\tan^{-1}\omega T_1)>0$으로 나이키스트 선도는 그림 7-21 (a)의 실선과 같이 (−)의 실축보다 아래쪽에 나타난다. 또한 $\omega<0$에 대해

서는 그림 7-21 (a)의 점선과 같이 (−)의 실축보다 위쪽에 나타난다. 또 s 평면에 있어서 원점 부근의 우회로(迂回路)에 대해서는 무한대 반경으로 π에서 $-\pi$까지 오른쪽으로 회전하므로, 전궤적은 그림 7-21 (a)와 같이 점 $(-1,\ j0)$을 포함하지 않는다. 즉 점 $(-1,\ j0)$의 주위를 회전하지 않으므로 안정하다.

그림 7-21 (b)는 $T_1 > T_2$의 경우로 $\omega > 0$에 대하여 $(\tan^{-1}\omega T_2 - \tan^{-1}\omega T_1) < 0$으로 되고 나이키스트 선도는 그림의 실선과 같이 (−)의 실축보다 위쪽에 나타나고, $\omega < 0$에 대하여 점선과 무한대 반경의 $\pi \rightarrow -\pi$의 오른쪽으로 회전하는 궤적과를 합하면 그림 7-21 (b)와 같이 점 $(-1,\ j0)$를 포위하게 된다. 이 때 점 $(-1,\ j0)$의 주위를 회전하는 것이 되므로 불안정하게 된다.

그림 7-20과 그림 7-22 (a)의 안정의 경우를 조사하면 $\Delta(j\omega)$의 $\omega > 0$에 대한 나이키스트 궤적은 ω의 증가 방향으로 궤적을 따라갈 때 점 $(-1,\ j0)$를 좌측에서 보게 된다. 이에 반해 그림 7-22 (b)의 불안정한 경우에는 나이키스트 선도가 ω의 증가 방향으로 따라갈 때 점 $(-1,\ j0)$를 우측에서 바라보게 된다.

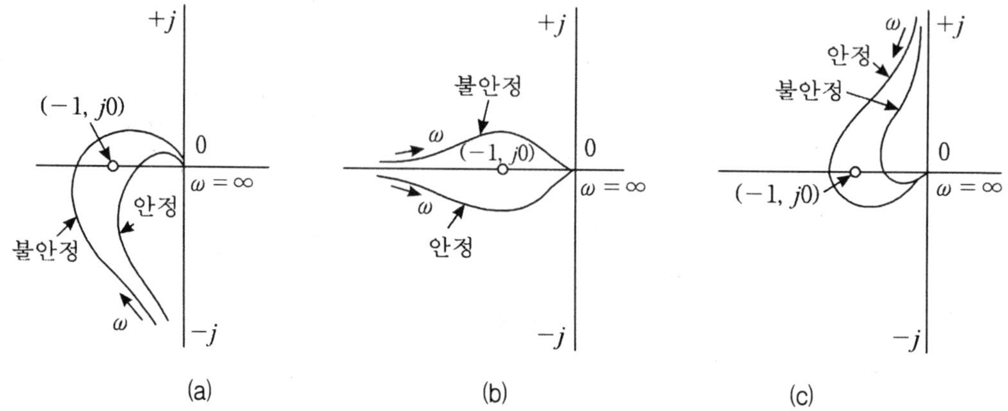

그림 7-22 나이키스트의 안정성 판별법

폐루프 전달 함수 $\Delta(s)$의 $s = j\omega(0 < \omega < +\infty)$에 대한 나이키스트 선도를 그리고, 이것을 ω가 증가하는 방향으로 따라갈 때 점 $(-1,\ j0)$을 좌측에서 보게 되면 안정, 우측에서 보면 불안정이라고 할 수 있다.

그림 7-22에 나이키스트 선도의 몇 개의 형태에 대하여 안정과 불안정의 경우를 나타내었다.

예제 $G(s)=\dfrac{K}{(1+T_1 s)(1+T_2 s)(1+T_3 s)}$ 의 벡터 궤적을 구하라.

풀이 $\lim\limits_{\omega\to 0}|G(j\omega)| = \lim\limits_{\omega\to 0}\left|\dfrac{K}{(1+j\omega T_1)(1+j\omega T_2)(1+j\omega T_3)}\right| = K$

$$\lim_{\omega\to 0}\angle G(j\omega) = \lim_{\omega\to 0}\angle\frac{K}{(1+j\omega T_1)(1+j\omega T_2)(1+j\omega T_3)} = \angle K = 0°$$

$$\lim_{\omega\to\infty}|G(j\omega)| = \lim_{\omega\to\infty}\left|\frac{K}{(1+j\omega T_1)(1+j\omega T_2)(1+j\omega T_3)}\right|$$

$$= \lim_{\omega\to\infty}\left|\frac{K}{(j\omega)^3 T_1 T_2 T_3}\right| = 0$$

$$\lim_{\omega\to\infty}\angle G(j\omega) = \lim_{\omega\to\infty}\angle\frac{K}{(1+j\omega T_1)(1+j\omega T_2)(1+J\omega T_3)}$$

$$= \lim_{\omega\to\infty}\angle\frac{K}{(j\omega)^3 T_1 T_2 T_3} = -270°$$

위 데이터를 토대로 궤적을 그리면 그림 7-23과 같다.

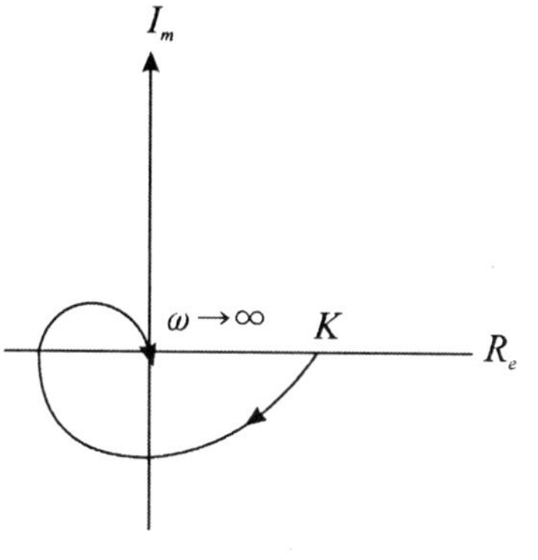

그림 7-23

예제 그림 7-24와 같은 회로에서 $\dfrac{V_2}{V_1}$ 의 나이키스트 선도를 그려라.

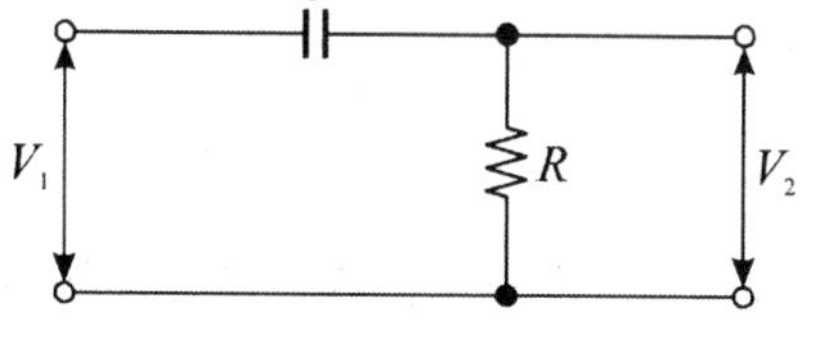

그림 7-24

풀이 전달함수를 구하면 $G(s)=\dfrac{R}{R+\dfrac{1}{sC}}=\dfrac{sC}{1+RCs}$ 이므로

주파수 전달함수를 구하면 $G(j\omega)=\dfrac{j\omega RC}{1+j\omega RC}$ 가 된다.

주파수의 변화에 따른 크기와 위상을 구하면

$$\lim_{\omega\to 0}|G(j\omega)|=\lim_{\omega\to 0}\left|\frac{j\omega RC}{1+j\omega RC}\right|=\lim_{\omega\to 0}\left|\frac{0}{1}\right|=0$$

$$\lim_{\omega\to 0}\angle G(j\omega)=\lim_{\omega\to 0}\angle\frac{j\omega RC}{1+j\omega RC}=\lim_{\omega\to 0}\angle\frac{0}{1}=0°$$

$$\lim_{\omega\to\infty}|G(j\omega)|=\lim_{\omega\to\infty}\left|\frac{j\omega RC}{1+j\omega RC}\right|=\lim_{\omega\to\infty}\left|\frac{j\omega RC}{j\omega RC}\right|=1$$

$$\lim_{\omega\to\infty}\angle G(j\omega)=\lim_{\omega\to\infty}\angle\frac{j\omega RC}{1+j\omega RC}=\lim_{\omega\to\infty}\angle\frac{j\omega RC}{j\omega RC}=0°$$

이 값들을 기초로 하여 나이키스트 선도를 그리면 그림 7-25와 같다.

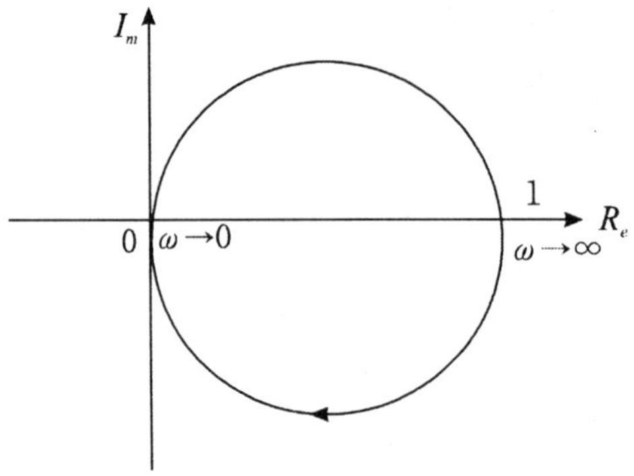

그림 7-25

7.4 보드 선도(Bode Diagram)

보드 선도는 주파수 ω에 따른 주파수 전달함수의 크기 $M(\omega)(=|G(j\omega)|)$와 위상 $\phi(\omega)(=\angle G(j\omega))$를 직교좌표상에 나타낸 선도이다. 일반적으로 주파수 ω는 횡축에 대수 스케일로 나타내고, 주파수 전달함수의 크기 $M(\omega)$ 또는 이득 g는 데시벨(decibel ; dB) 그리고 위상 $\phi(\omega)$는 도(degree)로 종축에 나타낸다. 여기서 데시벨은 시스템의 주파수 전달함수의 크기 $|G(j\omega)|$의 상용대수 값을 20배한 값이다.

즉, $M[\text{dB}] = 20\log_{10}|G(j\omega)|$이다. 주파수 응답 특성을 나타내는데 가장 많이 사용되고 있는 보드 선도의 현대적 응용은 다음과 같은 장점을 가지고 있다.

(1) 보드 선도의 장점

① 컴퓨터를 사용하지 않고 선분들을 이용하여 크기 및 위상을 근사적으로 그릴 수 있다.

② 이득 교차점, 위상 교차점, 이득 여유 및 위상 여유를 나이키스트 선도에 비해 더욱 쉽게 구하게 된다.

③ 설계 목적을 위해 제어기와 그들의 파라미터를 추가할 때의 영향을 나이키스트 선도에서 보다 더욱 쉽게 구체화 할 수 있다.

④ 대수 좌표계를 사용하므로 저주파 및 고주파의 넓은 주파수 영역에서 주파수 응답을 나낼 수 있다.

⑤ 시스템이 복잡하더라도 시스템을 여러 개의 기본 요소로 분해함으로써 주파수 응답을 조직적으로 쉽게 구할 수 있다.

⑥ 실험적으로 보드 선도를 그려서 시스템의 전달함수를 유도하는데 사용할 수 있다.

⑦ 보드 선도에 기반을 두고 보상기를 설계할 수 있다.

7.4.1 비례요소

정수 K로 주어지는 비례요소의 전달함수는

$$G(s) = K \tag{7-74}$$

이므로 주파수 전달함수는

$$G(j\omega) = K \tag{7-75}$$

가 된다. 이득과 위상을 구하면 다음과 같이 된다.

$$g = 20\log K = \text{일정} \tag{7-76}$$

$$\theta = \angle K = 0 \tag{7-77}$$

가 되며, 이 값을 기초로 하여 보드 선도를 그리면 그림 7-26과 같이 된다.

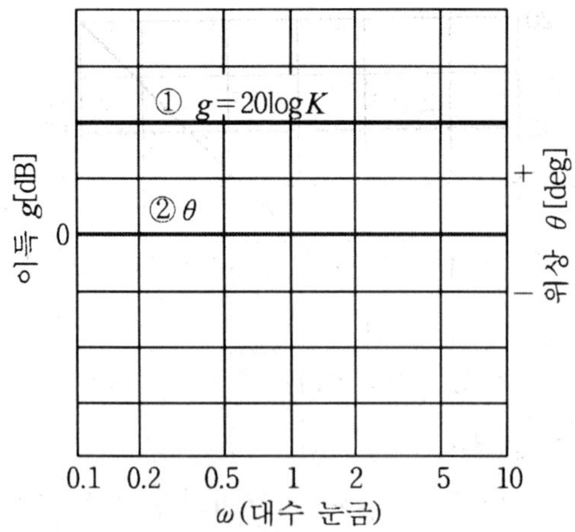

그림 7-26 비례요소의 보드 선도

7.4.2 미분요소

미분요소의 주파수 전달함수 $G(j\omega)=j\omega$이고 크기 $|G(j\omega)|=\omega$이므로 이득과 위상을 구하면

$$g=20\log|\omega|=20\log\omega \tag{7-78}$$

$$\theta=\angle j\omega=90° \tag{7-79}$$

g는 $\log\omega$에 비례하는 것이므로, $\log\omega$를 횡축, g를 종축으로 하는 보드 선도는 그림 7-27과 같이 이득 특성은 1[decade]로 20[dB]의 증가를 나타내는 ①과 같은 직선이 되며, 위상은 $j\omega$의 순허수이므로 90°로 수평선이 되는 ②와 같다.

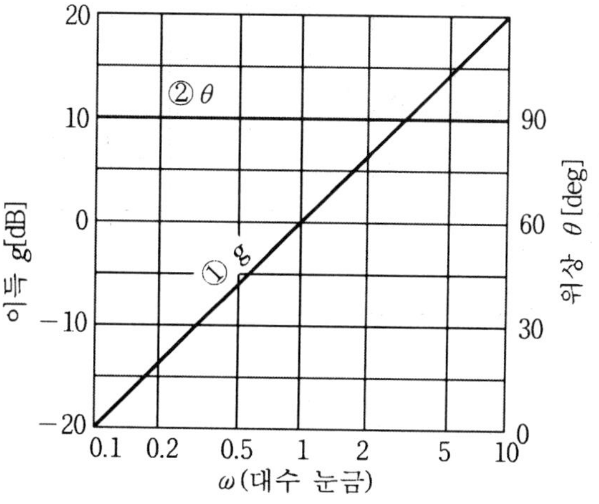

그림 7-27 미분요소의 보드 선도

7.4.3 적분요소

적분요소의 주파수 전달함수 $G(j\omega)=\dfrac{1}{j\omega}=-j\dfrac{1}{\omega}$ 이므로 크기는 $\dfrac{1}{\omega}$ 이 된다. 이득과 위상을 구하면 다음과 같이 된다.

$$g=20\log\left|\frac{1}{j\omega}\right|=20\log\frac{1}{\omega}=-20\log\omega \tag{7-80}$$

$$\theta=\angle\frac{1}{j\omega}=\angle\left(-\frac{j}{\omega}\right)=-90^{\circ} \tag{7-81}$$

이득 g는 $\log\omega$에 비례하여 감소하므로 그림 7-28과 같이 1 decade에서 20[dB]의 감소를 나타내는 ①의 직선과 같이 되고, 위상각 θ는 $-j\dfrac{1}{\omega}$의 순허수이므로 $-90°$로 수평선의 ②와 같은 직선이 된다.

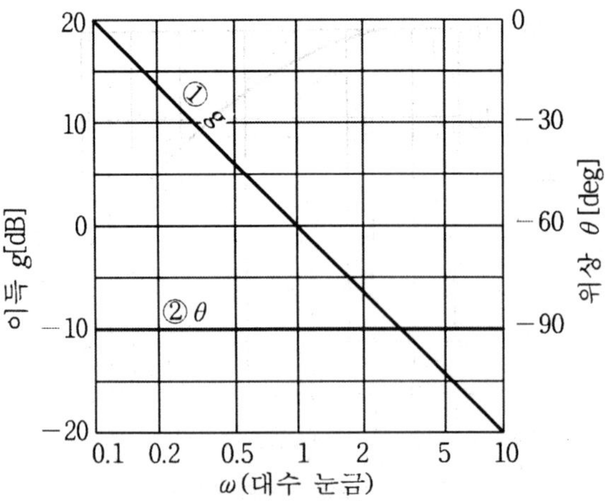

그림 7-28 적분요소의 보드 선도

7.4.4 1차 지연요소

1차 지연요소 주파수 전달함수 $G(j\omega)=\dfrac{1}{1+j\omega T}=\dfrac{1}{1+\omega^2T^2}-j\dfrac{\omega T}{1+\omega^2T^2}$ 이므로 크기와 위상은 $|G(j\omega)|=\dfrac{1}{\sqrt{1+\omega^2T^2}}$, $\angle G(j\omega)=-\tan^{-1}\omega T$가 되므로 이득과 위상을 구하면

(1) 이 득

$$g=20\log|G(j\omega)|=20\log\frac{1}{\sqrt{1+\omega^2T^2}}=-20\log\sqrt{1+\omega^2T^2}$$

$$=-10\log(1+\omega^2T^2) \tag{7-82}$$

$\omega T\ll1$에서는 $g\fallingdotseq-10\log1\fallingdotseq0$에서, $g=0$의 수평선이 점근선

$\omega T=1$에서는 $g=-10\log(1+1)=-10\log2\fallingdotseq-3$

$\omega T\gg1$에서는 $g\fallingdotseq-10\log\omega^2T^2=-20\log\omega T$에서, 1 decade에 20[dB]씩 감소하는 직선이 점근선이 되는 그림 7-29와 같은 이득곡선(실제로는 실선에 가까움)이 된다.

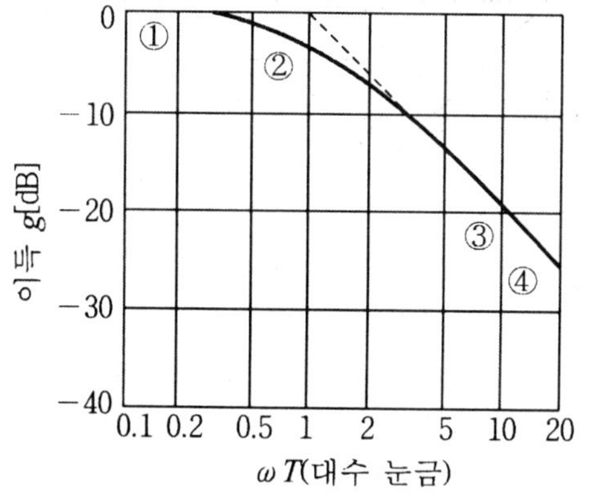

그림 7-29 이득 특성

(2) 위상차

$\theta = \angle G(j\omega) = -\tan^{-1}\omega T$에서 $\omega T > 0$이므로 θ는 (−)의 값이 되어 그림 7-30에 나타낸 바와 같이 시계방향으로 회전하는 각이 된다. ωT의 값의 크기에 따른 위상각의 크기를 구하면 다음과 같이 된다.

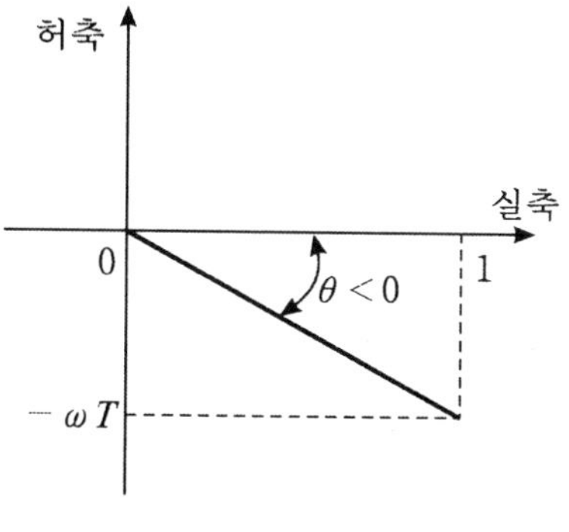

그림 7-30 $\theta = -\tan^{-1}\omega T$의 위상

$\omega T \ll 1$에서는 $\omega T \to 0$으로 $\theta = -\tan^{-1}0 \fallingdotseq 0$

$\omega T = 1$에서는 $\theta = -\tan^{-1}1 = -45°$

$\omega T \gg 1$에서는 $\omega T \to \infty$으로 $\theta = -\tan^{-1}\infty = -90°$

가 되며, 이득 g와 위상차 θ를 $\log \omega T$에 대하여 그림으로 나타내면 그림 7-31과 같다.

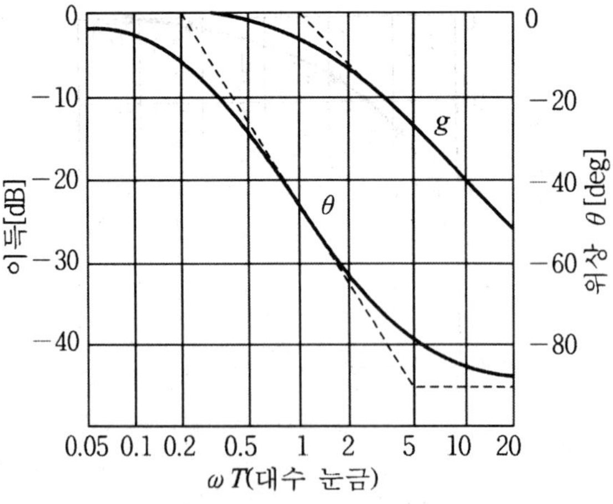

그림 7-31 $\frac{1}{1+j\omega T}$의 보드 선도

(3) 이득 · 위상도

등간격의 눈금으로 횡축에 위상각 θ를 종축에 이득 g를 취하고 ω의 증가에 따른 g와 θ를 도시한 것을 이득 · 위상도라 한다.

$G(j\omega)=\frac{1}{(1+j\omega T)}$의 1차 지연요소의 주파수 응답을 살펴보면

$\omega T \ll 1$에서는 $g=0$, $\theta \to 0°$

$\omega T = 1$에서는 $g=-3$, $\theta \to -45°$

$\omega T \gg 1$에서는 $g=-20\log \omega T$, $\theta \to -90°$

가 되며, 이들 값을 토대로 하여 그림을 그리면 그림 7-32와 같은 이득 · 위상도가 된다.

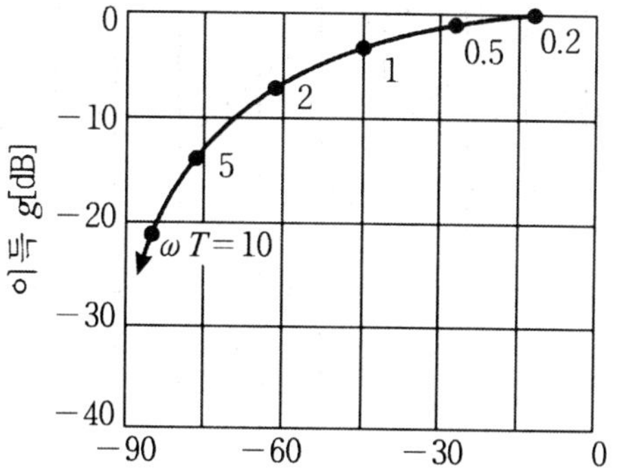

그림 7-32 $\dfrac{1}{1+j\omega T}$의 이득 · 위상도

7.4.5 비례 미분요소

주파수 전달함수 $G(j\omega)=1+j\omega T$, 크기 $|G(j\omega)|=\sqrt{1+\omega^2T^2}$이므로 이득과 위상은

$$g=20\log\sqrt{1+\omega^2T^2}=10\log(1+\omega^2T^2) \tag{7-83}$$

$$\theta=\angle G(j\omega)=\angle(1+j\omega T)=\tan^{-1}\omega T \tag{7-84}$$

이 된다. 1차 지연요소의 이득 $g=-10\log(1+\omega^2T^2)$와 비교하면 부호만이 반대로 되어 1차 지연요소의 이득 곡선을 $g=0$의 선에서 상하 반전하면 된다. 위상차도 마찬가지로 부호만이 반대가 되므로 1차 지연요소의 위상곡선을 $\theta=0$의 선에서 반전하면 된다. 이것을 토대로 하여 보드 선도를 작성하면 그림 7-33과 같이 된다.

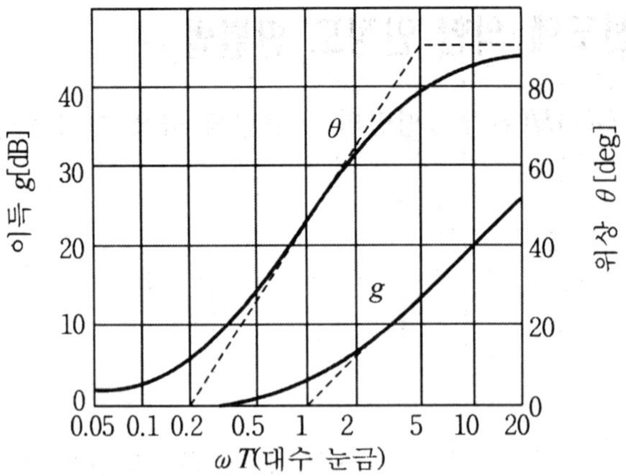

그림 7-33 비례 미분요소의 보드 선도

7.4.6 부동작 시간요소

주파수 전달함수 $G(j\omega)=e^{-j\omega\tau}=\cos\omega\tau-j\sin\omega\tau$이므로 크기는 $|G(j\omega)|=(\cos^2\omega\tau+\sin^2\omega\tau)^{\frac{1}{2}}=1$로 일정하므로 이득과 위상은 다음과 같이 된다.

$$g=20\log|G(j\omega)|=20\log 1=0 \tag{7-85}$$

$$\theta=\angle G(j\omega)=-\tan^{-1}\frac{\sin\omega\tau}{\cos\omega\tau} \tag{7-86}$$

$\tau=1$일 때의 보드 선도를 그리면 그림 7-34와 같이 된다.

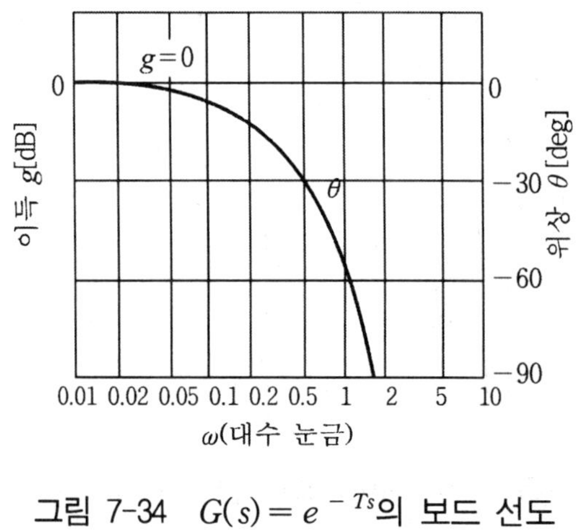

그림 7-34 $G(s)=e^{-Ts}$의 보드 선도

7.4.7 보드 선도에 의한 안정도 판별법

개루프 전달함수 $G(s)H(s)$가 s평면의 우반면에 극을 갖지 않는 경우, 즉 나이키스트 선도가 그림 7-35와 같이 그려진다면 간단화된 나이키스트 판별법에 의해 정해진다. 그림 7-35에서 (a)의 경우는 안정하고, (b)의 경우는 안정한계에 있으며 (c)의 경우는 불안정하다.

일반적으로, 원점을 중심으로 하여, 반지름 1로 그려진 원과 나이키스트 선도와의 교점을 **이득 교점**(gain crossover)이라고 한다. 그림 7-35에서는 A, B, C 점이 이득 교점이다. 또 부의 실수축과 나이키스트 선도와의 교점을 **위상 교점**(phase crossover)이라 한다. 그러므로 그림 7-35에 있어서 D, B, E점이 위상 교점이 된다.

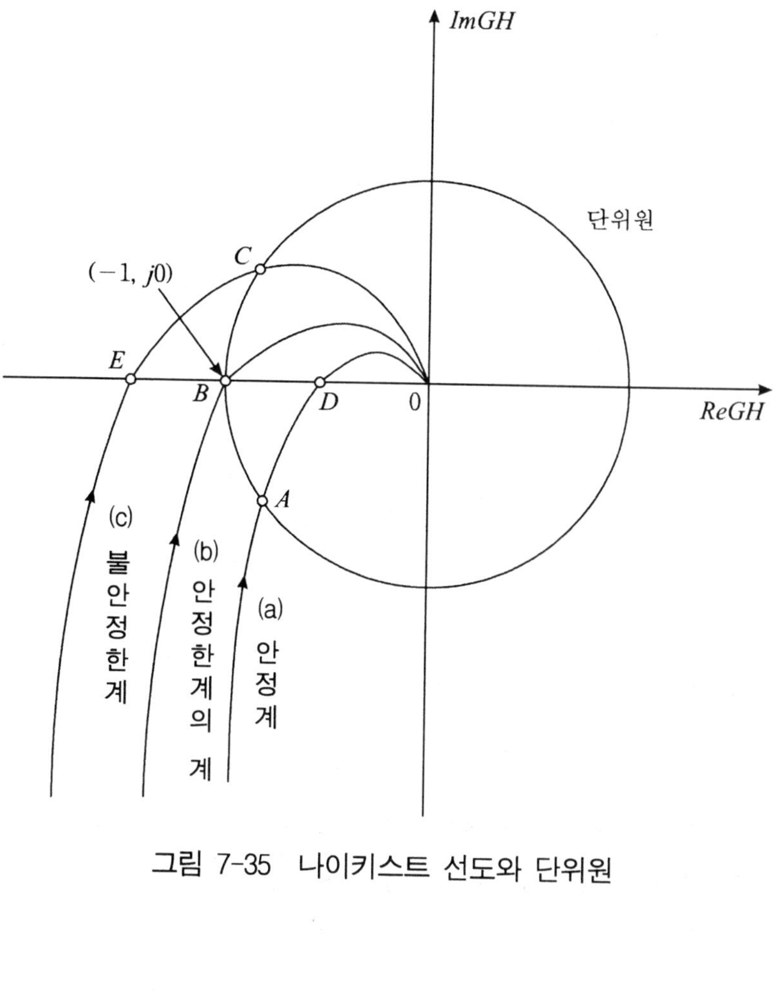

그림 7-35 나이키스트 선도와 단위원

지금 이득 교점에 있어서, $G(j\omega)H(j\omega)$의 편각의 절대값을 고려하면

안정한 시스템일 때	A점	$\lvert \angle G(j\omega)H(j\omega)\rvert < \pi$
안정 한계일 때	B점	$\lvert \angle G(j\omega)H(j\omega)\rvert = \pi$
불안정 시스템계일 때	C점	$\lvert \angle G(j\omega)H(j\omega)\rvert > \pi$

위상 교점에서 있어서 이득 $\lvert G(j\omega)H(j\omega)\rvert$을 고려하면

안정한 시스템일 때	D점	$\lvert G(j\omega)H(j\omega)\rvert < 1$
안정 한계일 때	B점	$\lvert G(j\omega)H(j\omega)\rvert = 1$
불안정 시스템일 때	E점	$\lvert G(j\omega)H(j\omega)\rvert > 1$

로 되어 있는 것을 알 수 있다. 이런 점에서 보드 선도를 이용하여 다음의 두 방법에 의해서, 안정성을 판별할 수 있다.

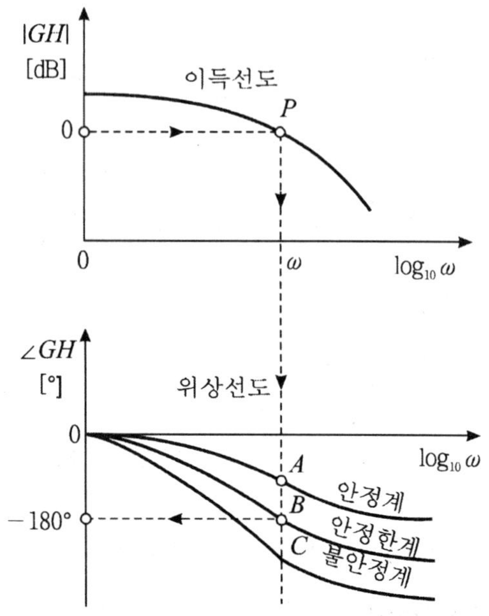

그림 7-36 보드 선도에 의한 제어 시스템의 안정 판별 ①

① $G(j\omega)H(j\omega)$의 보드 선도를 그림 7-36과 같이 그리고, 이득 곡선이 0[dB] 선과 교차하는 점 P의 ω에 대한 위상각의 절대값을 구하여 그 값이

㉠ 180°보다 작으면 제어 시스템은 안정하다.

㉡ 180°와 같으면 제어 시스템은 안정 한계에 있다.

㉢ 180°보다 크면 제어 시스템은 불안정하다.

② $G(j\omega)H(j\omega)$의 보드 선도를 그렸을 때 그림 7-37과 같이, 위상각이 180°로 되는 점의 ω에 대한 이득의 데시벨값이

㉠ 부이면 제어 시스템은 안정하다.

㉡ 0이면 제어 시스템은 안정 한계에 있다.

㉢ 정이면 제어 시스템은 불안정하다.

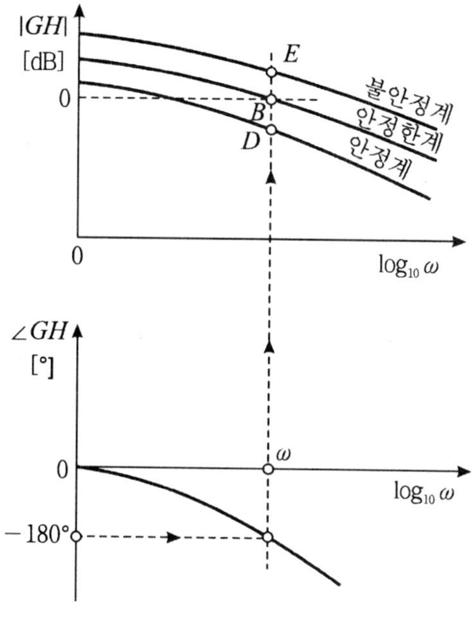

그림 7-37 보드 선도에 의한 안정 판별 ②

제어 시스템의 안정도의 정도는 제어 시스템이 안정 한계로부터 어느 정도 떨어져 있는가, 즉 안정 한계에 대해서 얼마만큼의 여유가 있는가에 따라 표시할 수가 있다. 이러한 관점에서, 안정 한계로부터의 거리를 표시하는 것에 이득 여유(gain margin) 및 위상 여유(phase margain)라고 하는 개념을 사용한다.

(1) 이득 여유

안정한 제어 시스템의 나이키스트 선도가 그림 7-38과 같이 그려져 있다고 하자. 부(−)의 실수축과의 교점 D의 주파수를 ω_π로 한다. 안정 한계의 B점의 이득은 0[dB]이므로, B점과 D점과의 차이에서 이득 여유를 다음과 같이 정의한다.

$$이득\ 여유(G.M) = 0 - 20\log_{10}|G(j\omega_\pi)H(j\omega_\pi)|$$
$$= 20\log_{10}\left|\frac{1}{G(j\omega_\pi)H(j\omega_\pi)}\right| \quad (7\text{-}87)$$

여기서, ω_π를 위상 교점 주파수, 또는 간단히 위상 교점이라고 한다.

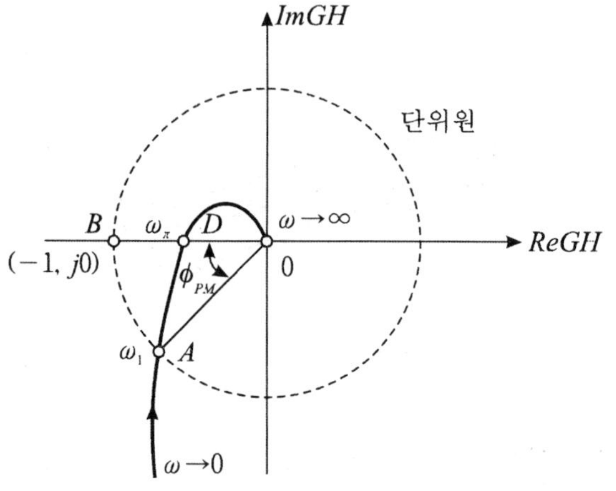

그림 7-38 나이키스트 선도상의 이득 여유와 위상 여유

결국, 위상 교점 D에서의 이득의 역수가 이득 여유라고 생각할 수 있다. 이득 여유가 커지는 만큼 안정성이 커진다.

(2) 위상 여유

그림 7-38에서 원점과 A점을 잇는 선과 부(−)의 실수축과의 각을 ϕ_{PM}이라 하면, 안정한 제어계의 나이키스트 선도는 안정 한계보다 ϕ_{PM}만큼 위상이 앞서 있는 것으로 한다. 이 ϕ_{PM}이 여유를 나타내는 것으로 생각하여 위상 여유를 다음과 같이 정의한다.

$$위상\ 여유\ (\phi_{PM}) = 180° + Arg\ (j\omega_1)H(j\omega_1) \quad (7\text{-}88)$$

여기서, ω_1을 이득 교점 주파수, 또는 간단히 이득 교점이라 하며, Arg는 $G(j\omega_1)H(j\omega_1)$의 편각(argument)을 나타낸다.

이상의 안정도는 보드 선도상에 있어서도 연계시킬 수가 있다. 그림 7-39와 같이 0[dB]과 −180°의 선을 일치시켜서 $G(j\omega)H(j\omega)$의 이득 곡선과 위상 곡선을 그

렸다. 이득 곡선이 0[dB]을 횡축으로 끊은 R점으로부터 측정한 위상각, RS간의 각도가 위상 여유이다. 다음에 위상 곡선이 $-180°$를 횡축으로 끊은 P점에서의 이득의 절대값, 즉 PQ간의 이득의 차가 이득 여유이다.

그런데, 이득 여유와 위상 여유는 클수록 제어 시스템의 안정성이 좋다는 것을 나타내고 있지만, 안정도를 너무 과대하게 하면 제어 시스템의 속응성이 떨어지므로, 경험적으로는

위상 여유는 40°~60°

이득 여유는 10~20[dB]

가 좋으며 이것은 제어 시스템의 계산 규범으로 널리 사용되고 있다.

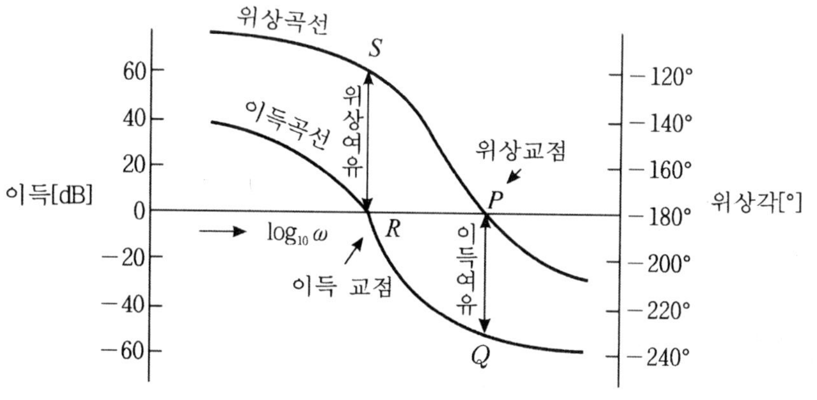

그림 7-39 보드 선도상의 위상 여유와 이득 여유

예제 $G(s)=\dfrac{1}{0.1s(0.01s+1)}$에서 $\omega=0.1$[rad/s]일 때의 이득과 위상을 구하라.

풀이 주파수 전달함수를 구하면 $G(j\omega)=\dfrac{1}{\frac{1}{10}j\omega\left(\frac{1}{100}j\omega+1\right)}$가 된다.

이득을 구하면 $g=20\log|G(j\omega)|=20\log\left|\dfrac{1}{\frac{1}{10}j\omega(\frac{1}{100}j\omega+1)}\right|$

$$=20\log\frac{1}{\frac{1}{10}\omega\sqrt{(\frac{1}{100}\omega)^2+1}}=20\log(10)^5=100[\text{dB}]$$

위상을 구하면 $\theta = \angle G(j\omega) = \angle \dfrac{1}{\frac{1}{10} j\omega} = -90°$

예제 $G(s)H(s)$가 다음과 같이 주어지는 시스템이 있다. 이득여유가 20[dB]이면 이 때의 K의 값은 얼마인가?

$$G(s)H(s) = \frac{K}{(1+s)(1+2s)(1+3s)}$$

풀이 주파수 전달함수를 구하면

$$G(j\omega)H(j\omega) = \frac{K}{(1+j\omega)(1+j2\omega)(1+j3\omega)}$$

$$= \frac{K}{(1-11\omega^2)+j6\omega(1-\omega^2)}$$ 이므로

위상교차 주파수 $\omega_c = 1$[rad/sec]

$$|G(j\omega)H(j\omega)| = \frac{K}{-10}$$

$$G.M = 20\log\frac{10}{K} = 20$$

$$\therefore K = 1$$

예제 $G(s)H(s) = \dfrac{2}{(s+1)(s+2)}$ 의 이득 여유[dB]를 구하라.

풀이 주파수 전달함수를 구하면

$$G(j\omega)H(j\omega) = \frac{2}{(j\omega+1)(j\omega+2)}$$

ω가 0일 때의 이득 여유이므로

$$g = 20\log\left|\frac{2}{(j\omega+1)(j\omega+2)}\right| = 2\log 1 = 0[\text{dB}]$$

연 습 문 제

1. 그림 7-40과 같은 RC회로의 전달함수 $G(j\omega)$에서 $\omega=\frac{1}{RC}$인 경우 $|G(j\omega)|$의 값은?

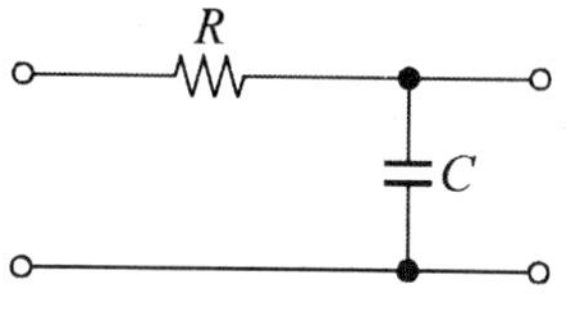

그림 7-40

2. $G(s)=\frac{K}{s(1+Ts)}$의 나이키스트 선도를 그려라.

3. 전달함수 $G(s)=500s$로 표시되는 제어 시스템에서 $\omega=2$[rad/s]일 때 이득과 위상을 구하라.

4. 어떤 시스템의 보드 선도 중 이득 선도가 그림 7-41과 같을 때 이 시스템의 전달함수를 구하라.

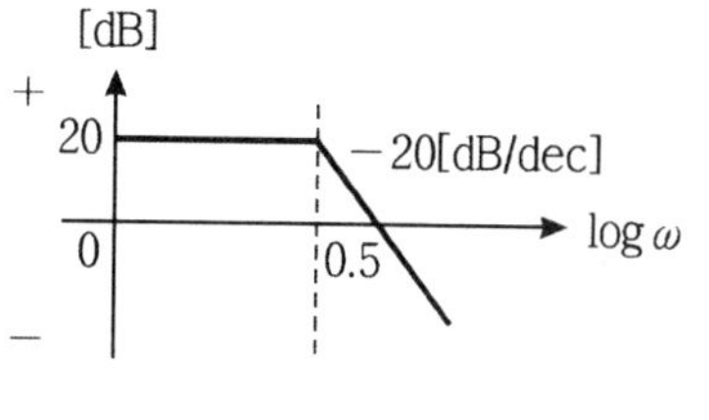

그림 7-41

5. $G(j\omega)=K(j\omega)^2$의 보드 선도의 위상각과 경사[dB/dec]를 구하라.

6. 단위 궤환제어의 전향경로 전달함수가 다음과 같고 K의 값이 5와 100일 때 폐루프 시스템의 첨두 공진치 M_p, 공진 주파수 ω_r 및 대역폭 BW를 구하라.

$$G(s) = \frac{K}{s(s+6.54)}$$

7. 그림 7-42와 같은 R-L 직렬회로에서 입력을 전압 $V(t)$, 출력을 회로의 전류 $i(t)$로 할 때 벡터 궤적을 구하라. 단, $R=0.2[\Omega]$, $L=4[\text{H}]$이다.

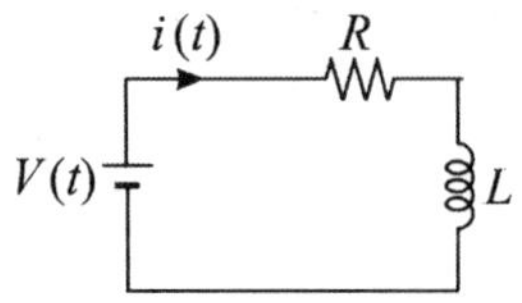

그림 7-42 R-L 직렬회로

8. 그림 7-43과 같은 회로에서 V_2/V_1의 궤적을 구하라.

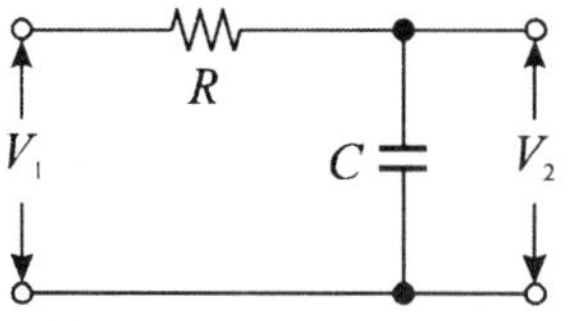

그림 7-43

9. 그림 7-44와 같은 벡터 궤적을 갖는 시스템의 주파수 전달함수를 구하라.

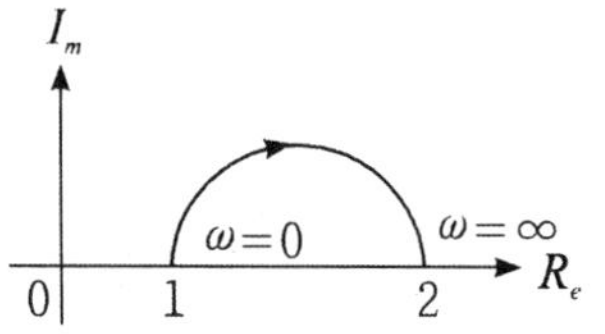

그림 7-44

10. 주파수 전달함수 $G(j\omega) = \frac{1}{j100\,\omega}$ 인 시스템에서 $\omega = 0.1[\text{rad/sec}]$일 때의 이득과 위상각을 구하라.

연 습 문 제 해 답

1. $G(s)=\dfrac{\dfrac{1}{sC}}{R+\dfrac{1}{sC}}=\dfrac{1}{sRC+1}$

$G(j\omega)=\dfrac{1}{1+j\omega RC}$ 에서 $\omega=\dfrac{1}{RC}$ 이므로

$|G(j\omega)|=\left|\dfrac{1}{1+j}\right|=\dfrac{1}{\sqrt{2}}=0.707$

2. $\lim\limits_{\omega\to 0}|G(j\omega)|=\lim\limits_{\omega\to 0}\left|\dfrac{K}{j\omega(1+j\omega T)}\right|=\lim\limits_{\omega\to 0}\left|\dfrac{K}{j\omega}\right|=\infty$

$\lim\limits_{\omega\to 0}\angle G(j\omega)\ \lim\limits_{\omega\to 0}\angle\dfrac{K}{j\omega(1+j\omega T)}=\lim\limits_{\omega\to 0}\dfrac{K}{j\omega}=-90°$

$\lim\limits_{\omega\to \infty}|G(j\omega)|=\lim\limits_{\omega\to \infty}\left|\dfrac{K}{j\omega(1+j\omega T)}\right|=\lim\limits_{\omega\to \infty}\left|\dfrac{K}{(j\omega)^2T}\right|=0$

$\lim\limits_{\omega\to \infty}\angle G(j\omega)=\lim\limits_{\omega\to \infty}\angle\dfrac{K}{j\omega(1+j\omega T)}=\lim\limits_{\omega\to \infty}\angle\dfrac{K}{(j\omega)^2T}=-180°$

이 값들을 기초로 하여 그림을 그리면 그림 7-45와 같이 된다.

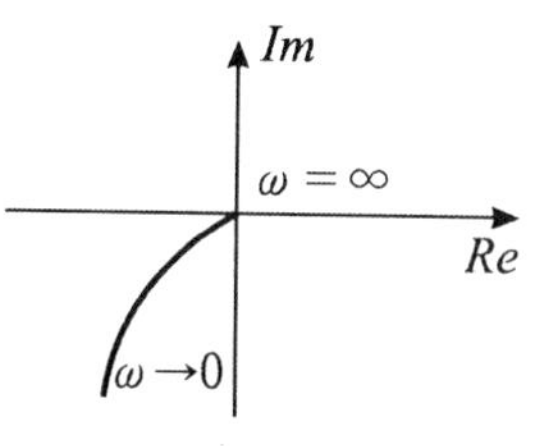

그림 7-45

3. $G(j\omega)=500(j\omega)$

$g=20\log|G(j\omega)|=20\log|1000j|=20\log 1000=60[\text{dB}]$

$\theta=\angle G(j\omega)=\angle 1000j=90°$

4. $G(j\omega)=\dfrac{K}{1+j\omega T}$ 에서 절점이 0.5이므로 $T=2$

$M=20\log|G(j\omega)|=20\log K-20\log|1+j\omega T|$에서

$\omega T\ll 1$에서 $M=20$이 되어야 하므로 $K=20$

$\therefore\ G(s)=\dfrac{10}{1+2s}$

5. $g=20\log|K(j\omega)^2|=201\log K\omega=20\log K+40\log\omega$

$\omega=0.1$일 때 $g=20\log K-40$[dB]

$\omega=1$일 때 $g=20\log K$

$\omega=10$일 때 $g=20\log K+40$[dB]

$\theta=\angle\,(j\omega)^2=180°$

∴ 40[dB/dec]의 경사를 가지며 위상각은 180°

6. $K=5$일 때 $\omega_n=\sqrt{5}=2.24$[rad/sec], $\zeta=\dfrac{6.54}{4.48}=1.46$

$\therefore\ M_p=1,\quad \omega_r=1$[rad/sec]

$K=100$일 때 $\omega_n=10$[rad/sec], $\zeta=\dfrac{6.54}{20}=0.327$

$\therefore\ M_p=1.618,\quad \omega_r=9.45$[rad/sec]

7. 회로의 방정식을 세워 라플라스 변환을 해서 전달함수를 구하면

$V(s)=I(s)(Ls+R)$

$\therefore\ G(s)=\dfrac{I(s)}{V(s)}=\dfrac{1}{Ls+R}$

주파수 전달함수를 구하면

$$G(j\omega)=\frac{1}{j\omega L+R}=\frac{\frac{1}{R}}{1+j\omega\frac{L}{R}}=\frac{5}{1+j20\omega}$$

$$=\frac{5}{1+400\omega^2}-j\frac{100\omega}{1+400\omega^2}$$

$$\therefore\ |G(j\omega)|=\frac{5}{\sqrt{1+400\omega^2}}$$

$\phi=-\tan^{-1}20\omega$

$|G(j\omega)|$와 ϕ를 $\omega=0\to\infty$까지 변화시키면 표 7-4와 같은 결과를 얻는다. 이 결과를 바탕으로 벡터 궤적을 그리면 그림 7-46과 같이 된다.

표 7-4

ω	$\lvert G(j\omega)\rvert$	ϕ
0	5	0°
0.005	4.9	−5.7°
0.025	4.5	−26.6°
0.05	3.5	−45°
0.1	2.2	−63.43°
∞	0	−90°

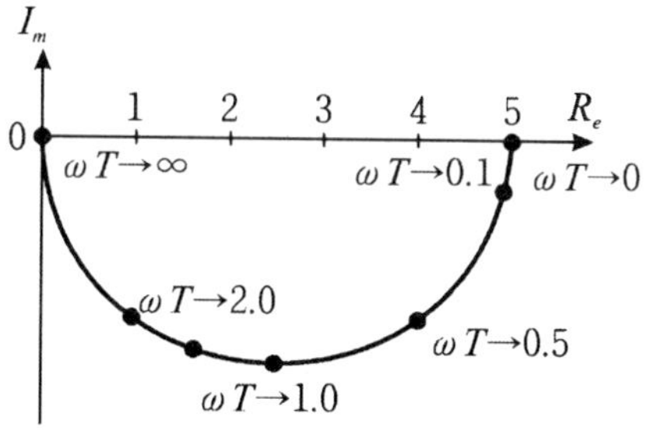

그림 7-46 벡터 궤적

8. 전달함수를 구하면 $G(s) = \dfrac{1}{1+RCs}$ 이므로 이것의 주파수 전달함수를 구하면

$$G(j\omega) = \frac{1}{1+j\omega RC}$$

가 된다. ω가 0에서 ∞까지 변화할 때 크기와 위상의 변화를 구하면

$$\lim_{\omega \to 0} |G(j\omega)| = \lim_{\omega \to 0} \left| \frac{1}{1} \right| = 1$$

$$\lim_{\omega \to 0} \angle G(j\omega) = \lim_{\omega \to 0} \angle \frac{0}{1} = 0°$$

$$\lim_{\omega \to \infty} |G(j\omega)| = \lim_{\omega \to \infty} \left| \frac{1}{1+\omega RC} \right| = \lim_{\omega \to \infty} \left| \frac{1}{j\omega RC} \right| = 0$$

$$\lim_{\omega \to \infty} \angle G(j\omega) = \lim_{\omega \to \infty} \angle \frac{1}{j\omega RC} = -90°$$

이 값을 토대로 하여 나이키스트 선도를 그리면 그림 7-47과 같이 된다.

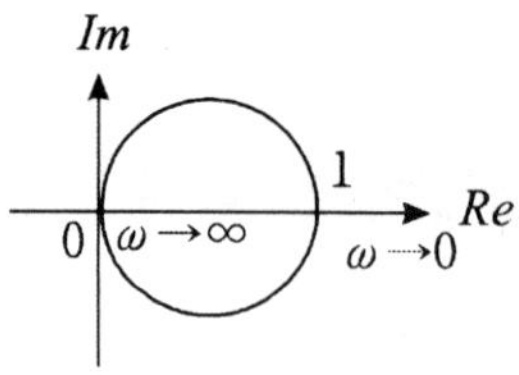

그림 7-47

9. $G(j\omega)=\dfrac{1+j\omega T_2}{1+j\omega T_1}$ 에서

$\omega=0$일 때 $|G(j\omega)|=1$

$\omega=\infty$일 때 $|G(j\omega)|=\dfrac{T_2}{T_1}=2$이므로 $T_2>T_1$이고, 위상각은 $+$이므로

$\therefore\ G(j\omega)=\dfrac{1+j2\omega}{1+j\omega}$

10. $g=20\log|G(j\omega)|=20\log\left|\dfrac{1}{j100\omega}\right|=20\log\dfrac{1}{10}=-20[\text{dB}]$

$\theta=\angle G(j\omega)=\angle\dfrac{1}{j100\omega}=\angle\dfrac{1}{j10}=-90°$

제 8 장

물리계통의 전기적 유추

8.1 기계적인 요소의 운동 방정식

대부분의 제어 시스템은 전기적인 요소와 기계적인 요소를 함께 가진다. 수학적인 관점에서 볼 때 전기적인 요소와 기계적인 요소의 표시는 서로 상사적(相似的)이다. 유사 시스템의 개념은 시스템의 모델링을 위한 매우 유용하고 유력한 기법이다.

전기계에서는 전압과 전류가 주어지면 전기량, 자속 쇄교수, 자속들을 구할 수 있으며 기계계에서는 속도와 힘이 주어지면 변위, 각속도 등이 구해진다. 어떤 조건에서의 물리적 현상은 한 쌍의 기본 동작량과 시간에 의하여 결정될 수 있다.
기계적인 요소의 운동은 병진운동, 회전운동 또는 이들의 조합으로 표시될 수 있으며, 기계적인 시스템의 운동을 다루는 방정식은 뉴톤의 운동법칙으로부터 유도된다.

전기계에서는 전압과 전기량을, 기계적 시스템의 직선운동에서는 변위와 힘을, 회전운동에서는 각변위와 회전력을 기본 동작량으로 일반적으로 선택한다.

전기 시스템의 해석 및 설계에 대하여 공부한 지식을 기계적 시스템을 이해하기 위해 응용할 수 있다.

8.1.1 병진운동(竝進運動 : translational motion system)

병진운동은 일직선을 따라 행해지는 운동으로 정의한다. 기계적인 병진운동 시스템의 세 가지 기본 특성은 질량(質量 : mass), 탄성(彈性 : stiffness), 감쇠(減衰 : damping)이다. 질량은 관성을 가진 요소로 나타내고, 탄성은 스프링과 같은 물체에서 힘의 축적상태를 나타낸다. 감쇠 또는 점성마찰(viscous friction)은 요소가 에너지를 흡수하는 성질을 말한다.

병진운동 시스템에서 사용되는 변수들은 변위 $y(t)$, 속도 $v(t)$, 가속도 $a(t)$, 힘 $f(t)$이다.

표 8-1은 병진운동 시스템에서 사용되는 기호와 단위를 나타내었다.

표 8-1 병진운동 시스템의 기호와 단위

양	기 호	단 위
변 위	$y(t)$	[m]
속 도	$v(t)$	[m/sec]
가 속 도	$a(t)$	[m/sec²]
힘	$f(t)$	[N]
질 량	M	[kg]
탄 성 계 수	K	[N/m]
감 쇠 계 수	B	[N/m/sec]

(1) 질량 시스템

질량 M은 병진 운동체의 운동에너지를 저장하는 요소로서 전기회로의 인덕턴스 L과 유사하다. W를 물체의 무게라 하면 그 때의 질량 M은 다음과 같이 주어진다.

$$M = \frac{W}{g} \tag{8-1}$$

여기서 g는 중력으로 인한 물체의 자유낙하의 속도이다. (g=9.8066[m/sec²]) 그림 8-1 (a)와 같이 질량 M에 힘 $f(t)$를 가했을 때 힘에 대한 방정식은 다음과 같이 표시된다.

$$f(t) = Ma(t) = M\frac{d^2y(t)}{dt^2} = M\frac{dv(t)}{dt} \tag{8-2}$$

여기서 $y(t)$는 변위, $v(t)$는 속도, $a(t)$는 가속도를 나타낸다. 이러한 질량 시스템에 대한 전기적인 상사 시스템은 그림 8-1 (b)와 같으며 시스템의 방정식은 다음과 같이 표시된다.

$$e(t) = L\frac{d^2q(t)}{dt^2} = L\frac{di_L(t)}{dt} \tag{8-3}$$

여기서 $e(t)$는 입력전압, $i_L(t)$는 전류, $q(t)$는 전하량이다.

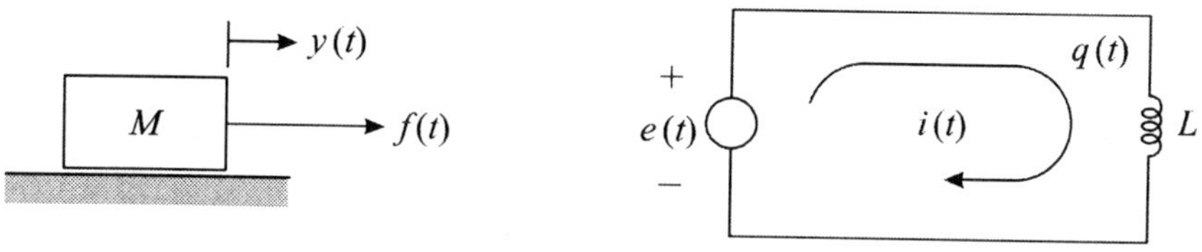

(a) 질량 시스템 (b) 인덕터 회로

그림 8-1 질량의 기계적 표현과 전기적 표현

(2) 스프링 시스템

기계적인 스프링은 위치에너지를 저장하는 요소로서 전기계에서는 커패시터(정전용량)와 상사이다. 그림 8-2 (a)는 스프링 K에 힘 $f(t)$를 가할 때의 기계적 시스템을 나타낸 것으로서 실제적으로 스프링은 대부분 비선형이다. 그러나 후크의 법칙에 의한 탄성한계 범위에서는 선형관계로 근사화될 수 있으며 다음과 같이 표시할 수 있다.

$$f(t) = Ky(t) = K\int v(t)dt \tag{8-4}$$

여기서 K는 스프링 정수 또는 강성도(stiffness)이며 기본단위는 [N/m]이다.

식 (8-4)는 스프링에 작용하는 힘은 그 스프링의 변위(변형)에 직접 비례한다는 사실을 말한다. 만일 스프링이 T의 미리 가해진 장력(인장)으로 미리 부하되면 식 (8-4)는 다음과 같은 식으로 수정되어져야 한다.

$$f(t) - T = Ky(t) = K\int v(t)dt \tag{8-5}$$

스프링 시스템에 대응하는 전기적 시스템의 방정식은 다음 식과 같다.

$$e(t) = \frac{1}{C}q(t) \tag{8-6}$$

커패시터에서의 전류방정식은 $i(t) = C\dfrac{de(t)}{dt}$ 이므로 식 (8-6)은 다음과 같이 된다.

$$e(t) = \frac{1}{C}q(t) = \frac{1}{C}\int i(t)dt \tag{8-7}$$

전기적으로는 그림 8-2 (b)와 같이 표현된다.

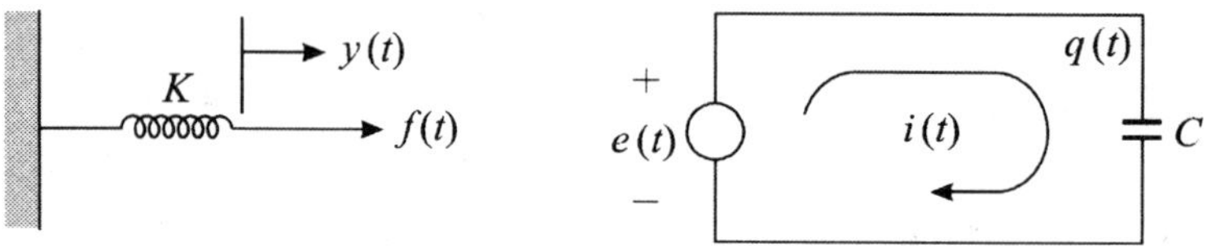

(a) 스프링 시스템 (b) 커패시터 회로

그림 8-2 스프링의 기계적 표현과 전기적 표현

(3) 마찰 시스템

두 물리적 요소 사이에 운동이나 운동의 경향이 있을 때에는 언제나 마찰력이 존재한다. 마찰은 운동을 방해하려는 힘이다. 물리계통에서 마찰력은 보통 비선형적인 성질이 있다. 그렇기 때문에 마찰력의 정확한 수학적 표현은 어렵다. 실제 계통에서 공통적으로 사용되는 병진 운동에서 마찰은 점성 마찰, 정지 마찰, 쿨롱 마찰의 3가지로 구분된다.

(가) 점성 마찰(Viscous Friction)

점성 마찰은 가해진 힘과 속도 사이에 선형적으로 방해하는 힘이다. 그림 8-3 (a)는 점성 마찰 시스템을 나타낸 것이며, 점성 마찰의 수학적 표현은 다음과 같다.

$$f(t) = B\frac{dy(t)}{dt} = Bv(t) \tag{8-8}$$

여기서 B는 점성 마찰 계수이며 단위는 [N/m/sec]이다.

전기회로에서 점성 마찰 시스템과 상사인 것은 저항회로로서 그림 8-3 (b)와 같이 나타내며, 수학적 표현은 다음과 같이 된다.

$$e(t) = R\frac{dq(t)}{dt} = Ri(t) \tag{8-9}$$

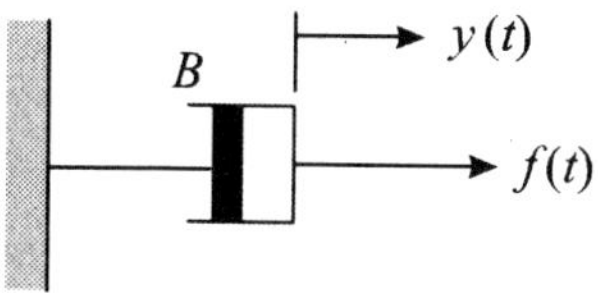

(a) 점성 마찰 시스템

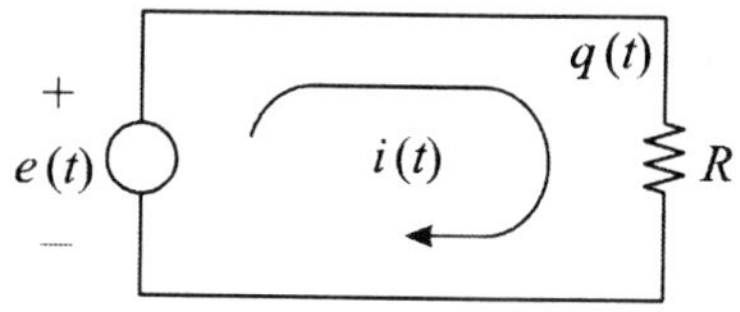

(b) 저항 회로

그림 8-3 점성 마찰

그림 8-4는 점성 마찰에 대한 함수관계를 나타내고 있다.

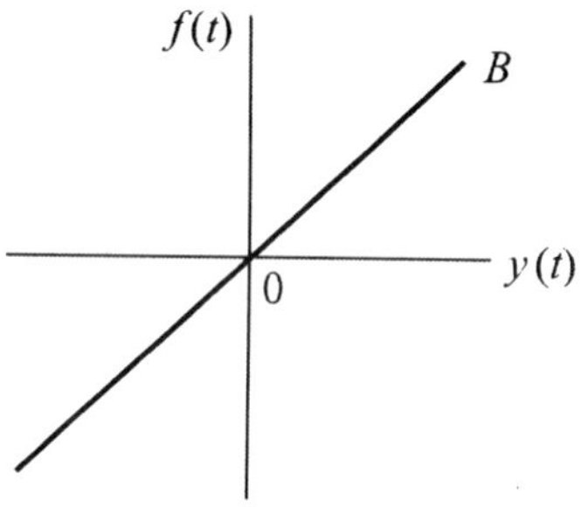

그림 8-4 점성 마찰에 대한 함수관계

(나) 정지 마찰(Static Friction)

정지 마찰은 운동의 시작에서부터 막으려고 하는 지연력을 나타내며 이 정지 마찰력은 다음과 같은 식으로 나타낼 수 있다.

$$f(t) = \pm(F_s)_{y'=0} \tag{8-10}$$

여기서 $(F_s)_{y'=0}$는 물체가 정지해 있지만 움직이려할 때 항상 존재하는 마찰력으로 정의하고, 운동의 방향과 속도의 초기 방향에 의하여 마찰 부호가 결정된다. 그림 8-5는 정지 마찰의 힘과 속도 관계를 나타내고 있다.

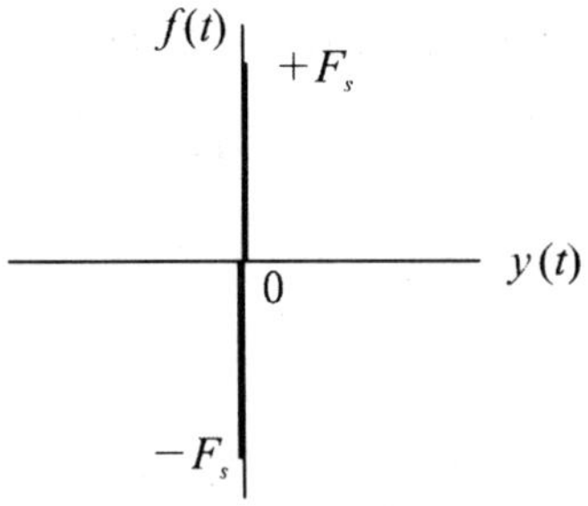

그림 8-5 정지 마찰의 함수관계

일단 운동이 시작되면 정지 마찰력은 없어지고 다른 마찰이 일어난다.

(다) 쿨롱 마찰(Coulomb Friction)

쿨롱 마찰은 속도의 변화에 대하여 일정한 진폭을 가지며, 마찰력의 부호는 속도 방향의 반전에 따라 변한다. 이 쿨롱 마찰에 대한 수학적 관계는 다음 식으로 표현된다.

$$f(t)=F_c\frac{\frac{dy(t)}{dt}}{|dy(t)/dt|} \tag{8-11}$$

여기서 F_c는 쿨롱 마찰계수이다. 그림 8-6은 속도에 대한 마찰의 함수관계를 나타내고 있다.

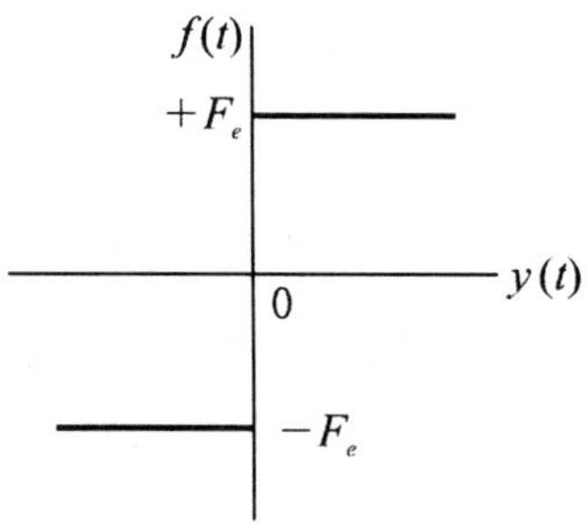

그림 8-6 쿨롱 마찰에 대한 함수관계

(4) 질량-스프링 시스템

그림 8-7 (a)와 같이 질량 M이 스프링 K에 의해서 매달려 있을 때 이 시스템의 운동방정식은 뉴톤의 제2운동법칙을 적용하여 얻어진다. 그림 8-7 (b)와 같이

시스템은 평형하다고 하면 중력의 효과는 제거되고, 외부로부터 방해하는 힘이 없으면, 시스템의 질량에 작용하는 힘에 대하여 자유 물체도를 그리며, 자유 물체도에 대하여 뉴톤의 운동법칙을 이용하여 힘 $f(t)$를 가하여 $y(t)$만큼 변위가 생길 때 스프링의 복귀력(restoring force)은 $Ky(t)$이므로 질량-스프링의 수학적인 방정식은 다음과 같이 된다.

$$f(t) - Ky(t) = M\frac{d^2y(t)}{dt^2} \tag{8-12}$$

$$f(t) = M\frac{d^2y(t)}{dt^2} + Ky(t) = M\frac{dv(t)}{dt} + K\int v(t)dt \tag{8-13}$$

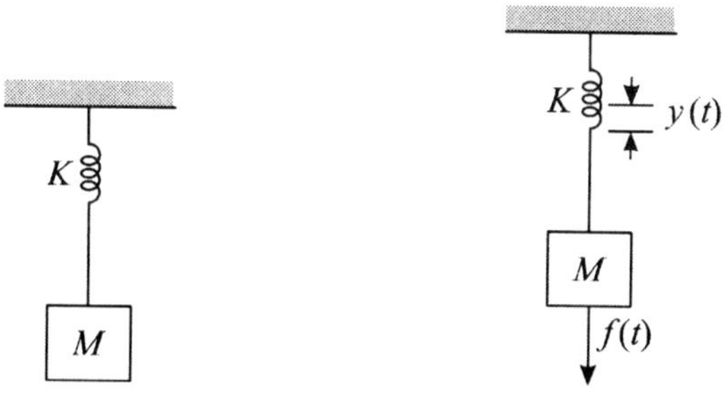

(a) 평형상태 (b) 변위상태

그림 8-7 질량-스프링 시스템

식 (8-13)의 질량-스프링 시스템에 대응하는 전기회로 방정식은

$$e(t) = L\frac{d^2q(t)}{dt^2} + Kq(t) = L\frac{di(t)}{dt} + \frac{1}{C}\int i(t)dt \tag{8-14}$$

식 (8-14)를 나타내는 전기적 시스템의 회로는 그림 8-8과 같다.

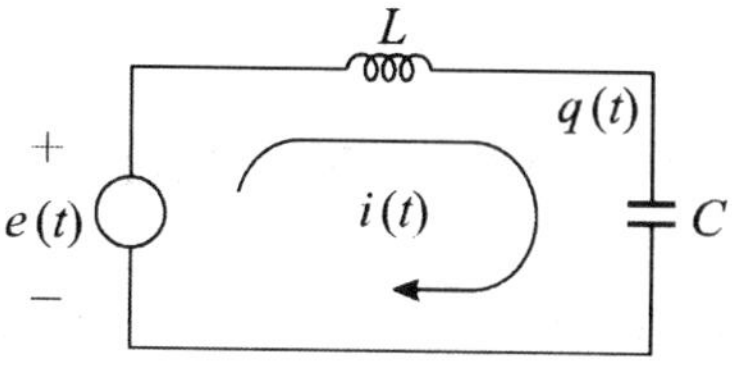

그림 8-8 $L-C$회로

(5) 질량 - 스프링 - 마찰 시스템

그림 8-9와 같이 질량 - 스프링 시스템에 마찰력을 부가하면 보다 실제적인 것이 된다. 마찰력은 질량의 속도에 정비례한다고 가정하여 점성 마찰 계수(viscous damping coefficient)를 생각한다. 질량을 평형 위치로부터 y만큼 변위하게 하였다고 생각한다. 이 경우 질량 M에 작용하는 힘의 총합은

$-Ky(t)=$스프링의 저지력(retarding spring force)

$-B\frac{dy(t)}{dt}=$점성 마찰력(viscous-damping force)

의 합이므로 Newton의 운동 제2법칙을 적용하면

$$f(t)-Ky(t)-B\frac{dy(t)}{dt}=M\frac{d^2y(t)}{dt^2} \tag{8-15}$$

가 된다. 식 (8-15)를 정리하면

$$f(t)=M\frac{d^2y(t)}{dt^2}+B\frac{dy(t)}{dt}+Ky(t) \tag{8-16}$$

를 얻는다. 식 (8-16)은 질량-스프링-마찰 계통에 대한 운동 방정식을 표시하며 이 방정식은 2차 선형 상수계수 미분방정식이 된다.

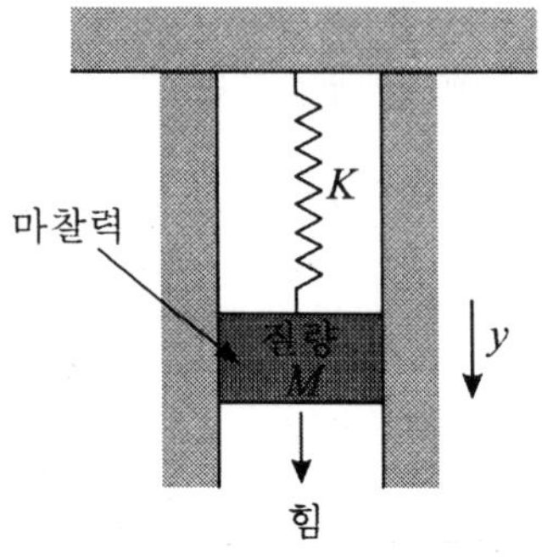

그림 8-9 질량 - 스프링 - 마찰 시스템

이것을 전기적으로 표현하면 그림 8-10과 같이 Kirchhoff의 전류법칙을 이용하여 나타낼 수 있으며 식 (8-17)과 같은 미적분방정식을 얻을 수 있다.

$$\frac{v(t)}{R}+C\frac{dv(t)}{dt}+L\int_0^t v(t)dt=r(t) \tag{8-17}$$

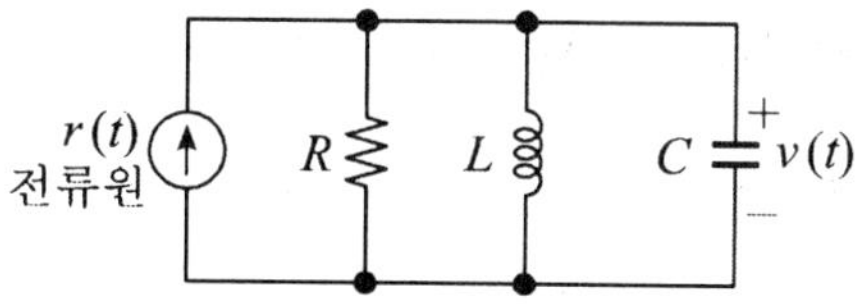

그림 8-10 R-L-C회로

예제 그림 8-11과 같은 기계계의 전달함수를 구하고 전기회로로 표현하라.(단, K : 스프링 상수, B : 마찰계통 계수, M : 질량, $f(t)$: 입력, $y(t)$: 출력)

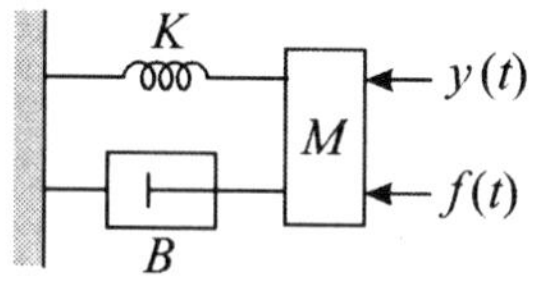

그림 8-11

풀이 이 계통의 힘 방정식은 다음과 같다.

$$f(t) = M\frac{d^2y(t)}{dt^2} + B\frac{d}{dt}y(t) + Ky(t)$$

위 식을 라플라스 변환하면 아래식과 같이 된다.

$$F(s) = (Ms^2 + Bs + K)Y(s)$$

전달함수 $\frac{Y(s)}{F(s)}$ 를 구하면

$G(s) = \frac{Y(s)}{F(s)} = \frac{1}{Ms^2 + Bs + K}$ 와 같이 되고 이것을 전기 회로로 표시하면 그림 8-12와 같이 된다.

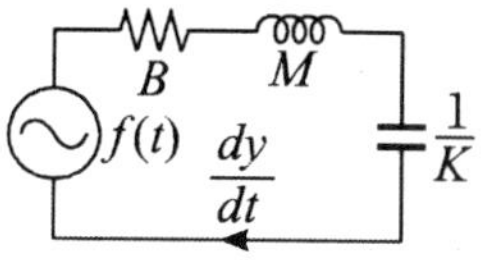

그림 8-12

8.1.2 회전운동(Rotational Motion)

기계적인 회전운동 시스템(rotational motion system)은 관성 모멘트(inertial moment), 탄성 및 회전 점성 마찰의 세 가지 기본 특성을 가진다. 회전운동을 표시하기 위하여 사용되는 변수는 토크(torque) $T(t)$, 각속도 $\omega(t)$, 각가속도 $\alpha(t)$ 및 각변위 $\theta(t)$가 사용되며, 회전 운동계는 병진 운동계와 대단히 유사하며 회전 계통에 대한 운전 방정식을 세울 경우에는 병진 계통에서와 같은 과정을 그대로 적용한다.

물체의 회전운동은 고정된 축에 대한 운동으로 정의한다. 한 고정축 주변의 모멘트나 토크의 대수적 합은 그 축 주변의 관성과 각가속도의 곱과 같다.

$$\sum T = J\alpha \tag{8-18}$$

여기서 $\sum T$: 회전체에 작용하는 모든 토크의 대수적(代數的)인 합(合), J : 관성, α : 각가속도(角加速度) $= \dfrac{d^2\theta(t)}{dt^2} = \dfrac{d\omega(t)}{dt}$, θ : 각변위(角變位), ω : 각속도(角速度) $= \dfrac{d\theta(t)}{dt}$

표 8-2에 회전운동 시스템에서 사용되는 기호와 단위를 표시하였다.

표 8-2 회전운동 시스템의 기호와 단위

양	기 호	단 위
변 위 각	$\theta(t)$	[rad](radian)
각 속 도	$\omega(t)$	[rad/sec]
각 가 속 도	$\alpha(t)$	[rad/sec^2]
토 크(회전력)	$T(t)$	[N · m]
관 성 모 멘 트	J	[kg · m^2]
탄 성 계 수	K	[N · m/rad]
감 쇠 계 수	B	[N · m/rad/sec]

(1) 회전운동의 관성 시스템

관성 J는 회전운동의 운동에너지를 저장하는 성질을 가진 요소를 나타낸 것으로서 주어진 요소의 관성은 회전축과 그 밀도에 관한 기하학적 조성에 따른다. 예를 들면, 물체의 기하학적인 축에 대한 원판 또는 원형축의 관성은 다음과 같이 주어진다.

$$J = \frac{1}{2}Mr^2 = \frac{1}{2}\frac{W}{g}r^2 \tag{8-19}$$

여기서 r은 원판의 반지름, W는 원판의 무게이다.

그림 8-13 (a)와 같이 관성이 J인 물체에 토크 T가 인가될 때 그 토크 방정식은 다음과 같이 쓰여진다.

$$T(t) = J\alpha(t) = J\frac{d\omega(t)}{dt} = J\frac{d^2\theta(t)}{dt^2} \tag{8-20}$$

식 (8-20)으로 표시하는 회전운동에서의 관성 J에 대응하는 전기적 시스템의 방정식은 다음과 같이 된다.

$$e(t) = L\frac{di(t)}{dt} = L\frac{d^2q(t)}{dt^2} \tag{8-21}$$

여기서 $e(t)$는 인가전압, L는 인덕턴스, $i(t)$는 인가전류, $q(t)$는 전하량이다.

식 (8-21)로 표시되는 전기적 시스템의 회로는 그림 8-13 (b)와 같다.

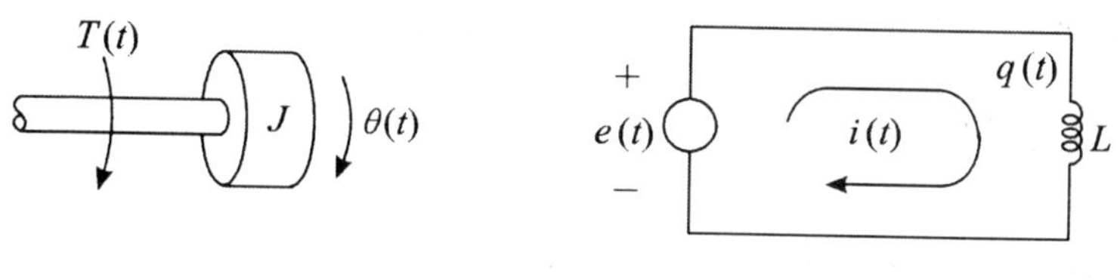

(a) 관성 시스템　　(b) 전기적 시스템

그림 8-13　회전운동의 관성 시스템

(2) 회전운동의 스프링 시스템

단위 각변위당 토크로 나타내는 비틀림 스프링 상수 K가 병진운동에 대한 선형 스프링과 같이 회전체에 토크 $T(t)$가 그림 8-14 (a)와 같이 인가될 때 시스템의 방정식은 다음과 같이 된다.

$$T(t)=K\theta(t)=K\int\omega(t)dt \tag{8-22}$$

식 (8-22)로 표시되는 회전운동에서의 비틀림 스프링 K에 대응하는 전기적 시스템은 커패시터 C이므로 방정식은 다음과 같다.

$$e(t)=\frac{1}{C}q(t)=\frac{1}{C}\int i(t)dt \tag{8-23}$$

식 (8-23)에 대한 전기적 시스템의 회로는 그림 8-14 (b)와 같다.

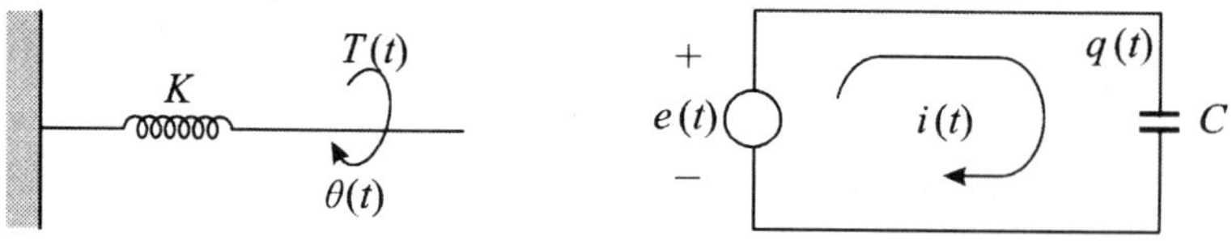

(a) 비틀림 스프링 시스템 (b) 전기적 시스템

그림 8-14 회전운동의 스프링 시스템

(3) 회전운동의 마찰

병진운동에 대하여서 기술된 세 종류의 마찰은 회전운동에 대해서도 그대로 적용된다.

회전 점성 마찰은 병진운동에서와 같이 변위각 $\theta(t)$만큼 물체의 회전을 방해하려는 힘이므로 회전 점성 마찰 시스템의 방정식은 다음과 같다.

$$T(t)=B\frac{d\theta(t)}{dt}=B\omega(t) \tag{8-24}$$

그림 8-15 (a)는 관성 J인 물체에 토크 $T(t)$가 가질 때 물체의 회전을 방해하는 회전 마찰이 부가된 시스템으로 방정식은 다음과 같다.

$$\left.\begin{aligned} T(t)-B\frac{d\theta(t)}{dt}&=J\frac{d^2\theta(t)}{dt^2} \\ T(t)=J\frac{d^2\theta(t)}{dt^2}+B\frac{d\theta(t)}{dt}&=J\frac{d\omega(t)}{dt}+B\omega(t) \end{aligned}\right\} \tag{8-25}$$

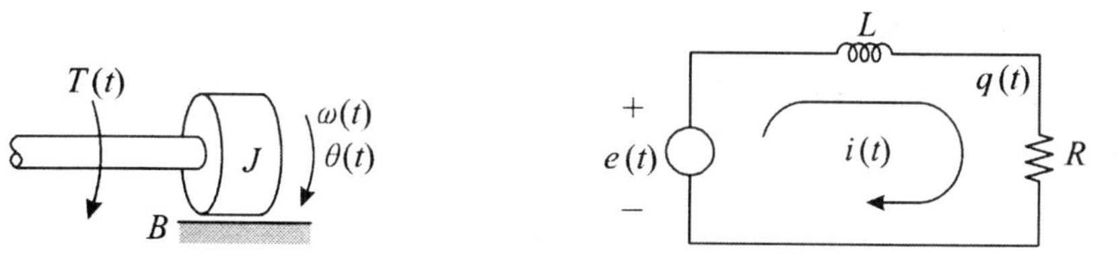

(a) 관성 마찰 시스템

(b) 전기적 시스템

그림 8-15 회전운동의 관성 마찰 시스템

식 (8-25)에 대응하는 전기적 시스템의 방정식은 입력전압을 $e(t)$라고 할 때

$$e(t) = L\frac{d^2q(t)}{dt^2} + R\frac{dq(t)}{dt} = L\frac{di(t)}{dt} + Ri(t) \tag{8-26}$$

이고, 이 방정식에 대응하는 전기회로는 그림 8-15 (b)와 같다.

예제 그림 8-16과 같은 기계적인 회전운동계에서 토크 $T(t)$를 입력으로, 변위 $\theta(t)$를 출력으로 하였을 때의 전달함수를 구하라.

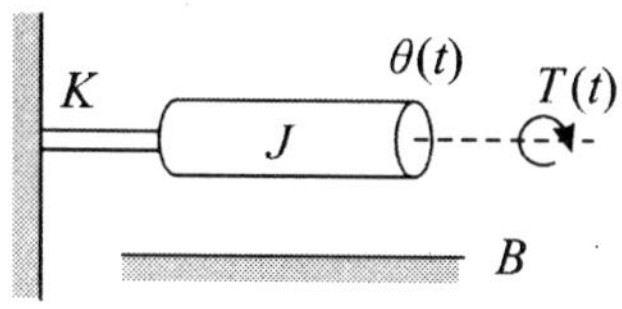

그림 8-16

풀이 토크 $T(t)$와 변위 $\theta(t)$ 사이의 관계는 뉴톤의 법칙에 의하여

$$T(t) = J\frac{d^2}{dt^2}\theta(t) + B\frac{d}{dt}\theta(t) + K\theta(t)$$

위 식을 라플라스 변환하면

$$T(s) = Js^2\theta(s) + Bs\theta(s) + K\theta(s)$$

$$\therefore\ G(s) = \frac{\theta(s)}{T(s)} = \frac{1}{Js^2 + Bs + K}$$

8.1.3 평행 이동운동과 회전운동 사이의 변환

자동제어 시스템에서는 출력부가 동력부에 직접 연결되는 경우는 드물고, 기어(gear), 지렛대(lever), 기어벨트 등을 이용하여 힘, 회전력, 속도, 변위를 변화시켜

에너지를 전달하도록 하는 기계적 장치를 이용하는 경우가 많다. 부하의 속도를 감속시키기 위해서는 감속기어를 사용하고, 회전력을 조정하기 위해서는 기어열(gear train)을 사용한다. 이들 장치들은 최대 동력을 전달하기 위하여 사용되는 장치이다. 전기회로에서 변압기가 출력도(power level)를 최적으로 정합(整合 : matching)시키기 위하여 사용되는 것과 같이 기계계통에서도 기어, 지렛대 등은 최대 동력을 전달시키기 위하여 또는 알맞은 속도를 얻기 위하여 사용하는 정합장치이다. 운동제어 계통에서는 가끔 회전운동을 평행이동으로 변환시킬 필요가 생긴다. 그림 8-17은 한 부하가 회전 전동기 및 스크루 조합체를 거쳐 직선에 따라 움직이도록 제어되는 예를 보여주고 있다.

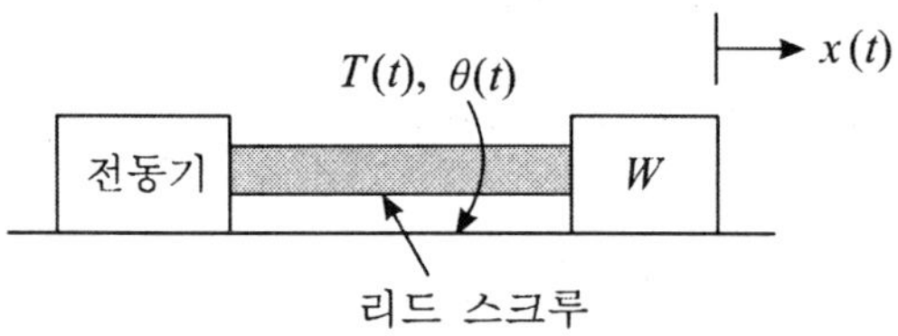

그림 8-17 회전 대 직선 운동제어 계통(리드 스크루)

운동제어에서 또 다른 비슷한 계통은 그림 8-18과 같이 회전 전동기에 의하여 풀리를 거친 질량의 제어이다. 그림 8-18에서 질량은 풀리 주변을 움직이는 점질량으로 볼 수 있다. 풀리는 반지름 r를 가진다. 풀리의 관성을 무시함으로써 전동기가 본 등가관성은 다음과 같다.

$$J = Mr^2 = \frac{W}{g} r^2 \tag{8-27}$$

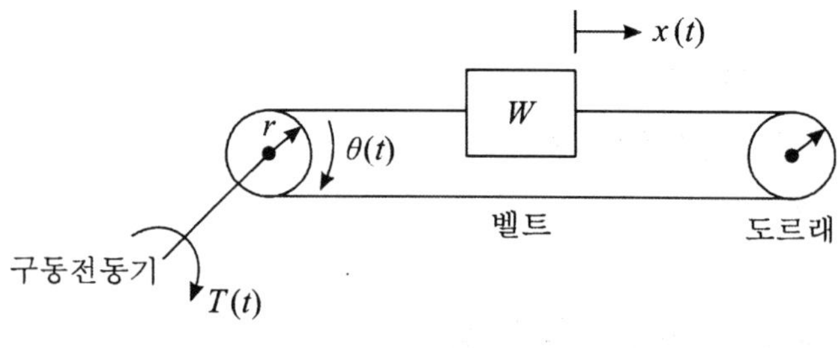

그림 8-18 회전 대 직선 운동제어 계통

8.1.4 기어 시스템

그림 8-19 (a)는 2개의 기어가 결합된 것으로 기어의 마찰과 관성을 무시하고, 2개의 기어가 맞물고 회전할 때 톱니수를 각각 N_1, N_2로 하고, 회전력을 각각 $T_1(t)$, $T_2(t)$ 각변위를 $\theta_1(t)$, $\theta_2(t)$라 하면 다음의 관계가 성립한다.

① 각 기어의 톱니수는 기어의 반지름 r_1, r_2에 비례한다. 즉

$$\frac{N_1}{N_2} = \frac{r_1}{r_2}, \quad r_1 N_2 = r_2 N_1 \tag{8-28}$$

② 같은 시간에 각 기어의 표면에 따라 이동한 거리는 같다. 즉

$$r_1\theta_1(t) = r_2\theta_2(t), \quad \frac{r_1}{r_2} = \frac{\theta_2(t)}{\theta_1(t)} \tag{8-29}$$

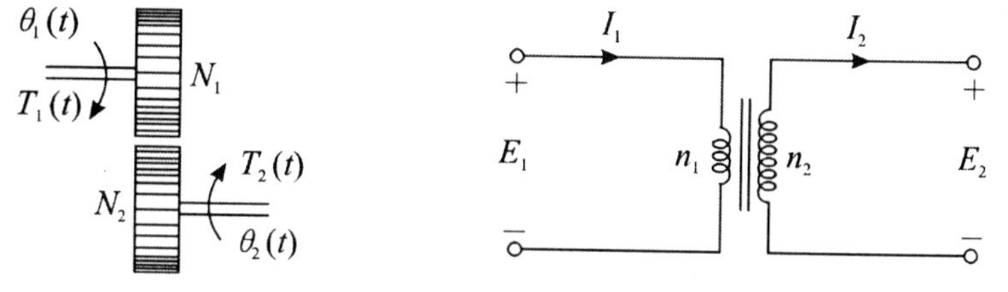

(a) 기어열

(b) 등가 전기회로

그림 8-19 기어 시스템

③ 손실이 없다고 가정하면 한 기어가 행한 일은 다른 기어가 행한 일과 같다.

$$T_1(t)\theta_1(t) = T_2(t)\theta_2(t), \quad \frac{T_1(t)}{T_2(t)} = \frac{\theta_2(t)}{\theta_1(t)} \tag{8-30}$$

두 기어의 각 속도를 $\omega_1(t)$, $\omega_2(t)$라고 하면, 식 (8-28), (8-29), (8-30)으로부터 다음과 같은 식을 얻는다.

$$\frac{T_1(t)}{T_2(t)} = \frac{\theta_2(t)}{\theta_1(t)} = \frac{\omega_2(t)}{\omega_1(t)} = \frac{N_1}{N_2} = \frac{r_1}{r_2} \tag{8-31}$$

그림 8-19 (a)의 전기적인 등가 시스템은 그림 8-19 (b)와 같이 나타낼 수 있다. 그림 8-19 (b)는 이상변압기로서 변압기의 권선수를 각각 n_1, n_2라 하면 다음과

같은 관계식을 갖는다.

$$\frac{E_1}{E_2} = \frac{n_1}{n_2} = \frac{I_2}{I_1} \tag{8-32}$$

지금까지는 기어의 마찰과 관성이 없는 이상적인 기어열에 대하여 고찰하였다. 그러나 실제로 기어는 결합된 기어열 사이에 무시할 수 없는 관성과 마찰을 가진다. 점성마찰, 쿨롱마찰 그리고 관성을 가지는 기어열의 등가표현은 그림 8-20과 같다.

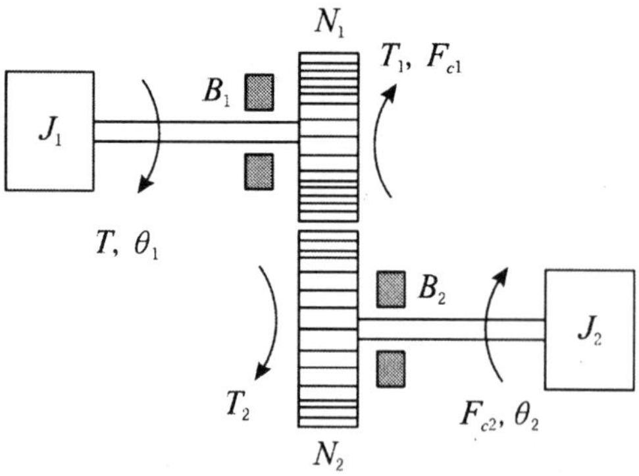

그림 8-20 마찰과 관성을 가지는 기어열

인가토크를 T, 기어에 전송된 토크를 T_1, T_2, 각 변위를 θ_1, θ_2, 기어의 관성을 J_1, J_2, 톱니수를 N_1, N_2, 쿨롱 마찰계수를 F_{c1}, F_{c2}, 점성 마찰계수를 B_1, B_2라 할 때 기어 2에 대한 토크 방정식은 다음과 같이 된다.

$$T_2(t) = J_2 \frac{d^2\theta_2(t)}{dt^2} + B_2 \frac{d\theta_2(t)}{dt} + F_{c2} \frac{\omega_2}{|\omega_2|} \tag{8-33}$$

기어 1쪽에서의 토크 방정식은 다음과 같이 된다.

$$T(t) = J_1 \frac{d^2\theta_1(t)}{dt^2} + B_1 \frac{d\theta_1(t)}{dt} + F_{c1} \frac{\omega_1}{|\omega_1|} + T_1(t) \tag{8-34}$$

식 (8-31)을 이용하면 식 (8-33)은 다음과 같이 변환된다.

$$T_1(t) = \frac{N_1}{N_2} T_2(t) = \left(\frac{N_1}{N_2}\right)^2 J_2 \frac{d^2\theta_1(t)}{dt^2} + \left(\frac{N_1}{N_2}\right)^2 B_2 \frac{d\theta_1(t)}{dt} + \frac{N_1}{N_2} F_{c2} \frac{\omega_1}{|\omega_1|} \tag{8-35}$$

연 습 문 제

1. 그림 8-21과 같은 회로에서 $v(t)$를 입력, $v_c(t)$를 출력으로 하는 회로망의 수학적 모델을 미분방정식으로 나타내어라.

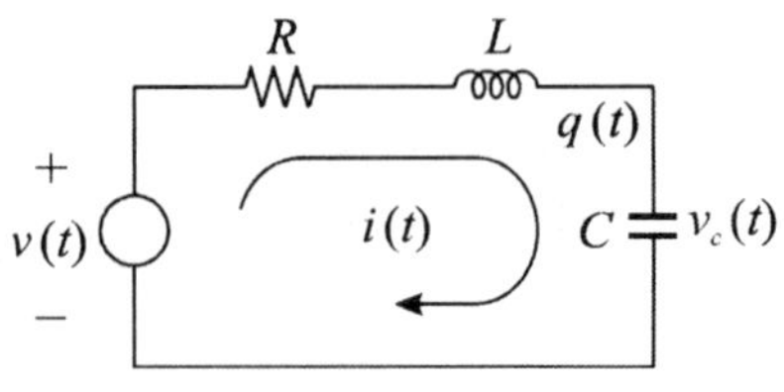

그림 8-21

2. 그림 8-22와 같이 스프링 K에 질량이 M인 물체를 매달았을 때 각 시스템의 평형방정식을 구하고, 이 기계적 시스템에 유사한 전기적 회로를 구성하라.

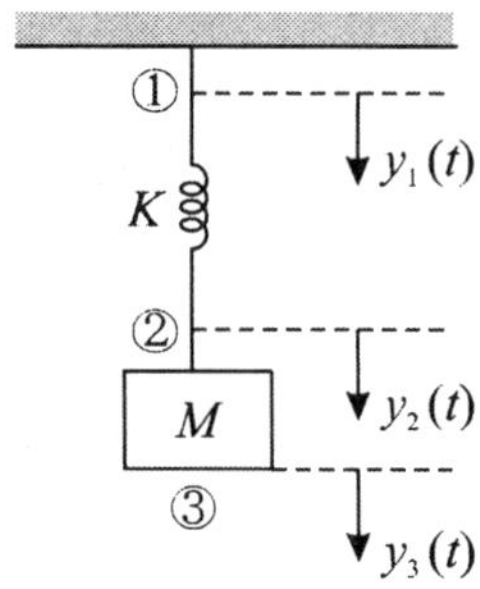

그림 8-22

3. 그림 8-23과 같은 스프링 마찰계의 힘의 평형방정식을 구하라.

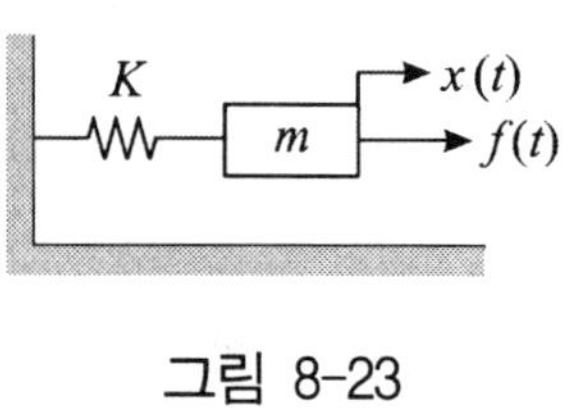

그림 8-23

4. 그림 8-24와 같은 회전계를 전기계로 표현하고 등가회로를 작성하라. T : 회전력, β : 마찰 제동 계수, J : 관성 능률이다.

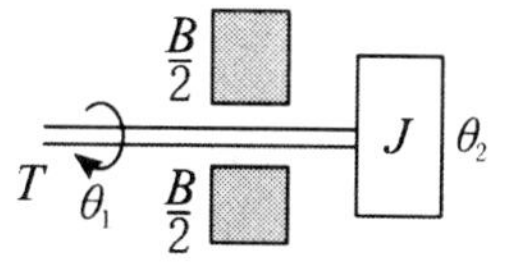

그림 8-24

5. 그림 8-25와 같은 가속계(accelerometer)에서 입력 $A(s)\left(a=\frac{d^2x}{dt^2}\right)$에 대한 출력 $Y(s)$의 전달함수를 구하라.(단, f : 외력, y : 물체의 변위, K : 물체의 스프링 상수, B : 점성 마찰계수)

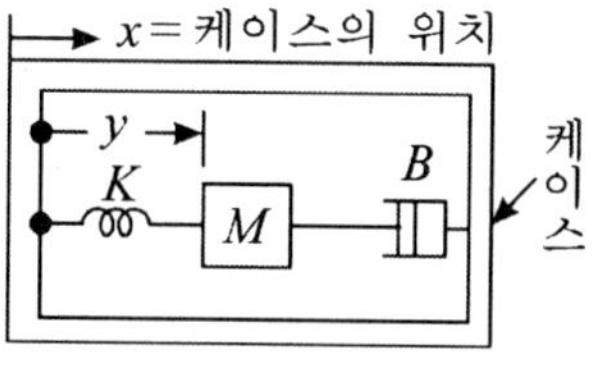

그림 8-25

6. 관성이 J이고 점성 마찰이 B일 때 부하에 연결된 모터는 입력전류 i에 비례하는 토크를 발생한다. 모터와 부하에 대한 미분 방정식이 $J\frac{d^2\theta}{dt^2}+B\frac{d\theta}{dt}=Ki$일 때 입력전류와 전동기축(각변위) θ간의 전달함수를 구하라.

7. 그림 8-26은 전동기 부하 계통의 체계도이다. $T_m(t)$는 전동기 토크, $\omega_m(t)$는 전동기 각속도, $\theta_m(t)$는 전동기 변위, $\omega_L(t)$는 부하 각속도, $\theta_L(t)$는 부하변위, K는 비틀림 스프링정수, J_m은 전동기 관성, B_m은 전동기 점성마찰계수, B_L은 부하 점성마찰계수이다.

① 이 계통의 토크 방정식을 구하라.

② 전달함수 $\frac{\theta_L(s)}{T_m(s)}$ 및 $\frac{\theta_m(s)}{T_m(s)}$를 구하라.

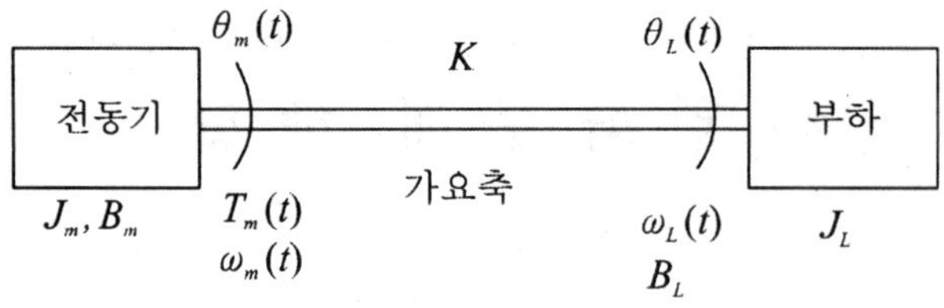

그림 8-26

8. 그림 8-27에 나타낸 선형 평행계통의 힘의 방정식을 나타내어라. 전달함수 $\dfrac{Y_1(s)}{F(s)}$ 및 $\dfrac{Y_2(s)}{F(s)}$를 구하라. 이 때 $Mg=0$으로 하라.

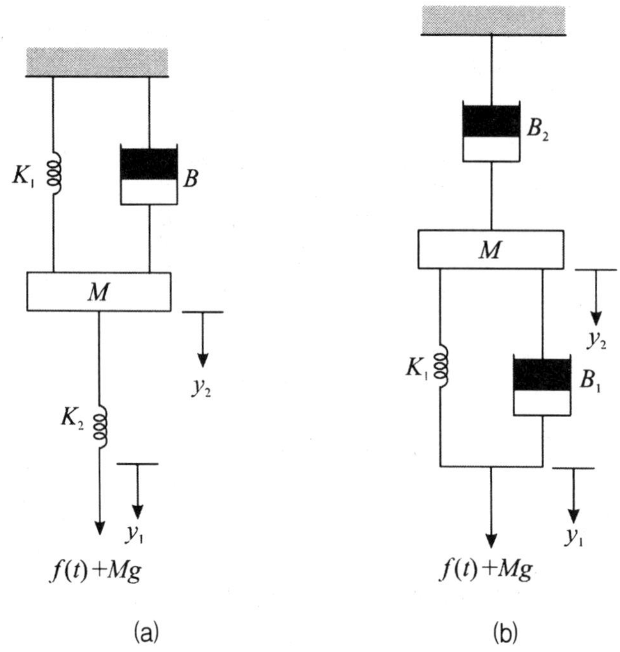

그림 8-27

연 습 문 제 해 답

1. 그림 8-21의 회로에서 전압 방정식을 세우면

$$L\frac{di(t)}{dt}+Ri(t)+v_c(t)=v(t) \qquad ①$$

$$i(t)=C\frac{dv_c(t)}{dt} \qquad ②$$

이므로 식 ②를 식 ①에 대입하면

$$v(t)=LC\frac{d^2v_c(t)}{dt^2}+RC\frac{dv_c(t)}{dt}+v_c(t)$$

2. 힘 $f(t)$를 가하지 않고, 질량 M에 의해서 임의의 변화를 하였다고 가정한다. 그림 8-22에서 점 ①의 변위는 $y_1(t)=0$ 이고, 점 ②와 점 ③에서는
$y_2(t)$와 $y_3(t)$만큼 변위하며 변위는 같으므로

$$y(t)=y_2(t)=y_3(t) \qquad ①$$

가 된다. 따라서 기계적 시스템의 평형방정식은 스프링 시스템 $Ky(t)$와
질량 시스템 $M\frac{d^2y(t)}{dt^2}$ 는 같으므로

$$M\frac{d^2y(t)}{dt^2}=-Ky(t),\ M\frac{d^2y(t)}{dt^2}+Ky(t)=0 \qquad ②$$

로 표시된다. 스프링 K에 대응하는 전기적 시스템은 커패시터 C이고
질량 M에 대응하는 전기적 시스템은 인덕터 L이므로

$$L\frac{d^2q(t)}{dt^2}+\frac{1}{C}q(t)=L\frac{di(t)}{dt}+\frac{1}{C}\int i(t)dt=0 \qquad ③$$

가 된다. 따라서 전기적 시스템을 나타내는 전기적 회로는 그림 8-28과 같이 된다.

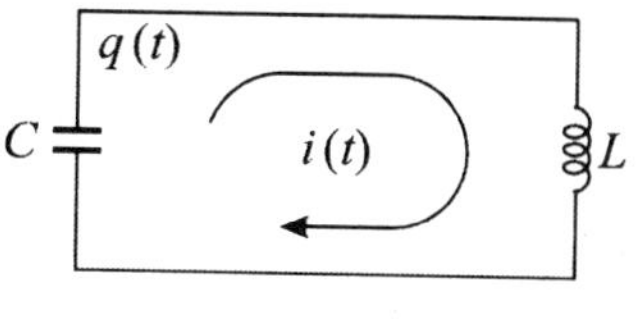

그림 8-28

3. $f(t)=m\dfrac{d^2x}{dt^2}+\mu\dfrac{dx}{dt}+Kx$

4. $T=J\dfrac{d^2\theta}{dt^2}+B\dfrac{d\theta}{dt}$ (회전계)

$e(t)=L\dfrac{d^2q}{dt^2}+R\dfrac{dq}{dt}$ (전기계)

양식에 등가회로를 그리면 그림 8-29와 같다.

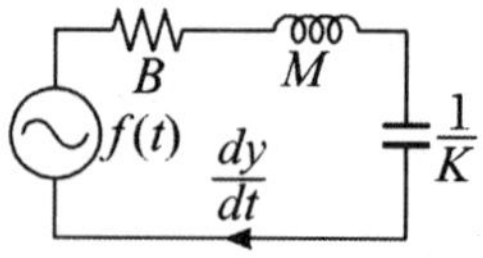

그림 8-29

5. 질량 M의 관성 가속력과 M에 작용하는 반저항력의 합은 같으므로 다음과 같은 미분방정식이 얻어진다.

$-B\dfrac{dy}{dt}-Ky=M\dfrac{d^2}{dt^2}(y-x)$

$M\dfrac{d^2y}{dt^2}+B\dfrac{dy}{dt}+Ky=M\dfrac{d^2x}{dt^2}=Ma$ (a : 입력 가속도)

모든 초기값을 0으로 하고 라플라스 변환하면

$(Ms^2+Bs+K)Y(s)=MA(s)$

$\therefore\ \dfrac{Y(s)}{A(s)}=\dfrac{1}{s^2+\left(\dfrac{B}{M}\right)^2+\dfrac{K}{M}}$

6. 미분방정식이 $J\dfrac{d^2\theta}{dt^2}+B\dfrac{d\theta}{dt}=Ki$이므로 이것을 라플라스 변환하면

$(Js^2+Bs)\theta(s)=KI(s)$

$\therefore\ \dfrac{\theta(s)}{I(s)}=\dfrac{K}{s(Js+B)}$

7. ① 토크 방정식

$T_m(t)=J_m\dfrac{d^2\theta_m}{dt^2}+B_m\dfrac{d\theta_m}{dt}+K(\theta_m-\theta_L)$

$K(\theta_m-\theta_L)=J_L\dfrac{d^2\theta_L}{dt^2}+B_L\dfrac{d\theta_L}{dt}$

② 전달함수

$$\frac{\theta_L(s)}{T_m(s)} = \frac{K}{\Delta(s)}, \qquad \frac{\theta_m(s)}{T_m(s)} = \frac{J_L s^2 + B_L s + K}{\Delta(s)}$$

$$\Delta(s) = s[J_m J_L s^3 + (B_m J_L + B_L J_m)s^2 + (KJ_m + KJ_L + B_m B_L)s + B_m K]$$

8. ① 힘 방정식

$$y_1 = \frac{1}{K_2}(f + Mg) + y_2, \quad \frac{d^2 y_2}{dt^2} = -\frac{B}{M}\frac{dy_2}{dt} = -\frac{K_1 + K_2}{M}y_2 + \frac{K_2}{M}y_1$$

전달함수

$$\frac{Y_1(s)}{F(s)} = \frac{s^2 + Bs + K_1 + K_2}{K_2(Ms^2 + Bs + K_1)}, \quad \frac{Y_2(s)}{F(s)} = \frac{1}{Ms^2 + Bs + K_1}$$

② 힘 방정식

$$\frac{dy_1}{dt} = \frac{1}{B_1}[f(t) + Mg] + \frac{dy_2}{dt} - \frac{K_1}{B_1}(y_1 - y_2)$$

$$\frac{d^2 y_2}{dt^2} = \frac{B-1}{M}\left(\frac{dy_1}{dt} - \frac{dy_2}{dt}\right) + \frac{K_1}{M}(y_1 - y_2) - \frac{B_2}{M}(y_1 - y_2) - \frac{B_2}{M}\frac{dy_2}{dt}$$

③ 전달함수

$$\frac{Y_1(s)}{F(s)} = \frac{Ms^2 + (B_1 + B_2) + K_1}{s^2[MB_1 s + (B_1 B_2 + MK_1)]}, \quad \frac{Y_2(s)}{F(s)} = \frac{Bs + K_1}{s^2[MB_1 s + (B_1 B_2 + MK_1)]}$$

제 9 장

상태 변수 해석

9.1 상태 방정식

현대 제어이론은 n개의 1차 미분 방정식으로 표현되는 시스템 방정식에 기본을 두고 있으며, 이 미분 방정식들은 1차 벡터-행렬 미분 방정식으로 결합될 수 있다. 이러한 벡터-행렬을 사용하면 시스템의 수학적 표현을 간결하게 할 수 있다. 상태공간 접근법이 현대 및 최적 제어 설계에 사용될 때 앞으로의 학습에 대한 과제의 작업지식을 얻을 수 있다. 특히, 선형 시불변 상태 방정식의 근접된 형식의 해답이 제공된다.

공학에서 다루게 되는 시스템의 많은 범위가 미분 방정식에 의하여 간편하게 수식화된다. 이 방정식들은 독립변수에 관한 종속변수의 미분항과 적분항을 포함한다.

예를 들면 $R-L-C$ 직렬회로망은 다음과 같은 미분 방정식

$$Ri(t) + L\frac{di(t)}{dt} + \frac{1}{C}\int i(t)dt = e(t) \tag{9-1}$$

에 의하여 기술되며, $i(t)$는 회로망의 전류, $e(t)$는 인가전압이다. 이 경우에 $e(t)$는 구동함수, t는 독립변수이다. 식 (9-1)은 2차 미분 방정식으로, 그 시스템은 2차 시스템으로 부른다. 일반적으로 n차 시스템의 미분 방정식은

$$\frac{d^n y(t)}{dt^n} + a_{n-1}\frac{d^{n-1}y(t)}{dt^{n-1}} + \cdots + a_1\frac{dy(t)}{dt} + a_0 y(t) = f(t) \tag{9-2}$$

으로 표시되며, a_0, $a_1, \cdots$ a_{n-1}이 $y(t)$의 함수가 아니라면 선형 상미분 방정식으

로 알려져 있다. 일반적으로, n차 미분 방정식은 n개의 1차 미분 방정식으로 분해될 수 있다. 원칙적으로 1차 미분 방정식이 고차 미분 방정식보다 풀이가 간단하므로 제어 시스템의 해석적 연구에는 1차 미분 방정식이 널리 사용된다.
식 (9-1)에 대해서

$$x_1(t) = \int i(t)dt \tag{9-3}$$

$$x_2(t) = \frac{dx_1(t)}{dt} = i(t) \tag{9-4}$$

으로 놓으면 식 (9-1)은 다음과 같은 2개의 1차 미분 방정식들로 분해된다.

$$\frac{dx_1(t)}{dt} = x_2(t) \tag{9-5}$$

$$\frac{dx_2(t)}{dt} = -\frac{1}{LC}x_1(t) - \frac{R}{L}x_2(t) + \frac{1}{L}e(t) \tag{9-6}$$

같은 방법으로 식 (9-2)에 대하여 다음과 같이 정의한다.

$$\left.\begin{aligned} x_1(t) &= y(t) \\ x_2(t) &= \frac{dy(t)}{dt} \\ &\vdots \\ x_n(t) &= \frac{d^{n-1}y(t)}{dt^{n-1}} \end{aligned}\right\} \tag{9-7}$$

그러면 n차 미분 방정식은 n개의 1차 미분 방정식으로 분리될 수 있다.

$$\left.\begin{aligned} \frac{dx_1(t)}{dt} &= x_2(t) \\ \frac{dx_2(t)}{dt} &= x_3(t) \\ &\vdots \\ \frac{dx_n(t)}{dt} &= -a_0x_1(t) - a_1x_1(t) - \\ &\quad \cdots - a_{n-2}x_{n-1}(t) - a_{n-1}x_n(t) + f(t) \end{aligned}\right\} \tag{9-8}$$

식 (9-8)의 마지막은 식 (9-2)에 있는 가장 높은 차수의 미분항을 나머지 항과 같게 함으로써 얻어진다. 제어이론에서 식 (9-8)에 있는 1차 미분 방정식의 집합을 **상태 방정식**이라 하고 x_1, x_2, $\cdots$ x_n을 **상태 변수**라 한다. 어떤 시스템의 상태는 그 시스템의 과거, 현재, 미래상태를 나타낸다. 식 (9-7)에서 정의된 변수 x_1, $x_2 \cdots$은 식 (9-2)에 있는 n차 시스템의 상태변수이고, n개의 1차 미분 방정식은 상태 방정식이다.

상태변수는 다음의 조건을 만족시켜야 한다.

① 어떠한 초기시각 $t=t_0$에서 상태변수 $x_1(t_0)$, $x_2(t_0)$, $\cdots$ $x_n(t_0)$는 그 시스템의 초기 상태들을 정의한다.

② 일단 $t \geq t_0$에 대해 그 시스템의 입력들과 위에서 정의된 초기상태가 결정되면, 상태변수들을 알고 입력에 대한 정보를 갖고 있다면 어떤 시각 $t > t_0$에서 그 시스템의 상태를 결정하는데 충분하다.

9.1.1 상태 방정식의 벡터 행렬 표현

n차의 동적계통(dynamic system)의 n개 상태 방정식이 다음과 같이 표시된다고 가정하자.

$$\frac{dx_i(t)}{dt} = f_i[x_1(t),\ x_2(t), \cdots x_n(t),\ u_1(t),\ u_2(t),\ \cdots u_p(t),\ w_1(t),\ w_2(t) \cdots w_v(t)] \tag{9-9}$$

여기서, $i=1,2,\ \cdots,\ n$이다. $x_1(t)$, $x_2(t) \cdots x_n(t)$를 상태변수(state variable)라 하며 i번째 상태변수는 $x_i(t)$로 표현되며, $u_1(t)$, $u_2(t), \cdots u_p(t)$를 입력변수(input variable)라 하고 $u_j(t)$는 $j=1,\ 2, \cdots\ p$에 대한 j번째 입력을 표기한다. 또 $w_1(t)$, $w_2(t) \cdots w_v(t)$는 외란(外亂 ; disturbance)을 나타내며, $w_k(t)$는 $k=1,\ 2, \cdots v$에 대한 k번째 외란을 의미한다.

변수 $y_1(t)$, $y_2(t), \cdots\ y_q(t)$는 계통의 q개 출력변수이다. 그 출력 방정식은 다음과 같이 나타낼 수 있다.

$$y_j(t) = g_j[x_1(t),\ x_2(t) \cdots x_n(t),\ u_1(t),\ u_2(t),\ \cdots u_p(t),$$

$$w_1(t),\ w_2(t),\ \cdots\ w_v(t)] \tag{9-10}$$

여기서, $j=1,\ 2,\ \cdots\ q$이다.

식 (9-9)에서의 n개의 상태 방정식과 식 (9-10)에서의 q개 출력 방정식을 동적 방정식(動的方程式, dynamic equation)이라 하고, 벡터 행렬로 표현하면 다음과 같이 된다.

$$\frac{dx(t)}{dt}=f[x(t),\ u(t),\ w(t)] \tag{9-11}$$

$$y(t)=g[x(t),\ u(t),\ w(t)] \tag{9-12}$$

$$\text{상태 벡터}\ \ x(t)=\begin{bmatrix} x_1(t) \\ x_2(t) \\ \vdots \\ x_n(t) \end{bmatrix}\ (n\times 1) \tag{9-13}$$

$$\text{입력 벡터}\ \ u(t)=\begin{bmatrix} u_1(t) \\ u_2(t) \\ \vdots \\ u_p(t) \end{bmatrix}\ (p\times 1) \tag{9-14}$$

$$\text{출력 벡터}\ \ y(t)=\begin{bmatrix} y_1(t) \\ y_2(t) \\ \vdots \\ y_q(t) \end{bmatrix}\ (q\times 1) \tag{9-15}$$

$$\text{외란 벡터}\ \ w(t)=\begin{bmatrix} w_1(t) \\ w_2(t) \\ \vdots \\ w_v(t) \end{bmatrix}\ (v\times 1) \tag{10-16}$$

선형 시불변 시스템에 대한 동적 방정식은 다음과 같다.

$$\text{상태 방정식 : }\ \frac{dx(t)}{dt}=Ax(t)+Bu(t)+Ew(t) \tag{9-17}$$

$$\text{출력 방정식 : }\ y(t)=Cx(t)+Du(t)+Hw(t) \tag{9-18}$$

여기서,

$$A=\begin{bmatrix} a_{11} & a_{12} & \cdots & a_{1n} \\ a_{21} & a_{22} & \cdots & a_{2n} \\ \vdots & \vdots & \ddots & \vdots \\ a_{n1} & a_{n2} & \cdots & a_{nn} \end{bmatrix} \quad (n\times n) \tag{9-19}$$

$$B=\begin{bmatrix} b_{11} & b_{12} & \cdots & b_{1p} \\ b_{21} & b_{22} & \cdots & b_{2p} \\ \vdots & \vdots & \ddots & \vdots \\ b_{n1} & b_{n2} & \cdots & b_{np} \end{bmatrix} \quad (n\times p) \tag{9-20}$$

$$C=\begin{bmatrix} c_{11} & c_{12} & \cdots & c_{1n} \\ c_{21} & c_{22} & \cdots & c_{2n} \\ \vdots & \vdots & \ddots & \vdots \\ c_{q1} & c_{q2} & \cdots & c_{qn} \end{bmatrix} \quad (q\times n) \tag{9-21}$$

$$D=\begin{bmatrix} d_{11} & d_{12} & \cdots & d_{1p} \\ d_{21} & d_{22} & \cdots & d_{2p} \\ \vdots & \vdots & \ddots & \vdots \\ d_{q1} & d_{q2} & \cdots & d_{qp} \end{bmatrix} \quad (q\times p) \tag{9-22}$$

$$E=\begin{bmatrix} e_{11} & e_{12} & \cdots & e_{1v} \\ e_{21} & e_{22} & \cdots & e_{2v} \\ \vdots & \vdots & \ddots & \vdots \\ e_{n1} & e_{n2} & \cdots & e_{nv} \end{bmatrix} \quad (n\times v) \tag{9-23}$$

$$H=\begin{bmatrix} h_{11} & h_{12} & \cdots & h_{1v} \\ h_{21} & h_{22} & \cdots & h_{2v} \\ \vdots & \vdots & \ddots & \vdots \\ h_{q1} & h_{q2} & \cdots & h_{qv} \end{bmatrix} \quad (q\times v) \tag{9-24}$$

예제 다음과 같은 미분 방정식을 상태 방정식으로 나타내어라.

$$\frac{d^3y(t)}{dt^3}+3\frac{d^2y(t)}{dt^2}+5\frac{dy(t)}{dt}+7y(t)=9u(t)$$

풀이 이 3차 미분 방정식에서 상태변수를 다음과 같이 둔다.

$$x_1(t)=y(t)$$

$$x_2(t)=\frac{dx_1(t)}{dt}=\frac{dy(t)}{dt}=\dot{x}_1(t)$$

$$x_3(t)=\frac{dx_2(t)}{dt}=\frac{d^2y(t)}{dt^2}=\dot{x}_2(t)$$

위 식으로부터

$$\frac{dx_3(t)}{dt} = \frac{d^3y(t)}{dt^3} = -3\frac{d^2y(t)}{dt^2} - 5\frac{dy(t)}{dt} - 7y(t) + 9u(t)$$

$$= -7x_1(t) - 5x_2(t) - 3x_3(t) + 9u(t)$$

이 되므로 상태 방정식은

$$\dot{x}_1(t) = x_2(t)$$

$$\dot{x}_2(t) = x_3(t)$$

$$\dot{x}_3(t) = -7x_1(t) - 5x_2(t) - 3x_3(t) + 9u(t)$$

가 된다. 또는

$$\frac{dx(t)}{dt} = \begin{bmatrix} \dot{x}_1(t) \\ \dot{x}_2(t) \\ \dot{x}_3(t) \end{bmatrix} = \begin{bmatrix} 0 & 1 & 0 \\ 0 & 0 & 1 \\ -7 & -5 & -3 \end{bmatrix} \begin{bmatrix} x_1(t) \\ x_2(t) \\ x_3(t) \end{bmatrix} + \begin{bmatrix} 0 \\ 0 \\ 9 \end{bmatrix} u(t)$$

로 나타내고 출력 방정식은

$$y(t) = [\ 1 \quad 0 \quad 0] \begin{bmatrix} x_1(t) \\ x_2(t) \\ x_3(t) \end{bmatrix}$$

가 된다.

예제 그림 9-1과 같은 R-L-C 회로망에서 동적 방정식을 구하라.

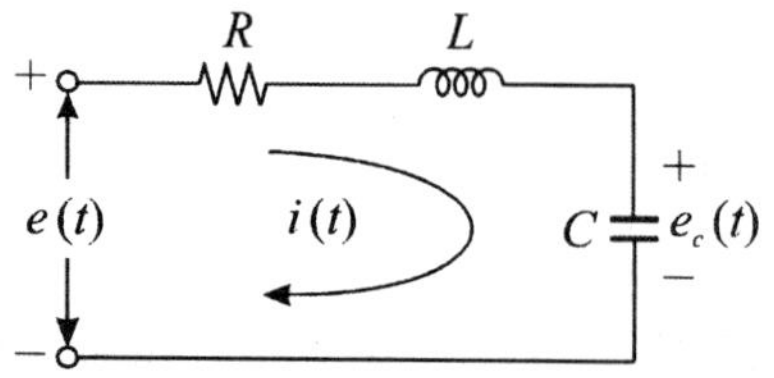

그림 9-1 R-L-C 회로망

풀이 상태 변수의 정의에 따라 동적 방정식을 구할 수 있다. 그림 9-1의 루프 방정식을 세우면 다음과 같이 된다.

$$e(t) = Ri(t) + L\frac{di(t)}{dt} + \frac{1}{C}\int i(t)dt \qquad ①$$

(1) 첫 번째로 상태 변수를 다음과 같이 정의하면

$$x_1(t) = i(t) \qquad ②$$

$$x_2(t) = \int i(t)dt \qquad ③$$

이 두 상태 변수를 식 ①에 대입하면

$$e(t) = Rx_1(t) + L\frac{dx_1(t)}{dt} + \frac{1}{C}x_2(t) \qquad ④$$

식 ④의 각 항을 정리하고 식 ③을 시간에 대해 미분하면 다음과 같은 2개의 상태 방정식이 얻어진다.

$$\frac{dx_1(t)}{dt} = -\frac{R}{L}x_1(t) - \frac{1}{LC}x_2(t) + \frac{1}{L}e(t) \qquad ⑤$$

$$\frac{dx_2(t)}{dt} = x_1(t) \qquad ⑥$$

위 두식을 벡터 행렬로 정리하여 쓰면 상태 방정식은 다음과 같이 된다.

$$\begin{bmatrix} \frac{dx_1(t)}{dt} \\ \frac{dx_2(t)}{dt} \end{bmatrix} = \begin{bmatrix} -\frac{R}{L} & \frac{1}{LC} \\ 1 & 0 \end{bmatrix}\begin{bmatrix} x_1(t) \\ x_2(t) \end{bmatrix} + \begin{bmatrix} \frac{1}{L} \\ 0 \end{bmatrix}e(t)$$

(2) 루프 방정식의 상태변수를 다음과 같이 정의하면(일반적으로 많이 활용)

$$x_1(t) = i(t) \qquad ⑦$$

$$x_2(t) = e_c(t) \qquad ⑧$$

그림에서 다음의 방정식이 얻어진다.

$$L\frac{di(t)}{dt} = -Ri(t) - e_c(t) + e(t) \qquad ⑨$$

$$C\frac{de_c(t)}{dt} = i(t) \left(e_c(t) = \frac{1}{C}\int i(t)dt\right) \qquad ⑩$$

위 두 식에 식 ⑦, ⑧을 대입하고 각각 L과 C로 양변을 나누면 다음과 같이 된다.

$$\frac{dx_1(t)}{dt} = -\frac{R}{L}x_1(t) - \frac{1}{L}x_2(t) + \frac{1}{L}e(t) \qquad ⑪$$

$$\frac{dx_2(t)}{dt} = \frac{1}{C}x_1(t) \qquad ⑫$$

식 ⑪, ⑫를 벡터 행렬로 표시하면 다음과 같이 된다.

$$\begin{bmatrix} \frac{dx_1(t)}{dt} \\ \frac{dx_2(t)}{dt} \end{bmatrix} = \begin{bmatrix} -\frac{R}{L} & \frac{1}{L} \\ \frac{1}{C} & 0 \end{bmatrix}\begin{bmatrix} x_1(t) \\ x_2(t) \end{bmatrix} + \begin{bmatrix} \frac{1}{L} \\ 0 \end{bmatrix}e(t)$$

일반적으로 전기회로에서는 인덕터에 흐르는 전류와 커패시터 양단에 걸리는 전압을 상태변수로 택한다.

9.2 상태 천이 행렬(state transition matrix)

식 (9-17)의 오른쪽에 있는 첫 번째 항은 그 상태 방정식의 동차부분으로 알려져 있으며 나머지 두 항은 강제함수 $u(t)$와 $w(t)$를 나타낸다.

9.2.1 상태 천이 행렬의 정의

상태 천이 행렬(狀態遷移行列)은 다음과 같은 선형 동차 상태 방정식을 만족하는 행렬로서 정의된다.

$$\frac{dx(t)}{dt} = Ax(t) \tag{9-25}$$

$\Phi(t)$를 상태 천이 행렬을 나타내는 $n \times n$행렬로 두자. 그러면 이것은 다음의 식을 만족해야 한다.

$$\frac{d\Phi(t)}{dt} = A\Phi(t) \tag{9-26}$$

$x(0)$를 $t=0$에서의 초기상태로 두자. 그러면 $\Phi(t)$는 역시 행렬 방정식에 의하여 정의된다.

$$x(t) = \Phi(t)x(0) \tag{9-27}$$

식 (9-27)은 $t \geq 0$에 대한 동차 상태 방정식의 해(解)이다.

$\Phi(t)$를 결정하는 한 가지 방법은 식 (9-25)를 양변에 라플라스 변환을 취하고 정리하면

$$\left.\begin{aligned} sX(s) - x(0) &= AX(s) \\ X(s) &= [sI - A]^{-1}x(0) \end{aligned}\right\} \tag{9-28}$$

여기서 행렬 $[sI-A]$는 정칙(正則)이라고 가정한다. 식 (9-28)의 양변을 역라플라스 변환하면 다음과 같은 식이 된다.

$$x(t) = \mathcal{L}^{-1}[(sI-A)^{-1}]x(0) \qquad t \geq 0 \tag{9-29}$$

식 (9-27)과 식 (9-29)를 비교하면 상태 천이 행렬은 다음과 같이 정의할 수 있

다.

$$\Phi(t) = \mathcal{L}^{-1}[(sI-A)^{-1}] \tag{9-30}$$

동차 방정식을 푸는 다른 방법은 선형 미분 방정식을 푸는 고전적인 방법과 같이 해를 가정하는 것이다. $t \geq 0$에 대하여 식 (9-25)에 대한 해를 다음과 같이 두자.

$$x(t) = e^{At}x(0) \tag{9-31}$$

여기서 e^{At}는 행렬 At의 다음과 같은 멱급수(冪級數)로 표현된다.

$$e^{At} = I + At + \frac{1}{2!}A^2t^2 + \frac{1}{3!}A^3t^3 + \cdots \tag{9-32}$$

식 (9-31)이 동차 방정식의 해인 것을 증명하는 것은 쉽다.

따라서, 식 (9-30)외에 상태 천이 행렬에 대한 다음과 같은 다른 표현식을 얻는다.

$$\Phi(t) = e^{At} = I + At + \frac{1}{2!}A^2t^2 + \frac{1}{3!}A^3t^3 + \cdots \tag{9-33}$$

식 (9-30)과 식 (9-33)으로부터 상태 천이 행렬은 행렬 A에만 따른다. 상태 천이 행렬 $\Phi(t)$는 초기시간 $t=0$에서 임의의 시간 t까지의 상태의 천이를 완전히 정의한다.

9.2.2 상태 천이 행렬의 성질

상태 천이 행렬은 다음과 같은 성질을 가진다.

① $\Phi(0) = I$(단위 행렬) (9-34)

식 (9-33)에서 $t=0$을 대입하면 된다.

② $\Phi^{-1}(t) = \Phi(-t)$ (9-35)

식 (9-33)의 양변에 e^{-At}를 곱하면 다음식과 같이 된다.

$$\Phi(t)e^{-At} = e^{At}e^{-At} = I \tag{9-36}$$

식 (9-36)의 양변에 $\Phi^{-1}(t)$를 앞에서 곱하면 다음식과 같이 된다.

$$e^{-At} = \Phi^{-1}(t) \tag{9-37}$$

즉,

$$\Phi(-t) = \Phi^{-1}(t) = e^{-At} \tag{9-38}$$

③ $\Phi(t_2 - t_1)\Phi(t_1 - t_0) = \Phi(t_2 - t_0)$ (9-39)

$$\Phi(t_2 - t_1)\Phi(t_1 - t_0) = e^{A(t_2 - t_1)}e^{A(t_1 - t_0)} = e^{A(t_2 - t_0)} = \Phi(t_2 - t_0) \tag{9-40}$$

상태 천이 행렬의 이 성질은 중요하다. 그림 9-2는 $t = t_0$에서 $t = t_2$까지의 천이는 t_0에서 t_1까지 그 다음에 t_1에서 t_2까지의 천이와 같다는 것을 설명하고 있다. 일반적으로 상태 천이 과정은 임의의 부분으로 나눌 수 있다.

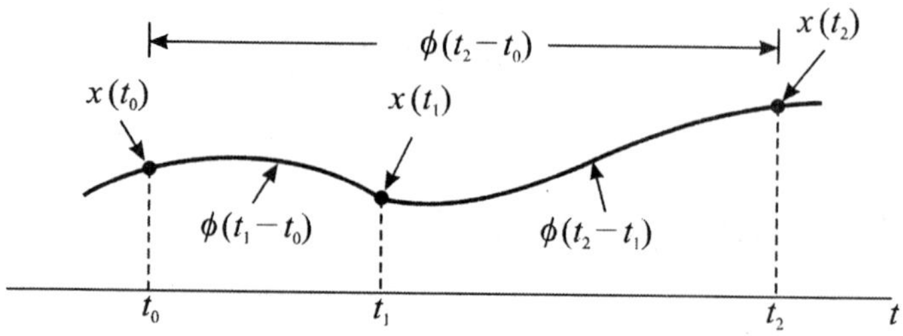

그림 9-2 상태 천이 행렬의 성질

④ $[\Phi(t)]^k = \Phi(kt)$

$$[\Phi(t)]^k = e^{At}e^{At}\cdots e^{At} \quad (k\text{항})$$
$$= e^{kAt} = \Phi(kt) \tag{9-41}$$

예제 다음과 같은 상태 방정식으로 표시되는 제어 시스템의 상태 천이 행렬을 구하라.

$$\frac{dx}{dt} = \begin{bmatrix} 0 & 1 \\ -1 & -2 \end{bmatrix} X + \begin{bmatrix} 0 \\ 1 \end{bmatrix} u$$

풀이 상태 천이 행렬을 구하기 위하여 먼저 $sI - A$를 구하면

$$sI - A = \begin{bmatrix} s & 0 \\ 0 & s \end{bmatrix} - \begin{bmatrix} 0 & 1 \\ -1 & -2 \end{bmatrix} = \begin{bmatrix} s & -1 \\ 1 & s+2 \end{bmatrix}$$

역행렬의 정의에 의하여

$$[sI-A]^{-1}=\frac{adj[sI-A]}{|sI-A|}=\frac{\begin{bmatrix} s+2 & 1 \\ -1 & s \end{bmatrix}}{s^2+2s+1}=\frac{1}{(s+1)^2}\begin{bmatrix} (s+2) & 1 \\ -1 & s \end{bmatrix}$$

따라서 상태 천이 행렬은 위 행렬을 라플라스 역변환하면 되므로

$$\Phi(t)=\mathcal{L}^{-1}[(sI-A)^{-1}]=\begin{bmatrix} (t+1)e^{-t} & te^{-t} \\ -te^{-t} & (-t+1)e^{-t} \end{bmatrix}$$

9.3 상태 천이 방정식

상태 천이 방정식은 선형동차 상태 방정식의 해로서 정의된다.

다음식과 같이 표시되는 일반적인 선형 시불변 시스템의 상태 방정식의 해는 라플라스 변환법을 사용해서 풀 수 있다.

$$\frac{dx(t)}{dt}=Ax(t)+Bu(t)+Ew(t) \tag{9-42}$$

식 (9-42)의 양변을 라플라스 변환하면

$$sX(s)-x(0)=AX(s)+BU(s)+EW(s) \tag{9-43}$$

여기서 $x(0)$는 $t=0$에서의 초기상태 벡터를 나타낸다. 식 (9-43)을 $X(s)$에 관해서 풀면 다음과 같이 된다.

$$X(s)=(sI-A)^{-1}x(0)+(sI-A)^{-1}[BU(s)+EW(s)] \tag{9-44}$$

식 (9-42)의 상태 천이 방정식은 식 (9-44)의 양변을 라플라스 역변환함으써 얻어진다.

$$\begin{aligned} x(t) &= \mathcal{L}^{-1}[(sI-A)^{-1}]x(0)+\mathcal{L}^{-1}(sI-A)^{-1}[BU(s)+EW(s)] \\ &= \Phi(t)x(0)+\int_0^t \Phi(t-\tau)[Bu(\tau)+Ew(\tau)]d\tau \qquad t\geq 0 \end{aligned} \tag{9-45}$$

식 (9-45)에서 상태 천이 방정식은 초기 시간이 $t=0$에서 정의될 때에만 유용하다.

9.4 특성 방정식, 고유값, 고유 벡터

9.4.1 특성 방정식

특성 방정식(特性方程式)은 선형 시스템의 해석에서 중요한 역할을 하며, 미분방정식, 전달함수 및 상태 방정식들로부터 정의될 수 있다.

선형 시불변 시스템이 다음과 같은 미분 방정식으로 표현된다고 하면

$$\frac{d^n y(t)}{dt^n} + a_{n-1}\frac{d^{n-1}y(t)}{dt^{n-1}} + \cdots + a_1\frac{dy(t)}{dt} + a_0 y(t)$$
$$= b_m\frac{d^m u(t)}{dt^m} + b_{m-1}\frac{d^{m-1}u(t)}{dt^{m-1}} + \cdots + b_1\frac{du(t)}{dt} + b_0 u(t) \qquad (9\text{-}46)$$

여기서, $n > m$이다. 연산자(演算子) s를 다음과 같이 정의하면

$$s^k = \frac{d^k}{dt^k} \qquad k=1,\ 2,\ \cdots,\ n \qquad (9\text{-}47)$$

식 (9-47)은 다음과 같이 된다.

$$(s^n + a_{n-1}s^{n-1} + \cdots + a_1 s + a_0)y(t)$$
$$= (b_m s^m + b_{m-1}s^{m-1} + \cdots + b_1 s + b_0)u(t) \qquad (9\text{-}48)$$

이 시스템의 특성 방정식은 다음과 같이 정의된다.

$$s^n + a_{n-1}s^{n-1} + \cdots + a_1 s + a_0 = 0 \qquad (9\text{-}49)$$

식 (9-49)는 식 (9-48)의 동차분을 0으로 놓음으로써 얻어진다.

식 (9-46)으로 표현되는 시스템의 전달함수는 다음과 같이 된다.

$$G(s) = \frac{Y(s)}{U(s)} = \frac{b_m s^m + b_{m-1}s^{m-1} + \cdots + b_1 s + b_0}{s^n + a_{n-1}s^{n-1} + \cdots + a_1 s + a_0} \qquad (9\text{-}50)$$

따라서, 식 (9-50)으로 부터 시스템의 특성 방정식은 전달함수의 분모를 0으로 놓음으로써 구해진다.

또 상태 방정식으로부터 전달함수는 다음과 같이 쓸 수 있다.

$$G(s) = C(sI-A)^{-1}B + D$$
$$= C\frac{adj(sI-A)}{|sI-A|}B + D$$

$$= \frac{C[adj(sI-A)]B+|sI-A|D}{|sI-A|} \tag{9-51}$$

식 (9-51)에서 시스템의 특성 방정식은 전달함수의 분모를 0으로 놓은 것이므로 다음과 같이 된다.

$$|sI-A|=0 \tag{9-52}$$

식 (9-52)는 특성 방정식의 다른 형식이며, 특성 방정식에서 A의 계수는 실수이고, $(sI-A)$의 계수도 실수이어야 한다는 성질을 가지고 있다.

예제 상태 방정식 $\frac{dx}{dt}=Ax+Bu$로 표시되는 시스템의 특성 방정식을 구하라.

단, $A=\begin{bmatrix} 0 & 1 \\ -3 & -2 \end{bmatrix}$, $B=\begin{bmatrix} 4 \\ 5 \end{bmatrix}$

풀이 $|sI-A|=\begin{vmatrix} s & -1 \\ 3 & s+2 \end{vmatrix}=s(s+2)+3=s^2+2s+3$

$\therefore\ s^2+2s+3=0$

9.4.2 고유값(특성 방정식의 값)

특성 방정식의 근은 때로 행렬 A의 고유값이라고 불리며 고유값의 몇 가지 중요한 성질은 다음과 같다.

① A의 계수가 모두 실수이면, 그 고유값은 실수이거나 복소수 공액쌍(複素數共軛雙)이다.

② A가 고유값 λ_i, $i=1, 2, \cdots n$을 가지고 정칙(正則)이면, $1/\lambda_i$, $i=1, 2, \cdots n$은 A^{-1}의 고유값이다.

예제 상태 방정식 $\frac{dx}{dt}=Ax+Bu$로 표시되는 시스템에서 A가 다음과 같을 때 특성 방정식과 고유값(eigen value)을 구하라.

$$A=\begin{bmatrix} 2 & 2 \\ 0.5 & 2 \end{bmatrix}$$

풀이 먼저 $[sI-A]$를 구하면

$$[sI-A]=\begin{bmatrix} s & 0 \\ 0 & s \end{bmatrix}-\begin{bmatrix} 2 & 2 \\ 0.5 & 2 \end{bmatrix}=\begin{bmatrix} s-2 & -2 \\ -0.5 & s-2 \end{bmatrix}$$

그러므로

$|sI-A|=s^2-4s+3=0$

따라서 특성 방정식은 $s^2-4s+3=0$이다.

A의 고유값은 특성 방정식의 근이므로

$s^2-4s+3=(s-1)(s-3)=0, \quad s=1, 3$

9.4.3 고유 벡터

계수 행렬 A의 고유값이 $\lambda_1, \lambda_2, \lambda_3, \cdots, \lambda_n$일 때 다음의 행렬 방정식을 만족하는 임의의 0이 아닌 벡터 p_i는 다음과 같이 된다.

$$(\lambda_i I - A)p_i = 0 \tag{9-53}$$

여기서, λ_i는 A의 i번째 고유값을 표시하며, 고유값 λ_i와 관련된 A의 고유 벡터라 한다.

만일 A가 서로 다른 고유값을 가지면 고유 벡터는 식 (9-53)에서 직접 구할 수 있다.

예제 식 (9-42)와 같은 상태 방정식에서 계수 행렬이 다음과 같을 때 고유 벡터 행렬을 구하라.

$$A=\begin{bmatrix} -4 & 1 \\ 1 & -4 \end{bmatrix},\ B=\begin{bmatrix} 1 \\ 1 \end{bmatrix},\ E=0$$

풀이 A의 특성 방정식을 구하면

$$|\lambda I - A| = \begin{bmatrix} \lambda & 0 \\ 0 & \lambda \end{bmatrix} - \begin{bmatrix} -4 & 1 \\ 1 & -4 \end{bmatrix} = \begin{bmatrix} \lambda+4 & -1 \\ -1 & \lambda+4 \end{bmatrix}$$

$$= \lambda^2 + 8\lambda + 15 = (\lambda+3)(\lambda+5)$$

따라서 고유값은 $\lambda_1=-3,\ \lambda_2=-5$이다.

고유 벡터가 다음과 같이 쓰여진다고 하자.

$$p_1=\begin{bmatrix} p_{11} \\ p_{21} \end{bmatrix},\ p_2=\begin{bmatrix} p_{12} \\ p_{22} \end{bmatrix}$$

$\lambda_1=-3$과 p_1을 식 (9-57)에 대입하면

$$\begin{bmatrix} 1 & -1 \\ -1 & 1 \end{bmatrix}\begin{bmatrix} p_{11} \\ p_{21} \end{bmatrix}=\begin{bmatrix} 0 \\ 0 \end{bmatrix}$$

$$p_{11}-p_{21}=0$$

$-p_{11}+p_{21}=0$

이므로 $p_{11}=p_{21}$가 된다. 이 식은 두 개의 미지수를 가진다. 그 미지수 중 하나를 임의로 놓을 수 있다. $p_{11}=1$로 하면 $p_{21}=1$이 된다.

$\lambda_2=-5$와 p_2를 식 (9-53)에 대입하면

$$\begin{bmatrix} -1 & -1 \\ -1 & -1 \end{bmatrix}\begin{bmatrix} p_{12} \\ p_{22} \end{bmatrix}=\begin{bmatrix} 0 \\ 0 \end{bmatrix}$$

$-p_{12}-p_{22}=0$이므로 $p_{12}=-p_{22}$가 된다. $p_{12}=1$로 두면 $p_{22}=-1$이 된다.

따라서, 고유 벡터 행렬은 다음과 같이 된다.

$$P=[\ p_1\ \ p_2\ ]=\begin{bmatrix} p_{11} & p_{12} \\ p_{21} & p_{22} \end{bmatrix}=\begin{bmatrix} 1 & 1 \\ 1 & -1 \end{bmatrix}$$

9.5 시스템의 가제어성과 가관측성

R. E. Kalman에 의해 소개된 가제어성과 가관측성의 개념은 현대 제어이론에서 중요한 역할을 한다. 여기서는 이 개념들의 정량적인 의미보다 정성적인 의미만을 다루기로 한다.

9.5.1 가제어성(Controllability)

가제어성의 개념이 그림 9-3의 블록선도에 나타나 있다.

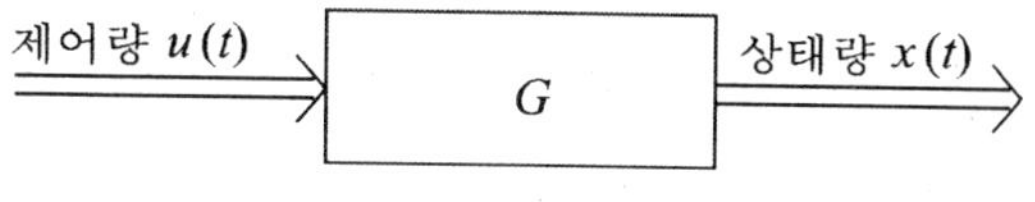

그림 9-3 선형 시불변 시스템

그림에서 만약 G의 모든 상태 변수가 아무런 구속을 받지 않는 제어 $u(t)$에 의해 한정된 시간안에 바라는 목적상태에 도달되도록 영향을 받거나, 제어되면 프로세서 G는 완전히 가제어하다고 말한다. 또는 구속조건이 없는 제어 벡터에 의해, 임의의 초기상태 $x(t_0)$에서 다른 임의의 상태로 유한시간 내에 시스템을 이동시킬 수 있으면, 이 시스템은 시간 t_0에서 가제어(controllable)라고 한다.

완전히 제어할 수 없는 시스템의 예가 그림 9-4에 나타나 있다.

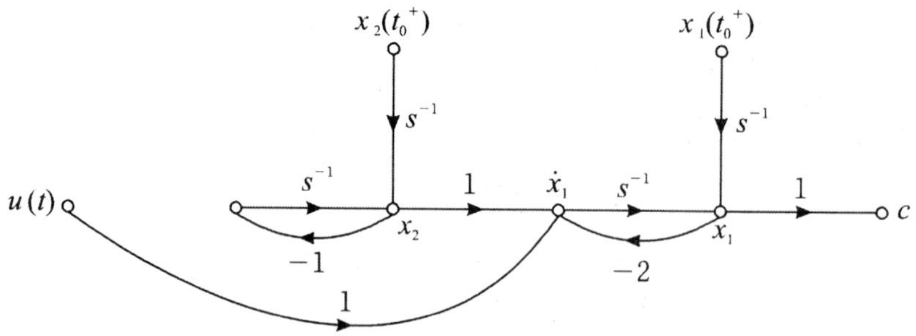

그림 9-4 완전히 제어할 수 없는 시스템의 상태선도

제어입력 $u(t)$는 상태변수 $x_1(t)$에만 영향을 미치고 $x_2(t)$는 제어하지 못한다. 즉, 이 시스템은 제어입력 $u(t)$에 의하여 한정된 시간에 초기상태 $x_2(t_0)$를 원하는 상태 $x_2(t_f)$로 $x_2(t)$가 옮겨질 수 없다. 그러므로 이 시스템은 가제어에 있지 않다.

선형 시불변 시스템의 동적 방정식은 다음과 같은 형식으로 주어진다.

$$\frac{dx(t)}{dt} = Ax(t) + Bu(t) \tag{9-54}$$

$$y(t) = Cx(t) + Du(t) \tag{9-55}$$

여기서, $x(t)$는 $n\times 1$상태 벡터이며, $u(t)$ 및 $y(t)$는 각각 스칼라 입력과 출력, A는 $n\times n$계수 행렬이다. 식 (9-54)와 식 (9-55)가 가제어 되기 위해서는 식 (9-56)과 같은 행렬이 정방(正方)이고 행렬식이 0이 아니어야 한다.

$$S = [\ B \quad AB \quad A^2B \quad \cdots \quad A^{n-1}B\ ] \tag{9-56}$$

식 (9-56)을 가제어성 행렬이라 하며 B는 n차원의 열 벡터, A는 $n\times n$행렬이다. 따라서 S는 정칙(正則) 행렬식이 된다.

식 (9-54)와 (9-55)의 동적 방정식에서 A의 특성 방정식은 다음과 같다.

$$|sI - A| = s^n + a_{n-1}s^{n-1} + \cdots + a_1 s + a_0 = 0 \tag{9-57}$$

$$P = SM \tag{9-58}$$

$$S = [B \quad AB \quad A^2B \cdots A^{n-1}B] \tag{9-59}$$

$$\text{여기서, } M=\begin{bmatrix} a_1 & a_2 & \cdots & a_{n-1} & 1 \\ a_2 & a_3 & \cdots & 1 & 0 \\ \vdots & \vdots & \ddots & \vdots & \vdots \\ a_{n-1} & 1 & \cdots & 0 & 0 \\ 1 & 0 & \cdots & 0 & 0 \end{bmatrix} \tag{9-60}$$

$$\left.\begin{aligned} \overline{A}=P^{-1}AP&=\begin{bmatrix} 0 & 1 & 0 & \cdots & 0 \\ 0 & 0 & 1 & \cdots & 0 \\ \vdots & \vdots & \vdots & \ddots & \vdots \\ 0 & 0 & 0 & \cdots & 1 \\ -a_0 & -a_1 & -a_2 & \cdots & -a_{n-1} \end{bmatrix} \\ \overline{B}=P^{-1}B&=\begin{bmatrix} 0 \\ 0 \\ \vdots \\ 0 \\ 1 \end{bmatrix} \end{aligned}\right\} \tag{9-61}$$

식 (9-61)과 같은 형태를 CCF(controllability canonical form) 모델이라 한다.

예제 시스템의 상태 방정식이 다음과 같을 때 가제어성을 조사하라.

$$\begin{bmatrix} \dot{x}_1(t) \\ \dot{x}_2(t) \\ \dot{x}_3(t) \end{bmatrix}=\begin{bmatrix} -1 & 0 & 0 \\ 0 & -1 & 0 \\ 0 & 0 & -1 \end{bmatrix}\begin{bmatrix} x_1(t) \\ x_2(t) \\ x_3(t) \end{bmatrix}+\begin{bmatrix} 1 \\ 1 \\ 1 \end{bmatrix}u(t)$$

풀이 가제어성 행렬 S를 구하기 위하여 B, AB, A^2B를 구하면

$$B=\begin{bmatrix} 1 \\ 1 \\ 1 \end{bmatrix}$$

$$AB=\begin{bmatrix} -1 \\ -1 \\ -1 \end{bmatrix}$$

$$A^2B=\begin{bmatrix} 1 \\ 1 \\ 1 \end{bmatrix}$$

$$|s|=[\,B \quad AB \quad A^2B\,]=\begin{vmatrix} 1 & -1 & 1 \\ 1 & -1 & 1 \\ 1 & -1 & 1 \end{vmatrix}=0$$

$|s|=0$이므로 가제어가 아니다.

예제 식 (9-54)와 같은 상태 방정식의 계수 행렬이 다음과 같을 때 가제어성을 조사하고 CCF모델을 구하라.

$$A=\begin{bmatrix}1 & 2 & 1\\0 & 1 & 3\\1 & 1 & 1\end{bmatrix},\quad B=\begin{bmatrix}1\\0\\1\end{bmatrix}$$

풀이 A의 특성 방정식은 다음과 같이 된다.

$$|sI-A|=\begin{vmatrix}s-1 & -2 & -1\\0 & s-1 & -3\\-1 & -1 & s-1\end{vmatrix}=s^3-3s^2-s-3=0$$

특성 방정식의 계수는 $a_0=-3$, $a_1=-1$, $a_2=-3$이다. 식 (9-60)으로부터

$$M=\begin{bmatrix}a_1 & a_2 & 1\\a_2 & 1 & 0\\1 & 0 & 0\end{bmatrix}=\begin{bmatrix}-1 & -3 & 1\\-3 & 1 & 0\\1 & 0 & 0\end{bmatrix}$$

가제어성 행렬은 다음과 같이 된다.

$$S=[B\ AB\ A^2B\ ]=\begin{bmatrix}1 & 2 & 10\\0 & 3 & 9\\1 & 2 & 7\end{bmatrix}$$

S가 정칙(正則)이므로 CCF로 변환될 수 있다.

S와 M을 $P=SM$에 대입하면

$$P=SM=\begin{bmatrix}3 & -1 & 1\\0 & 3 & 0\\0 & -1 & 1\end{bmatrix}$$

따라서 CCF모델은 다음과 같이 된다.

$$P^{-1}AP=\begin{bmatrix}0 & 1 & 0\\0 & 0 & 1\\3 & 1 & 3\end{bmatrix},\quad P^{-1}B=\begin{bmatrix}0\\0\\1\end{bmatrix}$$

9.5.2 가관측성(Observability)

모든 상태 $x(t_0)$가 유한시간 $t_0 \le t \le t_1$동안의 출력 $y(t)$의 관측에 의해 구해질 수 있으면 완전 가관측(completely observable)이라고 한다. 또는 계통의 모든 상태변수가 출력에 영향을 주면 그 계통은 완전히 가관측하다고 한다. 가관측성의 개념은 가능한 짧은 시간내에 측정 가능한 상태로부터 측정 불가능한 상태변수를 재구성하는 문제를 해결하는데 유용하게 사용된다. 그림 9-5에서 4개의 상태변수 x_1, $\dot{x}_1$, x_2, $\dot{x}_2$에서 x_1과 $\dot{x}_1$만이 관측이 가능하고 x_2와 $\dot{x}_2$는 어떠한 방법으로

도 출력 c와 연결되지 않으므로 x_2와 $\dot{x}_2$는 관측할 수 없다.

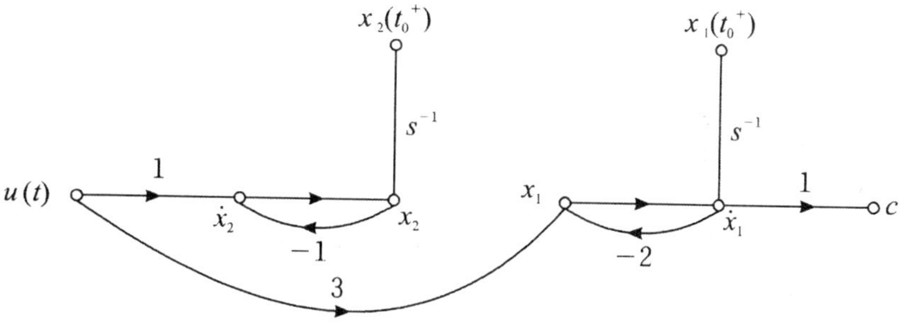

그림 9-5 완전히 관측할 수 없는 계통의 상태선도

식 (9-54)와 (9-55)로 주어지는 동적 방정식에서 가제어성 표준형과 마찬가지로 다음과 같은 식으로 주어지는 형태를 가관측성 표준형(OCF)이라 한다.

$$Q^{-1}AQ=\begin{bmatrix} 0 & 0 & \cdots & 0 & -a_0 \\ 1 & 0 & \cdots & 0 & -a_1 \\ 0 & 1 & \cdots & 0 & -a_2 \\ \vdots & \vdots & \ddots & \vdots & \vdots \\ 1 & 0 & \cdots & 0 & -a_{n-1} \end{bmatrix} \tag{9-62}$$

$$CQ=[0 \quad 0 \cdots 0 \quad 1] \tag{9-63}$$

OCF 변환 행렬 Q는 다음과 같이 주어진다.

$$Q=(MV)^{-1} \tag{9-64}$$

여기서, M은 식 (9-60)에 주어진 것과 같다.

$$V=\begin{bmatrix} C \\ CA \\ CA^2 \\ \vdots \\ CA^{n-1} \end{bmatrix}(n\times n) \tag{9-65}$$

V는 가관측성 행렬로 정의된다. 그리고 V^{-1}은 OCF 변환이 가능하게 되기 위하여 존재해야 한다.

예제 식 (9-54)와 (10-55)로 표현되는 시스템 계수 행렬이 다음과 같을 때 가관측성 행렬과 OCF 모델을 구하라.

$$A=\begin{bmatrix}1&2&1\\0&1&3\\1&1&1\end{bmatrix},\ B=\begin{bmatrix}1\\0\\1\end{bmatrix},\ C=[1\ 1\ 0],\ D=0$$

풀이 행렬 A는 행렬 M도 같다. 따라서 가관측성 행렬

$$V=\begin{bmatrix}C\\CA\\CA^2\end{bmatrix}=\begin{bmatrix}1&1&0\\1&3&4\\5&6&10\end{bmatrix}$$

V가 정칙(正則)이므로 OCF로 변환될 수 있으며 V와 M을 식 (9-62)에 대입하면 OCF 변환 행렬을 얻는다.

$$Q=(MV)^{-1}=\begin{bmatrix}\frac{1}{3}&-\frac{1}{6}&\frac{1}{3}\\-\frac{1}{3}&\frac{1}{6}&\frac{2}{3}\\\frac{1}{6}&\frac{1}{6}&\frac{1}{6}\end{bmatrix}$$

$$Q^{-1}AQ=\begin{bmatrix}0&0&3\\1&0&1\\0&1&3\end{bmatrix},\ CQ=[0\ 0\ 1],\ Q^{-1}B=\begin{bmatrix}3\\2\\1\end{bmatrix}$$

연 습 문 제

1. 다음과 같은 동적 방정식으로 표현되는 제어 시스템에 대한 전달함수를 구하라.

$$\frac{dx}{dt}=\begin{bmatrix} 0 & 1 \\ -1 & -2 \end{bmatrix}X+\begin{bmatrix} 0 \\ 1 \end{bmatrix}u$$

$$y=[\,1\;\;0\,]X$$

2. 그림 9-6과 같은 단위 궤환 제어 시스템의 상태 방정식을 구하라.

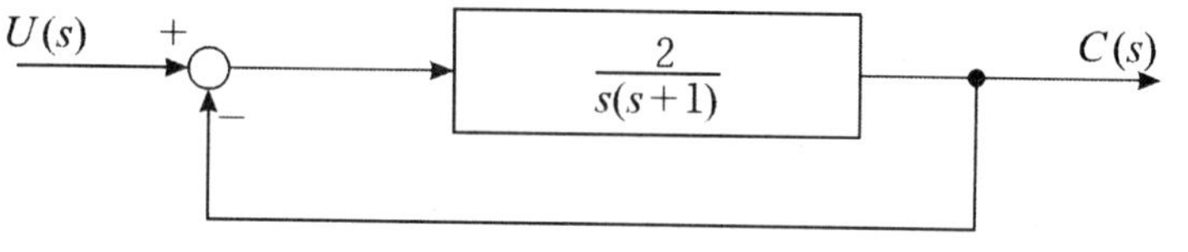

그림 9-6 단위 궤환 제어 시스템

3. 다음과 같은 상태 방정식의 상태 천이 행렬과 상태 천이 방정식을 구하라. 단, 입력 $u(t)$는 $t\geq 0$일 때 $u(t)=1$이다.

$$\begin{bmatrix} \dfrac{dx_1(t)}{dt} \\ \dfrac{dx_2(t)}{dt} \end{bmatrix}=\begin{bmatrix} 0 & 1 \\ -2 & -3 \end{bmatrix}\begin{bmatrix} x_1(t) \\ x_2(t) \end{bmatrix}+\begin{bmatrix} 0 \\ 1 \end{bmatrix}u(t)$$

4. 상태 방정식이 다음과 같을 때 특성 방정식, 고유값, 상태 천이 행렬을 구하라.

$$\frac{dx(t)}{dt}=Ax(t)+Bu(t)$$

여기서,

$$A=\begin{bmatrix} 0 & 1 \\ -3 & 4 \end{bmatrix},\quad B=\begin{bmatrix} 0 \\ 1 \end{bmatrix}$$

5. 다음과 같은 시스템의 특성 방정식의 근과 상태 천이 행렬을 구하라.

$$\begin{bmatrix} \dot{X}_1 \\ \dot{X}_2 \end{bmatrix}=\begin{bmatrix} 0 & 1 \\ -2 & -3 \end{bmatrix}\begin{bmatrix} X_1 \\ X_2 \end{bmatrix}$$

6. 다음 미분 방정식은 선형 시불변 시스템을 나타낸다. 상태 방정식과 출력 방정식을 벡터 행렬식으로 표시하여라.

$$\frac{d^2y(t)}{dt^2}+4\frac{dy(t)}{dt}+y(t)=5u(t)$$

7. 다음과 같은 계통의 고유값을 구하라.

$$\begin{bmatrix} X_1 \\ X_2 \\ X_3 \end{bmatrix}\begin{bmatrix} 0 & 1 & -1 \\ -3 & 0 & 2 \\ -12 & -7 & -6 \end{bmatrix}\begin{bmatrix} X_1 \\ X_2 \\ X_3 \end{bmatrix}$$

8. 다음과 같은 동적 방정식으로 표현되는 시스템이 있다.

$$\frac{dx(t)}{dt}=Ax(t)+Bu(t) \qquad y(t)=Cx(t)$$

$$A=\begin{bmatrix} -1 & 1 \\ 0 & -1 \end{bmatrix},\ B=\begin{bmatrix} 0 \\ 1 \end{bmatrix} \qquad C=[\ 1 \quad 1]$$

① A의 고유값을 구하라.

② 전달함수 $\dfrac{Y(s)}{U(s)}$를 구하라.

9. 시스템의 상태 방정식이 다음과 같을 때 가제어성을 조사하라.

$$\begin{bmatrix} \dot{x}_1(t) \\ \dot{x}_2(t) \\ \dot{x}_3(t) \end{bmatrix}=\begin{bmatrix} 0 & 1 & 0 \\ 1 & 0 & 1 \\ 0 & -1 & 0 \end{bmatrix}\begin{bmatrix} x_1(t) \\ x_2(t) \\ x_3(t) \end{bmatrix}+\begin{bmatrix} 0 \\ 0 \\ 1 \end{bmatrix}u(t)$$

10. 상태 방정식의 계수 행렬이 다음과 같을 때 가제어성을 조사하고 CCF모델을 구하라.

$$A=\begin{bmatrix} 1 & 2 & 1 \\ 0 & 1 & 3 \\ 1 & 1 & 1 \end{bmatrix},\ B=\begin{bmatrix} 1 \\ 0 \\ 1 \end{bmatrix}$$

연 습 문 제 해 답

1. $G(s) = [1\ 0]\begin{bmatrix} s & -1 \\ 1 & s+2 \end{bmatrix}^{-1}\begin{bmatrix} 0 \\ 1 \end{bmatrix} = \dfrac{1}{s^2+2s+1}$

2. 이 시스템의 폐루프 전달함수를 구하면 다음과 같이 된다.

$$\frac{C(s)}{U(s)} = \frac{\dfrac{2}{s(s+1)}}{1+\dfrac{2}{s(s+1)}} = \frac{2}{s^2+s+2}$$

이것에 대응하는 미분 방정식을 구하면 다음과 같이 된다.

$$\frac{d^2c(t)}{dt^2} + \frac{dc(t)}{dt} + 2c(t) = 2u(t)$$

상태변수를 다음과 같이 정의하면

$$x_1(t) = c(t)$$

$$x_2(t) = \frac{dc(t)}{dt}$$

따라서 상태 방정식은 다음과 표현된다.

$$\dot{x}_1(t) = \frac{dx_1(t)}{dt} = x_2(t)$$

$$\dot{x}_2(t) = \frac{dx_2(t)}{dt} = -2x_1(t) - x_2(t) + 2u(t)$$

3. $A = \begin{bmatrix} 0 & 1 \\ -2 & -3 \end{bmatrix}$, $B = \begin{bmatrix} 0 \\ 1 \end{bmatrix}$이므로

$$[sI-A] = \begin{bmatrix} s & 0 \\ 0 & s \end{bmatrix} - \begin{bmatrix} 0 & 1 \\ -2 & -3 \end{bmatrix} = \begin{bmatrix} s & -1 \\ 2 & s+3 \end{bmatrix}$$

$$[sI-A]^{-1} = \frac{1}{s^2+3s+2}\begin{bmatrix} s+3 & 1 \\ -2 & s \end{bmatrix}$$

상태 천이 행렬은 윗 식을 라플라스 역변환하면 되므로

$$\Phi(t) = \mathcal{L}^{-1}[(sI-A)^{-1}] = \begin{bmatrix} 2e^{-t}-e^{-2t} & e^{-t}-e^{-2t} \\ -2e^{-t}+2e^{-2t} & -e^{-t}+2e^{-2t} \end{bmatrix}$$

$t \geq 0$에 대한 상태 천이 방정식은 식 (9-38)에 $\Phi(t)$, B 및 u를 대입하면 되므로

$$x(t) = \begin{bmatrix} 2e^{-t}-e^{-2t} & e^{-t}-e^{-2t} \\ -2e^{-t}+2e^{-2t} & -e^{-t}+2e^{-2t} \end{bmatrix} x(0) + \begin{bmatrix} \dfrac{1}{2} - e^{-t} + \dfrac{1}{2}e^{-2t} \\ e^{-t}-e^{-2t} \end{bmatrix} t \geq t_0$$

4. 먼저 $[sI-A]$를 구하면

$$[sI-A]=\begin{bmatrix} s & 0 \\ 0 & s \end{bmatrix}-\begin{bmatrix} 0 & 1 \\ -3 & 4 \end{bmatrix}=\begin{bmatrix} s & -1 \\ 3 & s+4 \end{bmatrix}$$

그러므로

$$|sI-A|=\begin{bmatrix} s & -1 \\ 3 & s+4 \end{bmatrix}=s^2+4s+3=0$$

따라서 특성 방정식은 $s^2+4s+3=0$이다.

A의 고유값은 특성 방정식의 근이므로

$s^2+4s+3=(s+1)(s+3)=0$, $s=-1$, -3

상태 천이 행렬은 $[sI-A]^{-1}$의 라플라스 역변환이므로

$$[sI-A]^{-1}=\frac{adj[sI-A]}{|sI-A|}=\frac{1}{(s+1)(s+3)}\begin{bmatrix} s+4 & 1 \\ -3 & s \end{bmatrix}$$

$$=\begin{bmatrix} \dfrac{s+4}{(s+1)(s+3)} & \dfrac{1}{(s+1)(s+3)} \\ \dfrac{-3}{(s+1)(s+3)} & \dfrac{s}{(s+1)(s+3)} \end{bmatrix}$$

5. $|sI-A|=\begin{vmatrix} s & -1 \\ 2 & s+3 \end{vmatrix}=s(s+3)+2=s^2+3s+2=(s+1)(s+2)=0$

$s=-1$, -2

상태 천이 행렬 $=\begin{bmatrix} 2e^{-t}-e^{-2t} & e^{-t}-e^{-2t} \\ -2e^{-t}+2e^{-2t} & -e^{-t}+2e^{-2t} \end{bmatrix}$

6. 상태 변수 : $x_1=y$, $x_2=\dfrac{dy}{dt}$

상태 방정식 $\begin{bmatrix} \dfrac{dx_1}{dt} \\ \dfrac{dx_2}{dt} \end{bmatrix}=\begin{bmatrix} 0 & 1 \\ -1 & -4 \end{bmatrix}\begin{bmatrix} x_1 \\ x_2 \end{bmatrix}+\begin{bmatrix} 0 \\ 5 \end{bmatrix}u(t)$

출력 방정식 $y=[1\ 0]\begin{bmatrix} x_1 \\ x_2 \end{bmatrix}=x_1$

7. $|sI-A|=0$에서 3차 방정식을 세워서 인수분해를 해서 구한다.

-1, -2, -3

8. ① $[sI-A]=\begin{bmatrix} s & 0 \\ 0 & s \end{bmatrix}-\begin{bmatrix} -1 & 1 \\ 0 & -1 \end{bmatrix}=\begin{bmatrix} s+1 & -1 \\ 0 & s+1 \end{bmatrix}$

그러므로

$$|sI-A|=\begin{vmatrix} s+1 & -1 \\ 0 & s+1 \end{vmatrix}=(s+1)^2$$

따라서 특성 방정식은 $(s+1)^2=0$이다.

A의 고유값은 특성 방정식의 근이므로

$s=-1,\ -1$

② $\dfrac{Y(s)}{U(s)} = C(s)(sI-A)^{-1}B$

$$=[\,1\quad 1\,]\begin{bmatrix}\dfrac{1}{(s+1)^2}\\ \dfrac{1}{s+1}\end{bmatrix}=\frac{1}{(s+1)^2}+\frac{1}{s+1}=\frac{s+2}{(s+1)^2}$$

9. 가제어성 행렬 S를 구하기 위하여 B, AB, A^2B를 구하면

$$B=\begin{bmatrix}0\\0\\1\end{bmatrix}$$

$$AB=\begin{bmatrix}0&1&0\\1&0&1\\0&-1&0\end{bmatrix}\begin{bmatrix}0\\0\\1\end{bmatrix}=\begin{bmatrix}0\\1\\0\end{bmatrix}$$

$$A^2B=\begin{bmatrix}1&0&1\\0&0&0\\-1&0&-1\end{bmatrix}\begin{bmatrix}0\\0\\1\end{bmatrix}=\begin{bmatrix}1\\0\\-1\end{bmatrix}$$

$$|s|=\begin{vmatrix}0&0&1\\0&1&0\\1&0&-1\end{vmatrix}=-1$$

$|s|\neq 0$이므로 가제어성이다.

10. A의 특성 방정식은 다음과 같이 된다.

$$|sI-A|=\begin{vmatrix}s-1&-2&-1\\0&s-1&-3\\-1&-1&s-1\end{vmatrix}=s^3-3s^2-s-3=0$$

특성 방정식의 계수는 $a_0=-3$, $a_1=-1$, $a_2=-3$이다. 식 (9-60)으로부터

$$M=\begin{bmatrix}a_1&a_2&1\\a_2&1&0\\1&0&0\end{bmatrix}=\begin{bmatrix}-1&-3&1\\-3&1&0\\1&0&0\end{bmatrix}$$

가제어성 행렬은 다음과 같이 된다.

$$S=[B\ AB\ A^2B\,]=\begin{bmatrix}1&2&10\\0&3&9\\1&2&7\end{bmatrix}$$

S가 정측이므로 CCF로 변환될 수 있다.

S와 M을 $P=SM$에 대입하면

$$P=SM=\begin{bmatrix}3&-1&1\\0&3&0\\0&-1&1\end{bmatrix}$$

따라서 CCF모델은 다음과 같이 된다.

$$P^{-1}AP=\begin{bmatrix} 0 & 1 & 0 \\ 0 & 0 & 1 \\ 3 & 1 & 3 \end{bmatrix},\ P^{-1}B=\begin{bmatrix} 0 \\ 0 \\ 1 \end{bmatrix}$$

제 10 장

디지털 제어 시스템

10.1 디지털 제어 시스템의 개요

연속치 제어 시스템의 설계와 디지털 제어 시스템의 설계 문제는 유사하다. 프로세서의 출력이 미리 설정된 특성에 따라 동작되도록 제어되는 프로세서가 있어야 하는데, 종래의 설계방법은 출력에서 기준 입력측으로 궤환을 결정해서, 이들 두 신호의 오차신호를 만들게 된다. 즉, 오차 신호에 기초한 모든 설계사양을 만족시키는 제어기가 필요하는 문제가 있다. 디지털 제어 시스템에서의 문제는 훨씬 다양하며 융통성이 많다. 그림 10-1은 제어기가 아날로그인 샘플치 시스템의 블록선도이다.

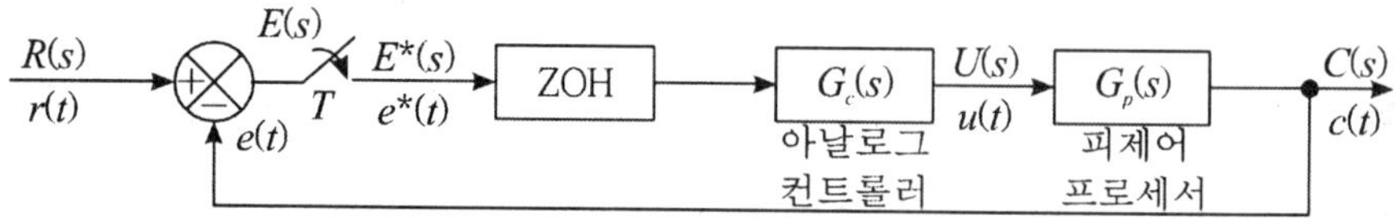

그림 10-1 아날로그 제어계가 직렬 접속된 디지털 제어 시스템

디지털 또는 샘플치 데이터가 디지털 변환기를 사용해서 입력 및 궤환 통신로에 나타나고 있다는 것은 샘플러의 작용으로 알 수 있으나 샘플러의 출력단에서 디지털 신호로 변환하고 데이터 홀드에 의해 평활시킨 후, 연속치 제어기를 사용해서 동작시킬 수 있다.

그림 10-2는 디지털 제어기가 전향경로에 위치하고 있는 고전적인 디지털 제어 시스템이다.

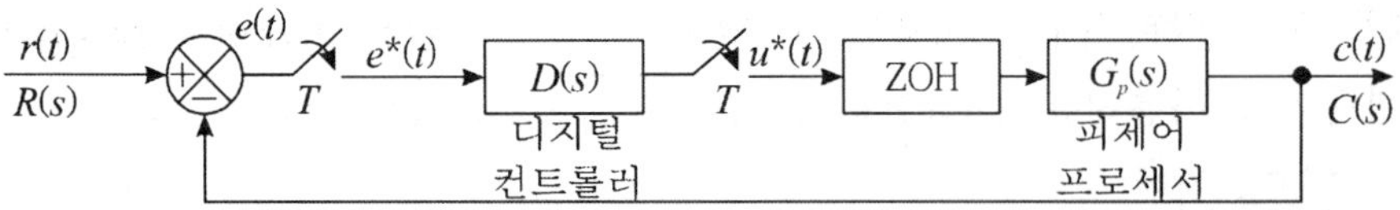

그림 10-2 아날로그 제어계가 직렬 접속된 디지털 제어 시스템

그림 10-3은 연속치 제어기가 국부(Minor) 궤환 루프에 위치하고 있는 제어 시스템이다.

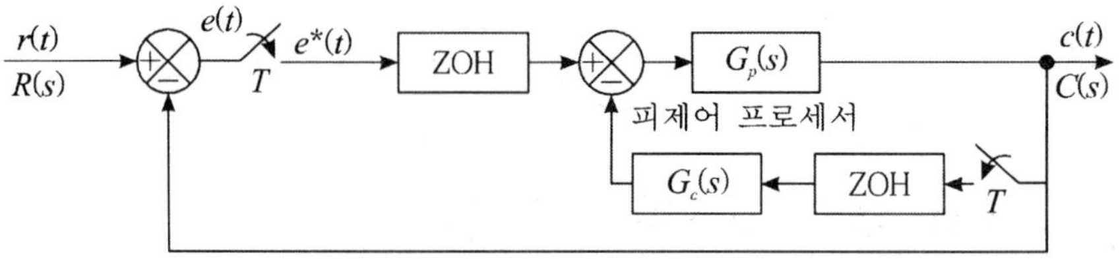

그림 10-3 국부 피드백의 아날로그 제어계로 구성된 디지털 제어 시스템

그림 10-4는 그림 10-3의 아날로그 제어기를 디지털 제어기로 변환해 놓은 시스템이다.

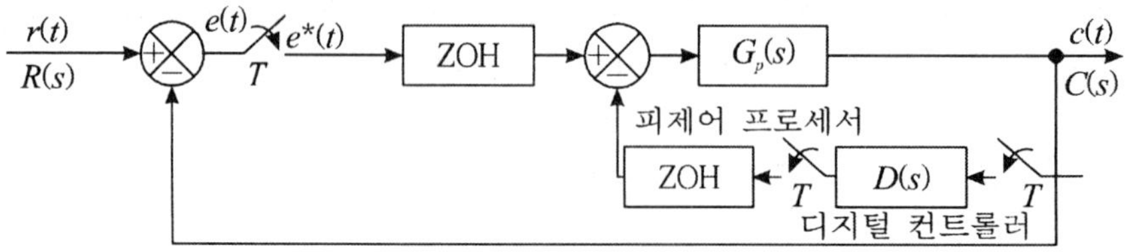

그림 10-4 국부 피드백의 아날로그 제어계로 구성된 디지털 제어 시스템

상태변수를 이용한 유력한 설계법은 상태 궤환 또는 출력 궤환에 의한 것이다.

그림 10-5는 모든 상태가 상태 궤환으로 이용되고 있는 다변수 디지털 제어 시스템의 블록선도이다.

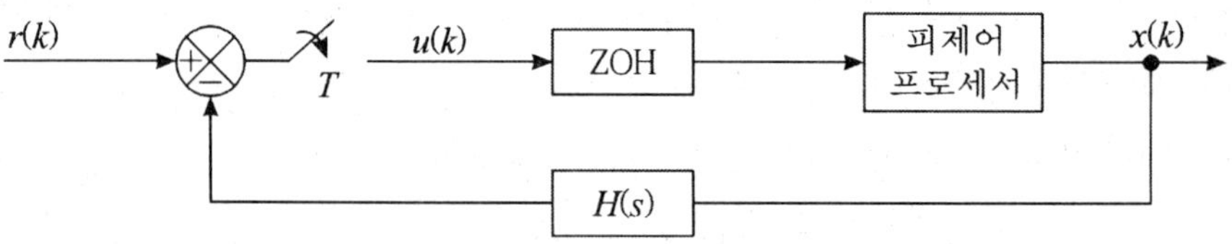

그림 10-5 상태 피드백이 갖는 디지털 제어 시스템

실제로 모든 상태변수를 이용할 수 없으므로, 일부 또는 전체의 상태변수를 추정하는 관측기를 사용하든지, 간단히 출력 궤환만을 사용하게 된다.

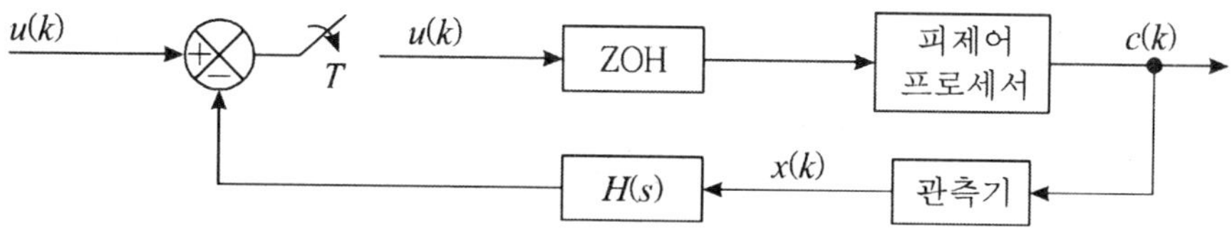

그림 10-6 상태 피드백과 관측기가 있는 디지털 제어 시스템

그림 10-6은 관측기와 상태 궤환이 있는 시스템이다. 이 그림에서, 출력 벡터 $c(k)$는 직접 측정되는 것이다. 관측기는 출력 $c(k)$로부터 상태변수를 추정한다. 관측기의 출력은 상태변수 $x(k)$의 추정치로 된다.

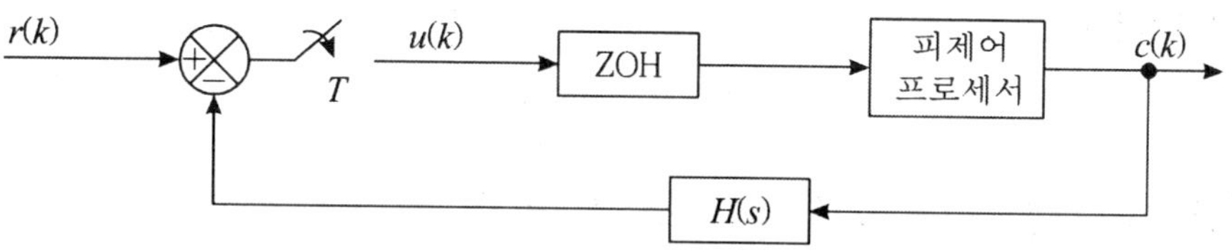

그림 10-7 출력 피드백과 관측기가 있는 디지털 제어 시스템

그림 10-7의 경우 출력 $c(k)$가 궤환 이득행렬 $H(s)$로 직접 궤환되는 것이다. 일반적으로, 출력변수는 상태변수의 수보다 적으므로, 출력 궤환은 상태 궤환보다 많은 제약을 받게 된다.

10.2 디지털 제어 시스템의 블록선도

디지털 제어기는 디지털 회로 또는 마이크로컴퓨터와 같은 디지털 계산기 제어기에 의해 실현되며, 연속치 제어기에 비해 디지털 제어기를 사용한 시스템이 훨씬 우수한 성능을 갖게 된다. 디지털 컴퓨터 제어기가 갖는 장점은 제어기의 프로그램을 변화시킴으로써 제어 알고리즘을 쉽게 변화시킬 수 있다는 것이다.

물리적 실현가능성 및 디지털 제어기의 구성에 대해 설명해 보자.

디지털 제어기는 그림 10-8의 블록선도로 실현될 수 있다. 디지털 제어기의 입력 $e_1^*(t)$는 $e_1(t)$의 샘플로 표현되는 $e_1(kT)$의 수열의 꼴이다. 디지털 제어기는 $e_1(kT)$를 선형 연산하여, 샘플된 신호 $e_2^*(t)$의 꼴로 출력계열 $e_2(kT)$를 발생한다. 일반적으로, 디지털 제어기의 전달함수는 다음과 같이 정의된다.

$$G_c(z) = \frac{E_2(z)}{E_1(z)} \tag{10-1}$$

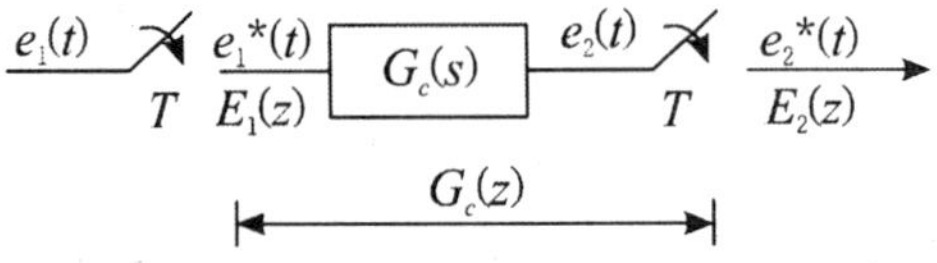

그림 10-8 디지털 제어기의 블록선도

디지털 제어기를 실현시키는 실제적인 방법은 많다. 즉, 샘플-홀드 장치를 전후에 배치한 수동회로로 실현할 수 있고, 마이크로컴퓨터와 같은 디지털 컴퓨터로도 실현할 수 있다.

마이크로컴퓨터를 디지털 제어기로 이용하는 경우, 어장(wordlength) 및 기억용량, 계산속도에 관한 컴퓨터의 제한을 알고 있어야 한다.

10.2.1 디지털 시스템의 물리적 실현 조건

디지털 제어기는 전달함수가 물리적으로 실현가능 해야 한다는 것이다. 시스템이 물리적으로 실현될 수 있어야 한다는 조건은, 입력 신호의 인가 전에는 어떠한 출력도 나타나지 않는다는 것이다. z에 관한 두 다항식을 나타내는 지표 $G_c(z)$는 다음과 같다.

$$G_c(z) = \frac{E_2(z)}{E_1(z)} = \frac{b_m z^m + b_{m-1} z^{m-1} + \cdots + b_0}{a_n z^n + a_{n-1} z^{n-1} + \cdots + a_0} \tag{10-2}$$

$G_c(z)$를 z^{-1}로 멱급수 전개한다면, 각 급수의 계수는 디지털 제어기의 가중 계열값을 나타낸다. 즉, z^{-k}항의 계수는 $t = kT$에 대한 가중계열의 값에 대응한다. 디지털 제어기를 확실히 물리적으로 실현할 수 있기 위해서는, $G_c(z)$의 멱급수 전개 중, z의 양의 멱수가 포함되지 않아야 한다. $G_c(z)$의 멱급수 전개시 z가 양인 멱승꼴이면, '예측' 또는 간단히 출력이 입력에 선행하고 있음을 나타낸다. 따라서, 식 (10-2)로 주어지는 전달함수가 물리적으로 실현되려면, 분모의 최고 차수 n이 분자의 최고 차수 m 이상이어야 한다. 또는 $n \geq m$이어야 한다.

만약, 디지털 제어기가 동일한 수의 극점 및 영점을 갖게 되면, 다음의 식이 된다.

$$G_c(z) = \frac{b_0 + b_1 z^{-1} + \cdots + b_{m-1} z^{-(m-1)} + b_m z^{-m}}{a_0 + a_1 z^{-1} + \cdots + a_{n-1} z^{-(n-1)} + a_n z^{-n}} \tag{10-3}$$

여기서, n, m은 양(+)의 정수이다. 이 경우, $G_c(z)$의 멱급수 전개시 z의 양의 급수가 없으므로, $b_0 \neq 0$이면, 분모는 z^{-1}항을 포함하지 않아야 한다. 따라서, $b_0 \neq 0$이면 $G_c(z)$를 물리적으로 실현하기 위한 조건은 $a_0 \neq 0$이다.

10.2.2 디지털 회로에 의한 디지털 제어기의 실현

디지털 회로는 전후에 샘플-홀드를 갖는 전기회로로 정의한다.

(1) 직렬 디지털 회로

직렬 디지털 회로에 의한 디지털 제어기의 실현을 나타내는 블록선도는 그림 10-9와 같이 된다.

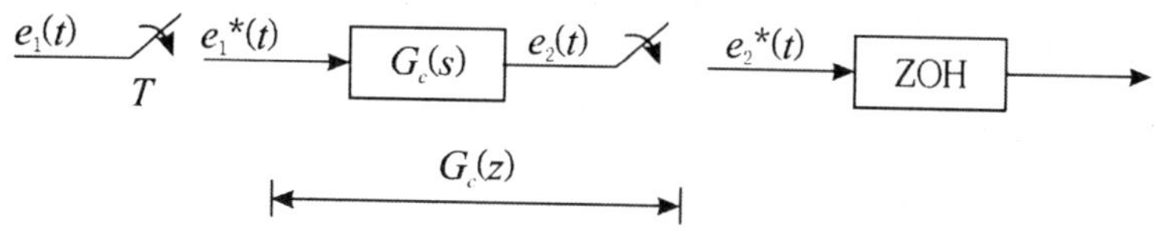

(a) 디지털 제어기

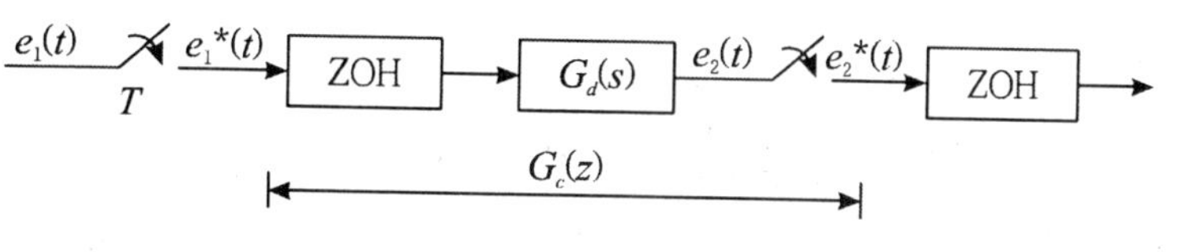

(b) 직렬 디지털 회로

그림 10-9 직렬 디지털 회로에 의한 디지털 제어기의 실현

디지털 제어기의 출력부의 영차 홀드는 일반적으로 디지털 데이터가 아날로그 피어제 프로세서에 전송되기 전에 D/A 처리됨을 보이기 위한 것이다. 디지털 제어기의 출력부에서의 영차 홀드는 그림 10-9 (b)와 같은 직렬 디지털 회로의 출력부는 샘플-홀드에 포함된다. 그림 10-9 (b)의 전달함수 $G_d(s)$는 전기적 회로로 표현

되어지나, 간소함과 경제성으로 인해 저항과 커패시터만으로 구성되는 RC회로를 택한다.

그림 10-9 (b)에서 다음의 식을 얻는다.

$$G_c(z) = G_{h0}G_d(z)$$
$$= Z[G_{h0}(s)\,G_d(s)]$$
$$= (1-z^{-1})Z\left[\frac{G_d(s)}{s}\right] \qquad (10\text{-}4)$$

$$Z\left[\frac{G_d(s)}{s}\right] = \frac{1}{1-z^{-1}}G_c(z) \qquad (10\text{-}5)$$

이 관계식은, 디지털 제어기의 전달함수 $G_c(z)$가 주어질 때, 직렬 디지털 회로의 전달함수가 식 (10-5)로부터 결정될 수 있음을 설명하고 있다. 만약, $G_c(z)$가 RC로 실현 가능한 전달함수라면, $G_d(s)$의 모든 극은 단순하고, 원점과 무한점을 제외한 s평면의 부(−)의 실축상에 존재해야 한다. $G_d(s)$의 영점은 s평면의 어떠한 곳에 배치되어도 무방하다.

이제, $G_d(s)/s$를 부분분수로 전개하면 다음과 같다.

$$\frac{G_d(s)}{s} = \frac{A_0}{s} + \sum_{k=1}^{n}\frac{A_k}{s+s_k} \qquad (10\text{-}6)$$

식 (10-6)에서 A_0, A_k는 정수이며, $-s_k$는 (−)의 단일 실극점이다. 식 (10-6)을 z변환하면 다음과 같다.

$$Z\left[\frac{G_d(s)}{s}\right] = \frac{A_0}{1-z^{-1}} + \sum_{k=1}^{n}\frac{A_k}{1-e^{-s_kT}z^{-1}} \qquad (10\text{-}7)$$

로 되고, 이것은 단위원 $[z]=1$인 내부에 단일극점을 갖는다. 그리고 하나의 극점은 $z=1$에 존재한다. 식 (10-5)와 식 (10-7)을 비교하면, $G_d(s)$가 RC회로로 구성되기 위해, 전달함수 $G_c(z)$가 다음의 성질을 가져야 한다.

① $G_c(z)$의 극점수는 영점수와 같거나 많아야 한다.

② $G_c(z)$의 영점은 임의이다.

③ $G_c(z)$의 극점은 유일하고 실수이며, 1 이하의 양의 값이어야 한다.

예제 디지털 제어기의 전달함수가 다음과 같을 때 회로의 전달함수 $G_d(s)$을 구하시오.

$$G_c(z) = \frac{1-0.5z^{-1}}{1-0.2z^{-1}} \tag{10-8}$$

단, 샘플링은 $T = 1$[sec]주기이다.

풀이 그림 10-9 (b)와 같은 직렬 디지털 회로로 $G_c(z)$를 실현하는 것이다. $G_c(z)$는 전술한 RC로 실현되기 위한 세 가지 조건을 만족하므로, 식 (10-5)에서의 $G_c(z)$를 식 (10-8)에 대입하여 이용하면 다음과 같다.

$$Z\left[\frac{G_d(s)}{s}\right] = \frac{1-0.5z^{-1}}{(1-z^{-1})(1-0.2z^{-1})} \tag{10-9}$$

식 (10-9)를 부분분수로 전개하고 풀이하면 다음과 같다.

$$Z\left[\frac{G_d(s)}{s}\right] = \frac{0.625}{1-z^{-1}} + \frac{0.375}{1-0.2z^{-1}} \tag{10-10}$$

식 (10-10)과 식 (10-7)을 다시 정리하면 다음과 같다.

$$e^{-s_k T} = 0.2,\ \ln e^{-s_k} = -s_k = \ln 0.2 = -1.61$$

회로의 전달함수 $G_d(s)$는 다음과 같다.

$$\frac{G_d(s)}{s} = \frac{0.625}{s} + \frac{0.375}{s+1.61} + \frac{s+1}{s(s+1.61)} \tag{10-11}$$

$$G_d(s) = \frac{s+1}{s+1.61} \tag{10-12}$$

식 (10-12)는 그림 10-10과 같은 RC회로로 실현되고, 디지털 회로는 샘플-홀드 그림 10-9 (b)와 같이 그림 10-10의 RC회로 입력단에 부가되면 완성된다.

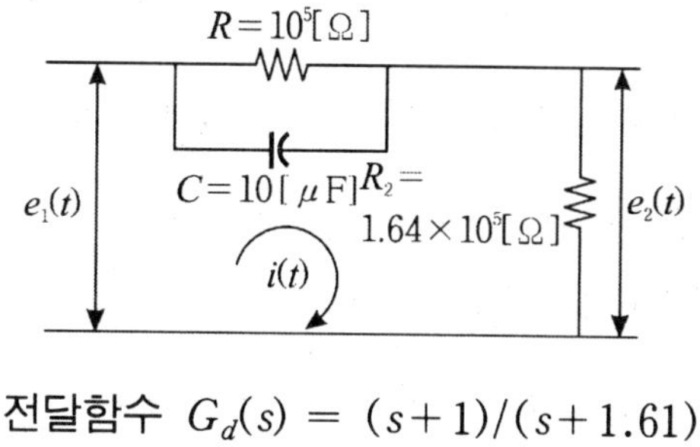

그림 10-10 전달함수 $G_d(s) = (s+1)/(s+1.61)$의 회로 실현

(2) 궤환 회로

그림 10-11 (b)는 디지털 제어기를 궤환 디지털 회로로 실현시킨 블록선도이다. 연속치 전달함수 $H(s)$는 RC회로를 나타낸다.

그림 10-11의 두 시스템의 전달함수가 같아지려면, 다음의 조건이 만족되어야 한다.

$$G_c(z) = \frac{1}{1 + G_{h0}H(z)} \tag{10-13}$$

따라서

$$Z\left[\frac{H(s)}{s}\right] = \frac{1}{1 - z^{-1}}\left[\frac{1 - G_c(z)}{G_c(z)}\right] \tag{10-14}$$

로 된다.

앞에서 얻은 결과가 적용되고, 결론적으로 $H(s)$가 RC회로로 실현되려면, 디지털 제어기는 다음의 성질을 가져야 한다.

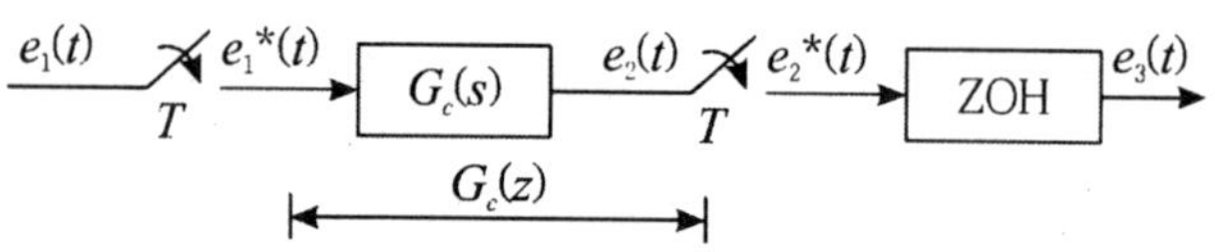

(a) 디지털 제어기

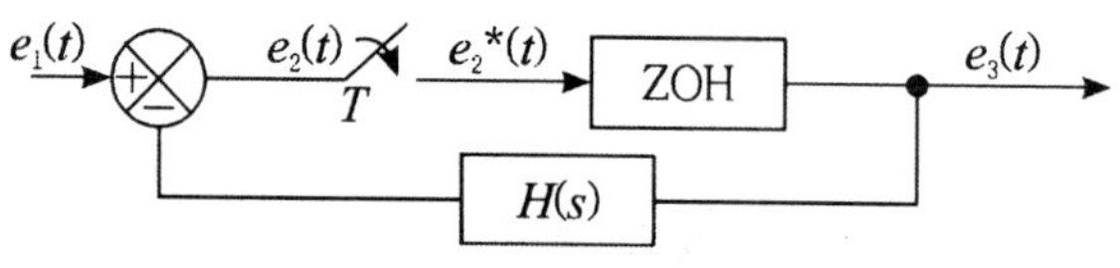

(b) 등가 궤환 디지털 회로

그림 10-11 궤환 디지털 회로에 의한 디지털 제어기의 실현

① $G_c(z)$는 동일한 수의 영점과 극점을 가져야 한다.

② $G_c(z)$의 극점은 임의이다.

③ $G_c(z)$의 영점은 유일하고, 실수이며, z평면의 단위원 내에 존재하는 양의 값을 가져야 한다.

궤환의 구성에서는 $G_c(z)$의 극점의 위치보다는 영점에 대한 위치가 제약된다. $G_c(z)$가 단위 원 밖에 극을 갖는 불안정한 제어기일지라도, $H(s)$는 RC로 실현될 수는 있다.

예제 그림 10-11에서 시스템의 디지털 제어기의 전달함수가 다음과 같을 때 궤환 전달함수 $H(s)$를 구하시오.

$$G_c(z) = \frac{(1-0.2z^{-1})(1-0.1z^{-1})}{(1-0.5z^{-1})(1-0.8z^{-1})} \tag{10-15}$$

풀이 $G_c(z)$의 결정방법이 시스템에 미치는 영향은 관여하지 않는다. $G_c(z)$가 동일수의 극·영점을 가지며, 모든 극점이 단순극점으로 $|z|=1$인 단위원 내에 존재하므로, $H(s)$는 RC회로망으로 실현할 수 있다. 식 (10-15)를 식 (10-5)에 대입하면 식 (10-16)이 된다.

$$Z\left[\frac{H(s)}{s}\right] = \frac{-z^{-1}+0.38z^{-2}}{(1-z^{-1})(1-0.2z^{-1})(1-0.1z^{-1})} \tag{10-16}$$

$$= \frac{-0.86z}{z-1} - \frac{2.25z}{z-0.2} + \frac{3.11z}{z-0.1}$$

식 (10-16)에서 정리하면 다음과 같다.

$$e^{-s_k T} = 0.2, \quad -s_k = \ln 0.2 = -1.61, \quad s_k = 1.61$$

$$e^{-s_k T} = 0.1, \quad -s_k = \ln 0.1 = -2.3, \quad s_k = 2.3$$

이므로 궤환 전달함수 $H(s)$는 다음과 같다.

$$\frac{H(s)}{s} = \frac{-0.86}{s} - \frac{2.25}{s+1.61} + \frac{3.11}{s+2.3}$$

따라서, $H(s) = \dfrac{-3.53s-3.18}{(s+1.16)(s+2.3)}$ 로 된다.

10.3 Z변환의 해석

라플라스 변환은 선형 상미분방정식의 해를 구하는데 사용되었고, z변환은 선형 차분방정식과 샘플치 시스템, 이산치 또는 디지털 데이터를 갖는 선형 시스템을 이용하는 여러 가지 해석 및 설계를 하는데 이용된다.

10.3.1 Z변환의 정의

z변환은 다음과 같이 정의된다.

$$Y(z) = \mathcal{L}[y(t)] = \sum_{t=0}^{\infty} y(t) z^{-t} \tag{10-17}$$

여기서, 수열 $y(t)$, $t=0, 1, 2, \cdots$이고, z는 실수와 허수부분을 갖는 복소 변수이다. 또한, 식 (10-18)에서 수열 $y(nT)$, $n=0, 1, 2, \cdots$를 샘플링 주기 T만큼의 간격을 갖는 임펄스의 열로써 나타내고, 또한 n번째 임펄스 $\delta(t-nT)$는 $y(nT)$의 값을 갖는다. 이 경우 샘플치 제어시스템에서 발생하는데, 신호 $y(t)$는 샘플링 신호를 나타내는 시간의 수열을 갖도록 모든 T주기에 이산화되거나 샘플링 된다. 따라서 수열 $y(nT)$는 다음과 같다.

$$y^*(t) = y(0)\delta(t) + y(T)\delta(t-T) + y(2T)\delta(t-2T) + \cdots + y(nT)\delta(t-nT)$$

$$= \sum_{n=0}^{\infty} y(nT)\delta(t-nT) \tag{10-18}$$

식 (10-18)을 라플라스 변환하면 다음과 같다.

$$Y^*(s) = \mathcal{L}[y^*(t)] = \sum_{n=0}^{\infty} y(nT) e^{-nts} \tag{10-19}$$

z평면상에서 단위원 z를

$$z = e^{Ts}, \quad z^{-1} = e^{-Ts} \tag{10-20}$$

식 (10-19)의 z변환은 다음과 같이 나타낼 수 있다.

$$Y(z) = Z[y(nT)] = \sum_{n=0}^{\infty} y(nT) z^{-n} \tag{10-21}$$

식 (10-21)은 신호 $y(nT)$의 z변환이라고 하고, 식 (10-21)의 신호열 $y(nT)$를 식 $y(n)$로 나타내면 다음과 같다.

$$Y(z) = \sum_{n=0}^{\infty} y(n) z^{-n} \tag{10-22}$$

이때, 식 (10-22)에서 표본간격 T가 포함되어 있다.

10.3.2 Z변환의 정리

z변환의 몇 가지 중요한 정리는 다음과 같다.

① 합과 차의 정리

$$Z[y_1(kT) \pm y_2(kT)] = Y_1(z) \pm Y_2(z) \tag{10-23}$$

② 상수와 곱의 정리

$$Z[\alpha y(kT)] = \alpha Z[y(kT)] = \alpha Y(z) \tag{10-24}$$

여기서, α는 상수이다.

③ 실수추이 정리

$$Z[y(kT - nT)] = z^{-n} Y(z) \tag{10-25}$$

그리고

$$Z[y(kT + nT)] = z^{-n}\left[Y(z) - \sum_{k=0}^{n-1} y(kT) z^{-k} \right] \tag{10-26}$$

여기서, n은 양의 정수이다.

④ 복소추이 정리

$$Z[e^{\mp akT} y(kT)] = Y(ze^{\pm aT}) \tag{10-27}$$

⑤ 초기치 정리

만일 극한이 존재한다면 다음과 같다.

$$\lim_{k \to 0} y(kT) = \lim_{z \to \infty} Y(z) \tag{10-28}$$

⑥ 최종치 정리

z변환함수 $(1 - z^{-1})Y(z)$가 z평면에서 원점에 둔 $|z| = 1$인 단위원상이나 원 외부에 극점을 갖지 않으면 다음과 같다.

$$y(\infty) = \lim_{k \to \infty} y(kT) = \lim_{z \to 1} (1 - z^{-1}) Y(z) \tag{10-29}$$

⑦ 실수 합성적분의 정리

$$\begin{aligned} Y_1(z)Y_2(z) &= Z\left[\sum_{k=0}^{N} y_1(k)y_2(N-k)\right] \\ &= Z\left[\sum_{k=0}^{N} y_2(k)y_1(N-k)\right] \\ &= Z[y_1(k)\times y_2(k)] \end{aligned} \tag{10-30}$$

z변환은 $Y_1(z)$와 $Y_2(z)$의 곱과는 같지 않다. 예를 들면 두 함수 중의 하나가 정수 N만큼 지연된 e^{-NTs}일 때 다음 식과 같다.

$$Z[e^{-NTs}Y(s)] = Z[e^{-NTs}]Z[Y(s)] = z^{-N}Y(s) \tag{10-31}$$

따라서 z변환의 정리를 요약하면 표 10-1과 같이 나타낼 수 있다.

표 10-1 z변환의 정리

합과 차의 정리	$Z[y_1(kT)\pm y_2(kT)] = Y_1(z)\pm Y_2(z)$
상수 곱의 정리	$Z[ay(kT)] = aZ[y(kT)] = aY(z)$
실수추이 정리	$Z[y(kT-nT)] = z^{-n}Y(z)$ $Z[y(kT+nT)] = z^{-n}\left[Y(z)-\sum_{k=0}^{n-1}y(kT)z^{-k}\right]$
복소추이 정리	$Z[e^{\mp akT}y(kT)] = Y(ze^{\pm aT})$
초기값 정리	$\lim_{k\to 0}y(kT) = \lim_{z\to\infty}Y(z)$
최종값 정리	$y(\infty) = \lim_{k\to\infty}y(kT) = \lim_{z\to 1}(1-z^{-1})Y(z)$
실수 합성적분의 정리	$Y_1(z)Y_2(z) = Z\left[\sum_{k=0}^{N}y_1(k)y_2(N-k)\right]$ $= Z\left[\sum_{k=0}^{N}y_2(k)y_1(N-k)\right]$ $= Z[y_1(k)\times y_2(k)]$

(1) 단위 임펄스 함수

그림 10-12 (a)와 같이 임펄스 함수는 다음과 같다.

$$y^*(t) = \delta(n-k) \tag{10-32}$$

식 (10-32)를 z변환하면 다음과 같다.

$$z[\delta(n-k)] = \sum_{k=0}^{\infty}\delta(n-k)z^{-z}$$
$$= 1+z^{-1}+z^{-2}+\cdots = z^{-k} \tag{10-33}$$

그림 10-12 (a)에서 $k=0$인 그림 10-12 (b)에서 임펄스 함수는 다음과 같다.

$$y^*(t) = \delta(n) \tag{10-34}$$

식 (10-32)에서 z변환은 $k=0$일 때 다음을 얻는다.

$$z[\delta(n)] = 1 \tag{10-35}$$

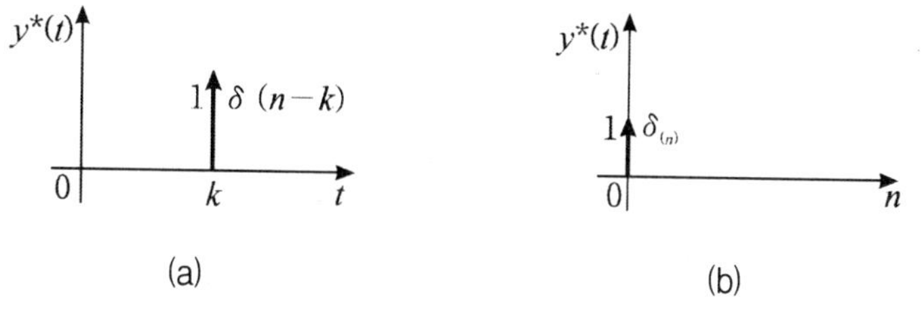

그림 10-12 단위 임펄스 함수

(2) 계단 함수

그림 10-13 (a)와 같이 계단 함수는 다음과 같다.

$$y(t) = Ru_s(t) = \begin{bmatrix} R: t\geq 0 \\ 0: t<0 \end{bmatrix} \tag{10-36}$$

표본화 함수는 그림 11-13(b)와 같이 나타내며 다음과 같다.

$$y(n) = Ru_s(n) = \begin{bmatrix} R: n\geq 0 \\ 0: n<0 \end{bmatrix} \tag{10-37}$$

여기서, R는 상수이다.

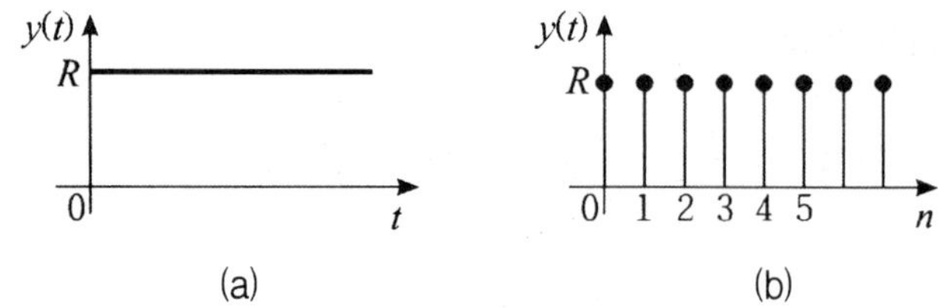

그림 10-13 단위 계단 함수

식 (10-37)에서 계단함수의 z변환은 다음과 같다.

$$z[Ru_s(n)] = \frac{Rz}{z-1} \tag{10-38}$$

예제 다음과 같은 함수를 z변환을 구하시오.

$$y(kT) = 1,\ K = 0, 1, 2, \cdots$$

풀이 계단함수에서 단위 크기의 수열이므로 다음과 같다.

$$Y^*(s) = \sum_{k=0}^{\infty} e^{-kTs}$$

$$Y(z) = \sum_{k=0}^{\infty} z^{-k} = 1 + z^{-1} + z^{-2} + z^{-3} + \cdots$$

따라서, 수열의 합을 구하면 z변환이 된다.

$$\therefore\ Y(z) = \frac{1}{1-z^{-1}} = \frac{z}{z-1},\quad |z^{-1}| < 1$$

(3) 램프 함수

그림 10-14 (a)의 램프 함수는 다음과 같다.

$$y(t) = Rtu_s(t) \tag{10-39}$$

여기서, R은 상수이다.

표본화 함수는 그림 10-14 (b)와 같이 나타내며 다음과 같다.

$$y(n) = Rnu_s(n) \tag{10-40}$$

식 (10-40)을 z변환하면 다음과 같다.

$$z[Rnu_s(n)] = \sum_{n=0}^{\infty} Rnz^{-n}$$
$$= R(z^{-1}+2z^{-2}+3z^{-3}+4z^{-4}+\cdots)$$
$$= \frac{Rz}{(z-1)^2} \qquad (10\text{-}41)$$

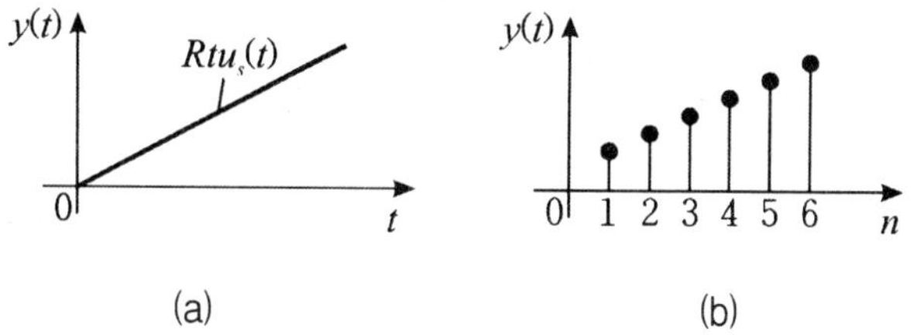

그림 10-14 램프 함수

따라서, 램프 함수를 z변환하면 다음과 같다.

$$z[Rtu_s(t)] = \frac{Rz}{(z-1)^2} \qquad (10\text{-}42)$$

예제 다음과 같은 함수를 z변환을 구하시오.

$$y(kT) = e^{-\alpha kT} \qquad K=0,1,2,\cdots \qquad (10\text{-}43)$$

여기서, α는 상수다.

풀이 식 (10-43)에 의해 크기의 수열이므로 다음과 같다.

$$y^*(t) = \sum_{k=0}^{\infty} e^{-\alpha kT}\delta(t-kT) \qquad (10\text{-}44)$$

$$Y^*(s) = \sum_{k=0}^{\infty} e^{-\alpha kT}e^{-kTs} \qquad (10\text{-}45)$$

식 (10-44)의 양변에 $e^{-(s+\alpha)T}$를 곱하고 식 (10-45)에서 결과식을 빼면 $Y^*(s)$는 다음과 같다.

$$Y^*(s) = \frac{1}{(1-z^{-(s+\alpha)T})}, \qquad |z^{-(\rho+\alpha)T}|<1$$

여기서 ρ는 s의 실수부이다.

$y^*(t)$의 z변환은 다음과 같다.

$$Y(z) = \frac{1}{1-e^{-aT}z^{-1}} = \frac{z}{z-e^{-aT}}, \quad |e^{-aT}z^{-1}|<1$$

다음 표 10-2에서 나타낸 함수는 자주 사용되는 함수이다.

표 10-2 z변환표

시간 함수	z변환	시간 함수	z변환
단위 임펄스 함수 $\delta(t)$	1	$\sin \omega t u_s(t)$	$\frac{z\sin \omega T}{z^2-2z\cos \omega T+1} = \frac{z\sin \omega}{z^2-2z\cos \omega+1}$
$\delta(t-kT)$	z^{-k}	$\cos \omega t u_s(t)$	$\frac{z(z-\cos \omega T)}{z^2-2z\cos \omega T+1} = z\frac{(z-\cos \omega)}{z^2-2z\cos \omega+1}$
단위 계단 함수 $u_s(t)$	$\frac{z}{z-1}$	$e^{-at}\sin \omega t u_s(t)$	$\frac{ze^{-aT}\sin \omega T}{z^2-2ze^{-aT}\cos \omega T+e^{-2aT}}$
$\delta_T(t)=\sum_{n=0}^{\infty}\delta(t-nT)$	$\frac{z}{z-1}$	$e^{-at}\cos \omega t u_s(t)$	$\frac{z^2-ze^{-aT}\cos \omega T}{z^2-2ze^{-aT}\cos \omega T+e^{-2aT}}$
$u_s(t-kT)$	$\frac{z}{z-1}z^{-k}$	$a^t u_s(t)$	$\frac{z}{z-a}$
$tu_s(t)$	$\frac{zT}{(z-1)^2} = \frac{z}{(z-1)^2}$	$(1-e^{-at})u_s(t)$	$\frac{(1-e^{-aT})z}{(z-1)(z-e^{-aT})}$
$e^{at}u_s(t)$	$\frac{z}{z-e^{aT}} = \frac{z}{z-e^{a}}$	$e^{-at}u_s(t)$	$\frac{z}{z-e^{-aT}} = \frac{z}{z-e^{-a}}$
$te^{at}u_s(t)$	$\frac{ze^{aT}T}{(z-e^{aT})^2} = \frac{ze^{a}}{(z-e^{a})^2}$	$te^{-at}u_s(t)$	$\frac{ze^{-aT}T}{(z-e^{-aT})^2} = \frac{ze^{-a}}{(z-e^{-a})^2}$

10.4 Z역변환

(1) 유수법에 의한 Z역변환

시간수열 $y(kT)$는 $Y(z)$로부터 z역변환 유수법에 의하여 구해진다.

$$y(kT) = \frac{1}{2\pi j}\oint_{\Gamma} Y(z)z^{k-1}dz \tag{10-46}$$

식 (10-46)에서 경로 Γ에 따른 주회적분이며, Γ는 z평면의 원점에 중심을 갖는 반경 $|z| = e^{cT}$의 원을 나타내며, c의 값은 $Y(z)z^{k-1}$의 극점들이 원 안에 있도록 선택된 값이다.

(2) 부분함수 전개법에 의한 Z역변환

신호 $y(k)$의 z변환이 $Y(z)$일 때 $y(k)$를 $Y(z)$의 z역변환이라 하고 다음과 같이 나타낸다.

$$y(k) = z^{-1}[Y(z)] \tag{10-47}$$

부분분수 전개법을 이용하여 z변환함수 $Y(z)$를 구하면 다음과 같다.

$$Y(z) = \frac{K_1 z}{z - e^{-\alpha T}} + \frac{K_2 z}{z - e^{\rho T}} + \cdots \tag{10-48}$$

$Y(z)$를 z^{-k}의 멱급수로 전개하면 $k = 0, 1, 2, \cdots$에 대한 $Y(kT)$의 값을 구할 수 있다.

예제 다음과 같은 함수에서 z역변환을 하시오.

$$Y(z) = \frac{2z}{(z-1)(z-2)(z-3)}$$

풀이 수식을 z로 양변을 나누고, 부분분수로 전개하면

$$\frac{Y(z)}{z} = \frac{2}{(z-1)(z-2)(z-3)}$$

$$= \frac{K_{11}}{z-1} + \frac{K_{12}}{z-2} + \frac{K_{13}}{z-3} \quad ①$$

여기서 계수 K_{11}, K_{12}, K_{13}를 구하면 다음과 같다.

$$K_{11} = (z-1)\frac{Y(z)}{z}\bigg|_{z=1}$$

$$= \frac{2}{(z-2)(z-3)}\bigg|_{z=1}$$

$$= 1$$

$$K_{12} = (z-2)\frac{Y(z)}{z}\bigg|_{z=2}$$

$$= \frac{2}{(z-1)(z-3)}\Bigg|_{z=2}$$

$$= -2$$

$$K_{13} = (z-3)\frac{Y(z)}{z}\Bigg|_{z=3}$$

$$= \frac{2}{(z-1)(z-2)}\Bigg|_{z=3}$$

$$= 1$$

그러므로 부분분수 전개식은

$$\frac{Y(z)}{z} = \frac{1}{z-1} - \frac{2}{z-2} + \frac{1}{z-3} \qquad ②$$

식 ②로부터 z로 우변을 나누어주면 다음과 같다.

$$Y(z) = \frac{z}{z-1} - \frac{2z}{z-2} + \frac{z}{z-3} \qquad ③$$

식 ③을 z역변환하면 다음과 같다.

$$y(t) = u_s(t) - 2u_s(2t) + u_s(3t)$$

연 습 문 제

1. 다음 함수들을 z변환을 구하시오.

① $G(s)=\dfrac{1}{(s+2)}$

② $G(s)=\dfrac{1}{s(s+1)^2}$

③ $g(t)=t^2e^{-t}$

④ $g(t)=t\cos\omega t$

2. 다음 함수를 z역변환을 구하시오.

① $Y(z)=\dfrac{z}{(z+1)(z+2)}$

② $Y(z)=\dfrac{z}{(z-1)(z-3)}$

③ $Y(z)=\dfrac{1}{(z-1)(z-2)^2}$

④ $Y(z)=\dfrac{z^2}{(z+1)(z+4)^2}$

3. 다음 함수를 z역변환을 구하시오.

$$Y(z)=\frac{(1-e^{-aT})z}{(z-1)(z-e^{-aT})}$$

연습문제 해답

1. ① $Y(z) = \dfrac{z}{z-e^{-2T}}$

② $Y(z) = \dfrac{z}{z-1} - \dfrac{z}{z-e^{T}} - \dfrac{zTe^{-T}}{(z-e^{-T})^2}$

③ $Y(z) = \dfrac{T^2e^{-2T}z}{(z-e^{-2T})^2} + \dfrac{2T^2e^{-4T}}{(z-e^{-2T})^3}$

④ $Y(z) = \dfrac{1}{2}\left[\dfrac{Te^{j\omega T}z^{-1}}{(1-e^{j\omega T}z^{-1})^2} + \dfrac{Te^{-j\omega T}z^{-1}}{(1-e^{-j\omega T}z^{-1})^2}\right]$

2. 함수들의 z역변환값은 다음과 같다.

① $y(t) = u_s(-t) - u_s(-2t)$

② $y(t) = -\dfrac{1}{2}u_s(t) + u_s(3t)$

③ $y(t) = u_s(t) - u_s(2t) + tu_s(2t)$

④ $y(t) = -\dfrac{1}{3}u_s(-t) + \dfrac{1}{3}tu_s(-4t) + 4u_s(-4t)$

3. 식에서 z로 양변을 나누고, 부분분수로 전개하면

$$\frac{Y(z)}{z} = \frac{(1-e^{-\alpha T})}{(z-1)(z-e^{-\alpha T})}$$

$$= \frac{K_{11}}{z-1} + \frac{K_{12}}{z-e^{-\alpha T}} \qquad ①$$

계수 K_{11}, K_{12}를 구하면 다음과 같다.

$$K_{11} = (z-1)\frac{Y(z)}{z}\bigg|_{z=1}$$

$$= \frac{(1-e^{-\alpha T})}{(z-e^{-\alpha T})}\bigg|_{z=1}$$

$$= 1$$

$$K_{12} = (z-e^{-\alpha T})\frac{Y(z)}{z}\bigg|_{z=e^{-\alpha T}}$$

$$= \frac{(1-e^{-\alpha T})}{(z-1)}\bigg|_{z=e^{-\alpha T}}$$

$$= -1$$

그러므로 부분분수 전개식은

$$\frac{Y(z)}{z} = \frac{1}{z-1} - \frac{1}{z-e^{-\alpha T}} \qquad ②$$

식 ②로부터 z로 우변을 나누어주면 다음과 같다.

$$Y(z) = \frac{z}{z-1} - \frac{z}{z-e^{-\alpha T}} \qquad ③$$

식 ③을 z역변하면 다음과 같다.

$$y(t) = u_s(t) - e^{-\alpha KT}$$

제 11 장

시퀀스 제어 회로

11.1 시퀀스 제어의 개요

제어란 목적에 적합하도록 그 대상에 필요한 조작을 가하는 일을 말하며, 로봇을 제어하거나 컴퓨터를 이용한 생산 공정을 제어하는 것이다.

현대의 과학 기술의 발달은 미래를 예측하기 어려울 정도로 급속하게 진전되고 있으며 자동제어 기술, 컴퓨터 및 반도체 기술, 신소재 기술, 기계 기술 등의 급속한 발달은 그 다음 세대의 기술을 더욱 더 가속화시키고 있다.

자동화 기술의 발달은 2차 산업 혁명에 의해 인간의 노동력을 기계의 힘으로 대치시키는 역할을 하며 자동제어 기술, 컴퓨터 기술로 인간의 두뇌 기능을 대신하게 하고 방대한 정보처리가 가능하게 되었다.

자동제어 기술은 기계 설비와 각종 산업 프로세서의 현대 산업설비를 동작시키는데 필수적으로 필요한 요소이다.

자동제어 시스템의 구성은 개루프 제어 시스템(Open loop control system)과 폐루프 제어 시스템(closed loop control system)으로 구성되어 있다.

시퀀스 제어(sequence control)는 다음 단계에서 해야 할 제어 동작이 미리 정해져 있어 앞 단계에서 제어 동작을 완료한 후 다음 단계의 동작을 하는 것을 말한다.

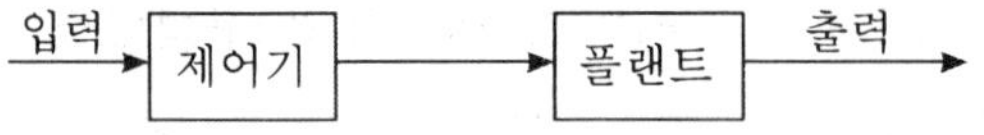

(a) 개루프 제어 시스템 예

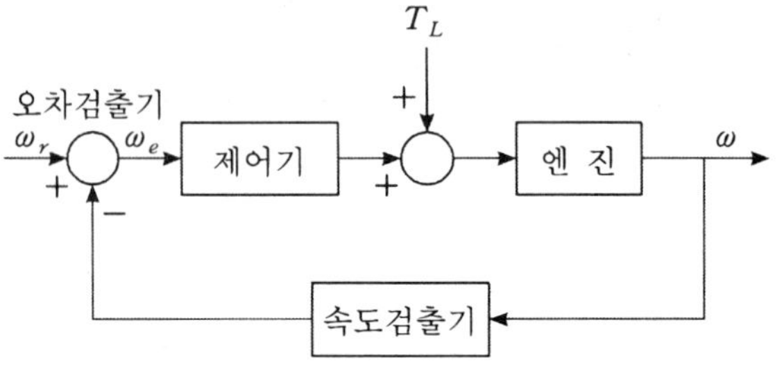

(b) 폐루프 제어 시스템 예

그림 11-1 제어 시스템 예 구분

즉 시퀀스 제어란 미리 정해진 순서에 따라 제어의 각 단계를 점차로 진행해 나가는 제어로 정의되고 있으며 불연속적인 작업을 행하는 공정제어 등에 널리 이용된다.

일종의 스위치나 버튼을 사용하여 전기회로의 부하를 운전하고 부하의 운전 상태나 고장 상태를 나타내기도 하는 일련의 제어로 근래에 사용되는 전기회로는 이러한 시퀀스 회로로 구성되어 있으며 빌딩이나 공장 엘리베이터, 세탁기, 냉장고, 자동 판매기 등도 시퀀스로 동작되고 있다.

되먹임 제어(피드백 제어)는 피드백에 의해 제어량을 목표값과 비교하여 일치시키도록 정정 동작을 하는 제어이다.

무접점 소자를 이용한 제어회로에는 PLC 등의 전자회로를 사용한 것이 있고, 유접점 소자는 버튼 스위치나 각종 계전기(Relay)를 사용한 것이다.

11.2 시퀀스 제어계의 구성요소

회로의 개폐 기능을 가진 기구를 일반적으로 스위치라 한다. 스위치는 접점(contact)으로 구성한다. 시퀀스 회로에 사용되는 각종 요소는 다음과 같다.

표 11-1 시퀀스 제어계의 구성요소

분 류	종 류
릴레이류	제어용 릴레이, 타이머, 전자 접촉기, 전자 개폐기 열동 계전기
검출용 스위치	마이크로 스위치, 리밋 스위치, 근접 스위치, 광전 스위치, 압력 스위치
조작용 스위치	누름버튼 스위치, 셀렉터 스위치, 나이프 스위치, 로타리 스위치, 풋 스위치 등
작동 기기	전동기, 전자 클러치, 전자 브레이크, 전자 밸브, 솔레노이드
표시 및 경보기구	표시등, 부저, 벨
기 타	변압기, 정류기, 저항기, 전자카운터

11.2.1 접점의 종류

회로를 연결(ON)하거나 떨어지는(OFF) 동작을 하는 것으로 동작의 상태에 따라 a, b, c접점으로 구분한다.

접점수를 앞에 나타내어 1a, 2b, 3c 등과 같이 표시한다.

① a접점(작동 접점 ; arbeit contact) : 메이크 접점(make contact), 상시 개로 접점(NO접점 : Nomally open contact)이라고도 한다.
항상 열려(OFF) 있다가 외부에서 힘을 가하면 닫히는(ON) 접점이며 소문자를 사용하고, a접점의 기호 형태는 다음과 같다.

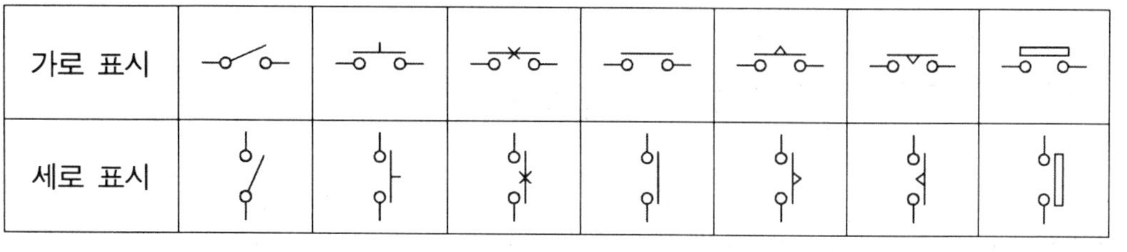

② b접점(끊기는 접점 ; break contact) : 상시 폐로 접점(NC접점 : Normally close contact)이라 하며 항상 닫혀(ON) 있다가 외부에서 힘을 가하면 열리는(OFF) 접점이며 소문자를 사용하고, b접점의 기호형태는 다음과 같다.

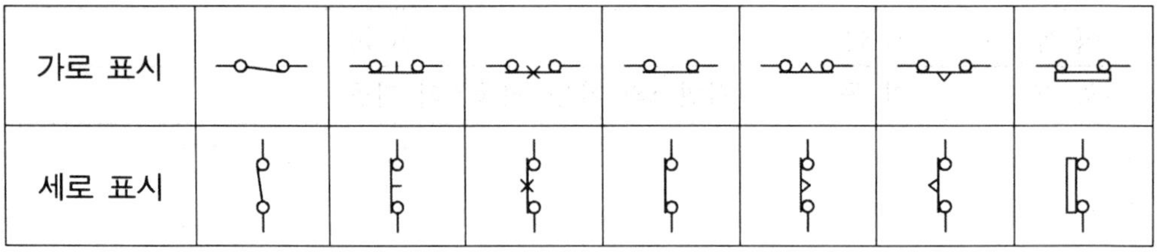

③ c접점(전환 접점 ; change over contact) : a접점과 b접점 사이에서 한쪽의 가동 접점부를 공유하며 트랜스퍼 접점(transfer contact)이라고도 하며 a, b접점과 같이 소문자를 사용하고, c접점의 기호형태는 다음과 같다.

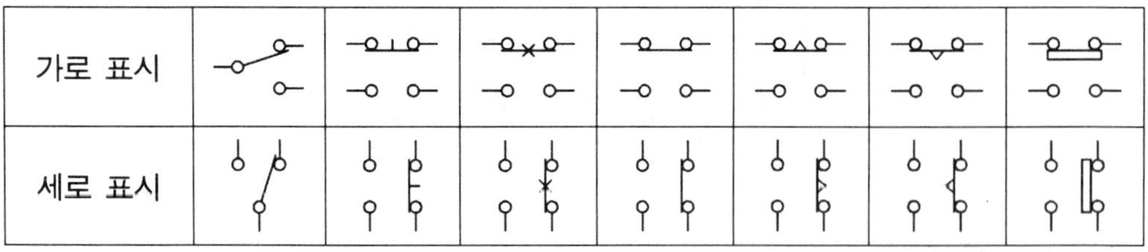

11.2.2 스위치 종류

수동 조작 스위치는 인위적인 조작에 의해 신호의 변환을 제어장치에 입력하는 기구이다.

스위치 제작시에는 접속 저항, 절연 저항, 절연 내력, 전기적 수명, 기계적 수명, 과부하, 내진성, 내습성, 내부식성 시험으로 기기를 제작한다.

(가) 누름버튼 스위치(Push Button Switch)

누름버튼 스위치는 시퀀스 제어 회로에서 주로 시작(기동)이나 정지용으로 사용되며 수동 조작 자동 복귀형, 유지형 스위치가 가장 많이 이용된다.

수동 조작 자동 복귀형 스위치는 버튼을 누르면 접점 기구부가 개폐되는 동작으로 개로, 폐로하며(수동조작) 스프링의 힘에 의해 원래의 상태로 복귀한다(자동복귀).

접점의 형식에 따라 1a1b부터 4a4b접점까지 표준으로 제작되며 그림 기호 옆에 문자 기호 PB 또는 PBS를 기입하며 일반적으로 색상에 의한 분류는 다음과 같다.

색 상	기 능	적 용
녹 색	기 동	시퀀스의 기동, 전동기의 기동
적 색	정지, 비상 정지	시퀀스의 정지, 전동기의 정지, 모든 시스템 정지
황 색	리 셋	사이클 완료 후 부분적인 리셋
백 색		상기 색상에서 규정되지 않은 이외의 동작

① **누름버튼 스위치의 a접점** : 버튼을 누르지 않은 복귀 상태에서 가동접점과 고정접점이 떨어져 개로되어 있으며 버튼을 누른 동작 상태는 가동접점과 고정접점이 접촉하여 폐로되는 접점을 말한다.

② **누름버튼 스위치의 b접점** : 버튼을 누르지 않은 복귀상태에서 가동접점과 고정접점이 접촉하여 폐로되어 있으며 버튼을 누른 동작 상태는 가동접점과 고정접점이 떨어져 개로되는 접점이다.

③ **누름버튼 스위치의 c접점** : 버튼을 누르지 않은 복귀상태에서 가동접점과 고정접점이 접촉한 b접점부와 가동접점과 고정접점이 접촉하지 않은 a접점부의 2개의 접점으로 이루어져 있다.

버튼을 누른 동작 상태는 b접점부는 개로 상태, a접점부는 폐로 상태로 변하는 스위치이다.

(나) 유지형 스위치

유지형 스위치는 핸들조작에 의해 회로를 개폐하는 스위치로 조작 후에 손을 떼어도 조작 부분(누름 버튼이나 핸들)과 접점 조작때의 상태(조작 상태)를 계속 유지하는 기능이 있으며 소용량의 전원 스위치로 사용한다.

(다) 비상 스위치(Emergency Switch)

비상 스위치는 유지형 스위치의 일종으로 비상일 때 전원을 급히 차단할 목적으로 사용한다.

(라) 선택 스위치(Selector switch)

선택 스위치는 슬라이드 스위치의 일종으로 사용 전압에 적당한 전압을 절환하는 스위치로 특별한 경우에는 트랜스를 내장하는 경우도 있다. 일반적으로 좌우로 돌려서 전로를 선택하여 접속하는 경우에 주로 사용한다.

(마) 검출용 스위치

검출용 스위치는 자동화 시스템에서 없어서는 안될 만큼 제어 대상의 상태나 변화 등을 검출하기 위한 것으로 위치, 액면, 온도, 전압 그 밖의 여러 제어량을 검출하는데에 사용되고 있다.

(바) 리밋 스위치(Limit Switch)

리밋 스위치는 위치 검출용 스위치로 접촉자에 물체가 닿으면 접촉자가 움직여 접점이 개폐되며 생산설비와 공장 자동화 설비 등에 사용된다. 접촉자에 접촉하는 물체의 형, 또는 뾰족한 부분을 캠, 또는 도그(dog)라 한다.

(사) 광전 스위치(Photo Electric Switch)

광전 스위치는 투광기와 수광기로 구성되어 물체가 광로를 차단하므로 접점이 개폐된다.

전기에너지를 빛으로 변환시키는 발광 소자(GaAs, CaAlAs, Gap 등의 PN 접합 소자)를 사용하여 빛을 내는 발광부에 의해 검출대상을 향해 빛을 조사하고, 검출대상에 의해 변화된 빛을 수신하여 전기적 신호로 변환 및 증폭(포토 다이오드, 포토 트랜지스터 등의 소자)시키는 수광부로 구성된 센서를 광전 스위치라 한다.

물체에 직접 접촉하지 않고 검지하며 직접 접촉할 수 없는 물품 등의 계수, 기계동작의 제한 등에 사용되며 또한 자동문이나 컨베이어로 운반하고 있는 물품의 검출에 사용된다.

(아) 근접 스위치((Proximity Switch)

근접 스위치는 고주파 발진, 자기, 정전 용량, 초음파, 공압기, 광전 효과 등을 이용 발진 회로나 브리지 회로를 내장하고 금속체나 자성체가 접근하였을 때에 물체에 의해 전기장이나 자기장의 변화로 접점이 개폐된다.

물체에 직접 접촉하지 않고 검지하는 정지형 스위치로서 반도체 소자를 응용하여 기계적인 힘이 불필요하며 금속체나 자성체를 검지한다.

동작 거리는 근접체의 재질, 형상, 크기 또는 접근 방향에 따라 다르지만 대개 5~50[mm] 정도이다.

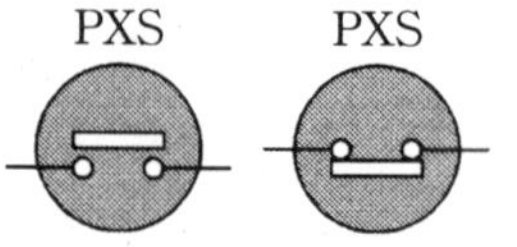

(자) 슬라이드 스위치(Slide Switch)

슬라이드 스위치는 접점부가 미끄러져 다른 곳으로 이동되며 위치를 고정시키는 볼이 들어 있다.

(차) 트리거 스위치(Trigger Switch)

트리거 스위치는 방아쇠(trigger)와 비슷하게 생긴 것으로 전기톱, 전기 해머 등 전동 공구와 전원 절환 스위치로 많이 사용된다.

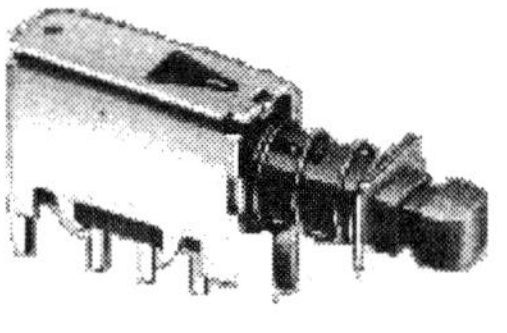

(카) 로터리 스위치(Rotary Switch)

로터리 스위치는 회전동작에 의해 접점을 전환하고 회로를 선택하도록 된 스위치로 원주상에 접촉단자를 여러개 배치해 접촉점이 차례대로 전환하도록 되어 있다.

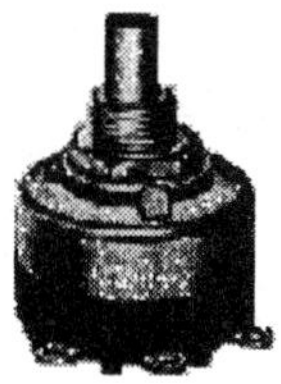

(타) 파형 스위치(Rocker Switch)

파형 스위치는 슬라이드 스위치의 일종으로 파형 손잡이를 누르면 스프링의 힘을 갖는 접점기구에 의하여 회로를 개폐하는 스위치이다.

(파) 캠 스위치(Cam Switch)

캠 스위치는 캠의 동작에 의하여 접점이 개폐되는 스위치이다.

11.2.3 계전기(Control relay) 종류

전자 계전기는 철심에 코일을 감고 전류가 흐르면 철심은 전자석이 되어 철편을 흡인하는 전자력이 발생된다. 전자기력에 의하여 접점을 개폐하는 기능을 가진 제어장치를 전자 계전기(Electromagnetic relay)라 한다.

전자 계전기를 보통 릴레이(Relay)라고 하며 이 릴레이를 이용한 제어를 전자 계전기 제어 또는 유접점 제어라 한다.

전자 계전기(릴레이)는 시퀀스 제어회로에 많이 사용되며 릴레이의 접점은 전류가 흐르고 있을 때에만 동작하고 전류가 흐르지 않게 되면 스프링의 힘에 의해 원래 상태로 복귀한다.

직류용(DC 6~100[V])과 교류용(AC 6~220[V])이 있으며 핀 수는 8핀(2a 2b), 11핀(3a 3b), 14핀(4a 4b)가 있고 릴레이 핀을 소켓에 삽입하여 사용한다.

시퀀스 제어에서의 제어용 계전기는 전기적 계전기 군(群)의 요소로서 제어 회로 구성상 중요한 역할을 하고 있다. 이 제어용 계전기는 ON, OFF의 전기 신호를 기억하거나 새로운 전기신호를 발생시켜 시퀀스 제어를 진행하며 정상 상태에 있어서 특정 입력에 응용하여 다른 계전기 혹은 장치를 제어하는 것을 목적으로 하는 계전기이다.

(가) 일반용 계전기

코일을 여자하면 접점이 순식간에 동작하고, 소자(무여자)하면 순식간에 복귀하는 계전기로 보통 정보의 기억이나 신호의 전달에 사용하며 접점 용량은 그다지 크지 않으나 동작 빈도가 높기에 신뢰도와 수명이 중요시되며 구조상 힌지형이 많다.

(나) 한계(限界) 계전기

코일에 걸리는 전압 또는 전류를 미리 정해 놓고 전압, 전류값이 규정치에 도달하면 접점이 순식간에 동작 또는 복귀하는 계전기이다. 보통 전압, 전류의 변화가 완만한 경우의 전압, 전류 검출에 사용된다.

(다) 한시(限時) 계전기

전자코일을 여자 또는 무여자 하여도 접점이 순간적으로 동작하지 않고 코일의 신호에 대하여 접점의 동작 또는 복귀에 시간적 뒤짐이 있는 계전기로 일명 타이머라고도 한다.

(라) 유지형(維持形) 계전기

입력신호가 입력되어 한번 동작하면 입력신호가 제거되어도 기계적, 전기적으로 접점이 계속 동작하는 상태를 유지하게 되며 원 상태로 복귀하려면 수동이든가 별도의 입력 신호가 필요하다.

(마) 플리커 릴레이(Flicker relay)

플리커 릴레이는 a, b접점이 시간 t주기로 교대로 ON, OFF되는 릴레이이며 경보회로 등에서 점등용으로 사용되고 릴레이의 내부 접속도는 일반의 타이머와 유사하며 a, b접점이 교대로 점멸한다.

11.2.4 타이머(Timer) 종류

시간을 제어 한다는 것은 어떤 신호의 흐름을 일정시간 동안 지연하거나 주기적, 간헐적인 신호가 나타나며 시간을 제어하기 위해서는 타이머(Timer)를 사용한다.

타이머는 여자 코일을 여자 또는 소자(감자)함에 따라 접점의 동작 또는 복귀에 시간적 지연이 있는 전자 계전기로 여자 코일(구동부)과 접점으로 구성된다.

타이머는 어떤 설정 시간에 의한 접점을 개폐하는 한시 a접점과 한시 b접점이 있다.

타이머는 시간을 검출하는 각종 스위치와 계전기를 조합하여 사용한다.

(가) 한시동작 순시복귀(ON Delay Timer)

그림 11-2는 한시동작 순시복귀 접점의 심벌 및 타임차트를 나타낸 것이다. 타임차트에서 타이머의 코일 T가 무여자(OFF)일 때, 한시동작 a접점은 개로(OFF)상태이며 한시동작 b접점은 폐로(ON)상태이다.

이 상태에서 타이머의 코일 T가 여자(ON)되면 한시동작 a접점은 순시접점과는 달리 즉시 동작되지 않고 타이머로 설정한 시간 t만큼 후에 폐로(ON)되며 반대로 한시동작 b접점은 t시간 이후에 개로(OFF)된다.

즉 동작에 시간적인 뒤짐이 발생되고 타이머의 코일이 무여자가 되면 한시 a접점, 한시 b접점 모두 코일이 무여자가 되는 즉시 원래대로 복귀하는 한시동작 순시복귀 접점이라고 하며 ON delay이다.

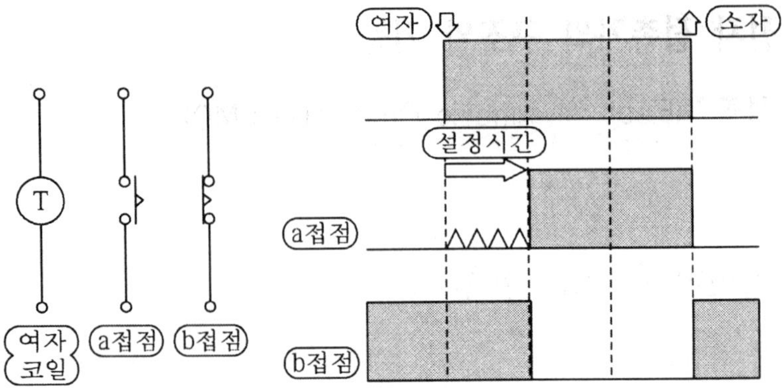

그림 11-2 한시동작 순시복귀

(나) 순시동작 한시복귀(OFF Delay Timer)

그림 11-3은 순시동작 한시복귀 심벌 및 타임차트를 나타낸 것이다. 타이머 T가 무여자(OFF)일 때, 한시복귀 a접점은 개로(OFF)상태이고 한시복귀 b접점은 폐로(ON)상태이다.

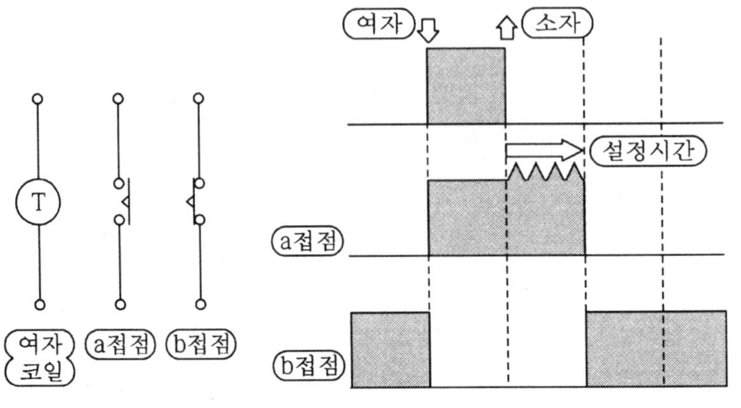

그림 11-3 순시동작 한시복귀

타이머 T가 여자(ON)되면 한시복귀 a접점은 즉시 폐로(ON)되고 한시복귀 b접점은 즉시 개로(OFF)된다. 타이머 T가 무여자(OFF)되면 한시복귀 a접점은 설정시간 후에 개로(OFF)되고 한시복귀 b접점도 설정 시간 후에 원래대로 폐로(ON)된다.

타이머의 코일이 여자되는 시간과 거의 같은 시각 즉, 순시로 동작하고 타이머의 코일에 전원이 제거되면(소자) 설정 시간 후에 접점이 복귀되는 OFF delay이다.

11.2.5 전자 접촉기의 구조와 기능

(가) 전자 접촉기(Electromagnetic Contactor : MC)

전자 접촉기는 큰 접점 용량과 내압을 가진 전자 계전기의 일종으로 전자석에 의한 흡인력을 이용하여 주접점을 열고, 닫음으로써 주회로 전류와 같은 대전류의 개폐나 전동기의 빈번한 기동, 정지, 제어 등에 사용되며, 250[V], 10[A] 이상의 부하의 개폐에 사용한다.

주접점, 보조 접점으로 이루어지는 접점부와 전자 코일, 철심으로 이루어지는 조작 전자석부로 되어 있다. 주접점은 전동기의 주회로에 큰 전류가 흘러도 안전한 대전류 용량의 접점이며 보조 접점은 소형의 전자 계전기 접점과 같이 적은 전류 용량의 접점이다.

전자 코일에 전류가 흐르면 고정 철심이 전자석이 되어 가동 철심을 흡인한다.

이 흡인력에 의해서 가동 철심이 연동하여 주접점 및 보조 접점이 아래쪽으로 힘을 받아 주접점이 닫힘과 동시에 보조 접점도 동시에 개폐 동작을 한다.

(나) 열동형 과전류 계전기(Thermal Heater Relay : THR)

열동형 과전류 계전기는 장방의 히터와 바이메탈을 조합한 열동 소자와 접점부로 이루어져 있다.

전류 조정기는 작동 레버의 간격을 조정하여 자기 전류 용량을 80~120[%]까지의 전류 범위를 조정할 수 있으며 눈금 전류값의 80[%] 미만의 전류값으로는 동작하지 않는다. 주회로 단자는 부하 전류를 흘릴 수 있는 단자로서 바이메탈과 열선이 연결되어 있다. 복귀 버튼(Reset bar)은 과전류 계전기의 가동 접점을 수동으로 조작할 수 있다.

과부하로 과전류 계전기가 동작되면 회로가 차단되고 재복귀시 필요한 단자이며 트립(trip)은 강제로 회로를 차단시킨다.

접점에는 고정 a접점, 고정 b접점으로 구성되며 동작 레버의 앞판에 의하여 동작하는 것으로 고정 b접점에 접촉되어 회로를 구성하다가 과전류가 흐르게 되면 b접점을 이탈하여 고정 a접점에 접촉된다.

전동기에 과부하 또는 구속 상태 등으로 이상 전류가 흘러 온도가 상승하면 바이메탈이 일정량 이상 변형으로 연동 기구 사이의 접점부를 동작시킨다.

이 접점이 전자 접촉기의 조작 회로를 차단하고 이상 전류에 의한 전동기의 소

손을 방지한다. 그리고 전자 접촉기에 열동형 과전류 계전기를 부착한 것을 전자 개폐기(Electromagnetic Switch)라 한다.

(다) 배선용 차단기

배선용 차단기는 회로의 과전류를 차단하는 가장 간단한 것은 퓨즈이며 일반적으로 퓨즈는 단락 및 과전류를 여는 경우 보호 계전기를 사용하지 않는 간단한 방법으로 사용되나 과부하 보호에는 적합하지 않다.

3상 전동기 운전 회로에서 과부하로 퓨즈 1상이 오픈되면 운전되지 않으며 이런 상태가 장시간 계속되면 전동기가 손상될 수 있다. 이러한 위험을 방지하기 위해 퓨즈 대신 NFB(노 퓨즈 브레이커) 또는 MCCB 배선용 차단기를 사용한다. 출력이 0.2[kW] 이상의 전동기에는 소손 방지를 위해 전동기 보호용 배선용 차단기를 설치된다.

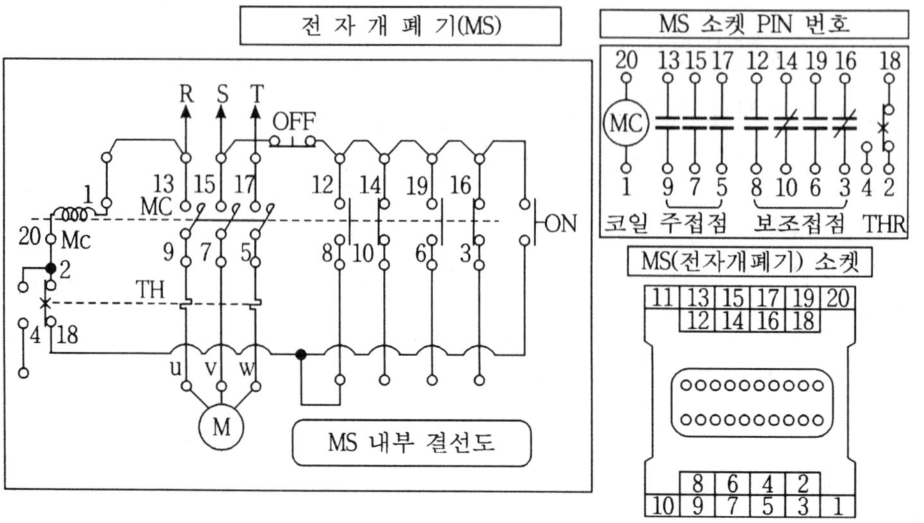

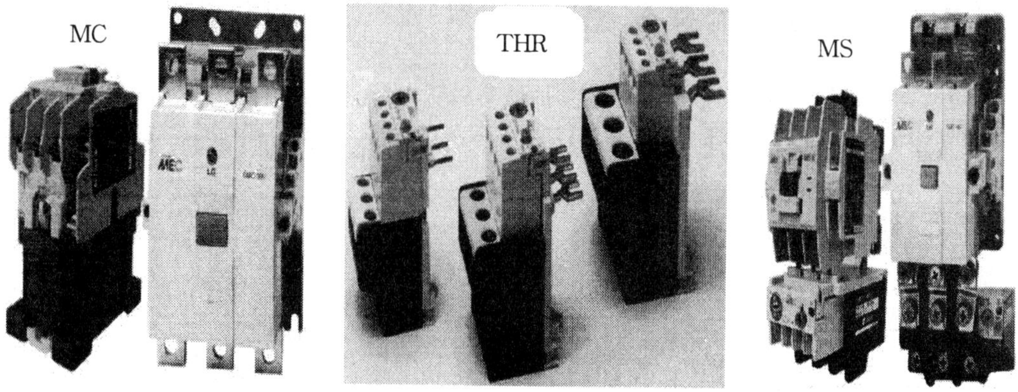

그림 11-4 전자 접촉기의 구성

11.3 기본 논리회로

기본 논리회로에는 AND 회로, OR 회로, NOT 회로가 있으며 이들을 조합한 NAND 회로, NOR 회로 등이 있다.

11.3.1 AND 회로(論理積 회로)

입력 스위치나 접점이 직렬로 연결되어 입력단자 A, B 중 모두 ON되어야 출력이 ON되고 그 중 어느 한 단자라도 OFF되면 출력이 OFF되는 회로이다.

논리식 : X = A · B (11-1)

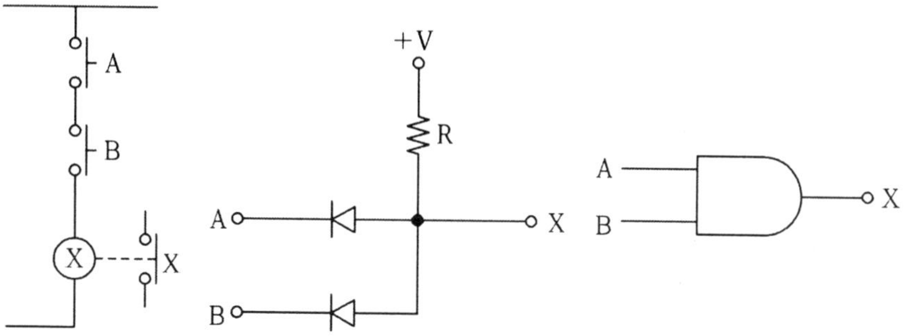

A	B	X
0	0	0
0	1	0
1	0	0
1	1	1

(a) 유접점 회로 (b) 무접점 회로 (c) Logic 회로 (d) 진리표

그림 11-5 AND 회로

11.3.2 OR 회로(論理合 회로)

입력 스위치나 접점이 병렬로 연결되어 입력단자 A, B 중 어느 하나라도 ON되어야 출력이 ON되고, A, B 모든 단자가 OFF되어야 출력이 OFF되는 회로이다.

논리식 : $X = A + B$ (11-2)

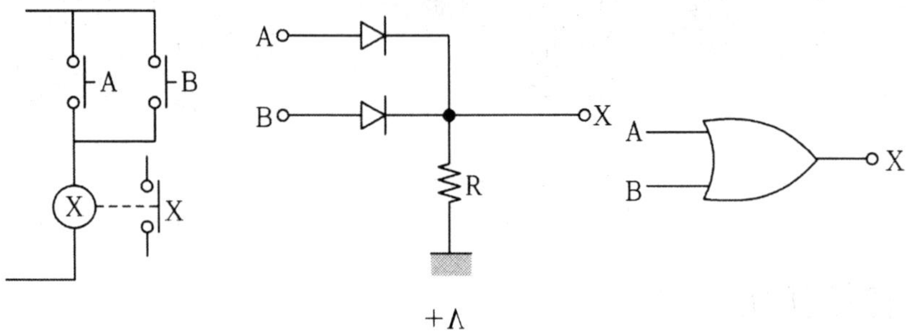

A	B	X
0	0	0
0	1	1
1	0	1
1	1	1

(a) 유접점 회로 (b) 무접점 회로 (c) Logic 회로 (d) 진리표

그림 11-6 OR 회로

11.3.3 NOT 회로(論理不定 회로)

입력 스위치나 접점이 닫히면 출력은 열린 상태가 되고, 이와는 반대로 입력 스위치나 접점이 열리면, 출력은 닫힌 상태가 되는 회로로 입력이 ON되면 출력이 OFF되고 입력이 OFF되면 출력이 ON되는 회로이다.

논리식 : $X = \overline{A}$ (11-3)

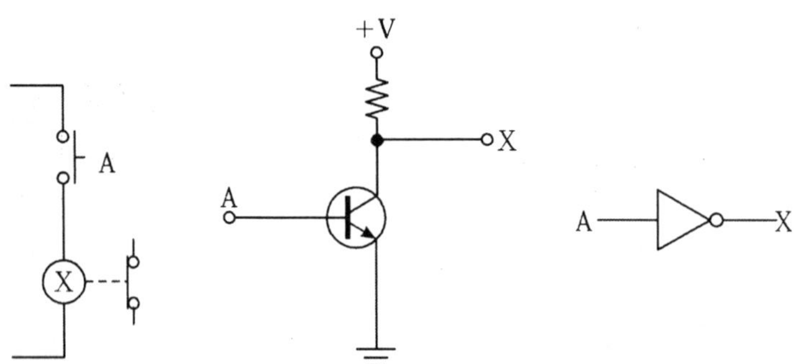

A	X
0	1
1	0

(a) 유접점 회로 (b) 무접점 회로 (c) Logic 회로 (d) 진리표

그림 11-7 NOT 회로

11.3.4 NAND 회로

입력 스위치나 접점이 모두 닫힐 경우에만 출력이 열린 상태로 동작하는 회로로서 입력단자 A, B 모두가 ON되어야 출력이 OFF되고 그 중 어느 하나라도 OFF되면 출력이 ON되는 회로이다.

$$\text{논리식 : } X = \overline{A \cdot B} = \overline{A} + \overline{B} \qquad (11\text{-}4)$$

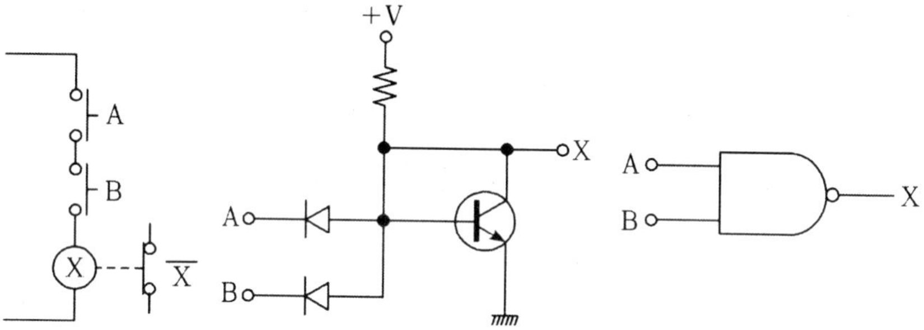

A	B	X
0	0	1
0	1	1
1	0	1
1	1	0

(a) 유접점 회로 (b) 무접점 회로 (c) Logic 회로 (d) 진리표

그림 11-8 NAND 회로

11.3.5 NOR 회로

입력 스위치나 접점이 둘 중에서 한 개만 닫혀도 출력이 열린 상태로 동작하는 회로로 입력 A, B 중 어느 하나라도 ON되면 출력이 OFF되고 입력 A, B 모두가 OFF되면 출력이 ON되는 회로이다.

$$\text{논리식 : } X = \overline{A + B} \qquad (11\text{-}5)$$

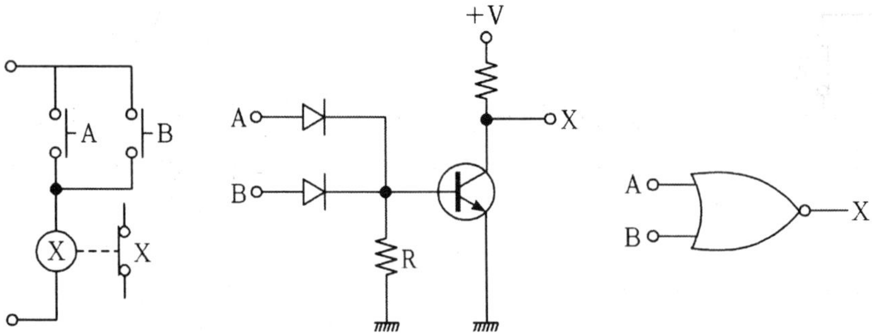

A	B	X
0	0	1
0	1	0
1	0	0
1	1	0

(a) 유접점 회로 (b) 무접점 회로 (c) Logic 회로 (d) 진리표

그림 11-9 NOR 회로

11.3.6 Exclusive OR(배타적인 논리회로) 회로

A, B 두 개의 입력 중 어느 하나만 입력할 때 출력이 On 상태가 나오는 회로를 Exclusive OR 회로라 한다.

논리식 : $X = \overline{A} \cdot B + A \cdot \overline{B}$ (11-6)

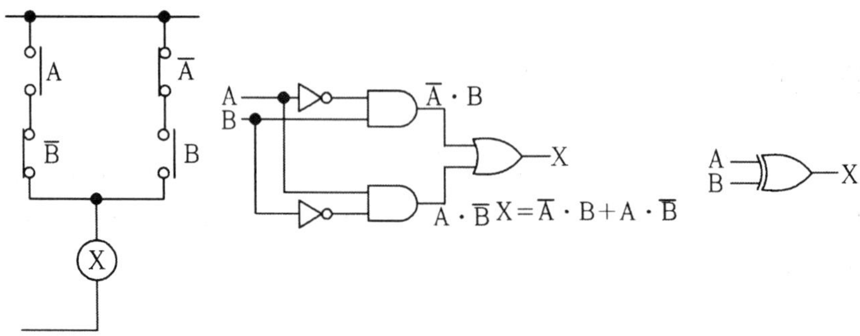

입력		출력
A	B	X
0	0	0
0	1	1
1	0	1
1	1	0

(a) 유접점 회로 (b) 무접점 회로 (c) Logic 회로 (d) 진리표

그림 11-10 Exclusive OR 회로

11.3.7 일치 논리회로(一致論理回路)

입력의 전부가 OFF 또는 ON일 때만 출력이 ON되는 논리회로를 일치 논리회로라고 한다.

논리식 : $X = \overline{A} \cdot \overline{B} + A \cdot B$ (11-7)

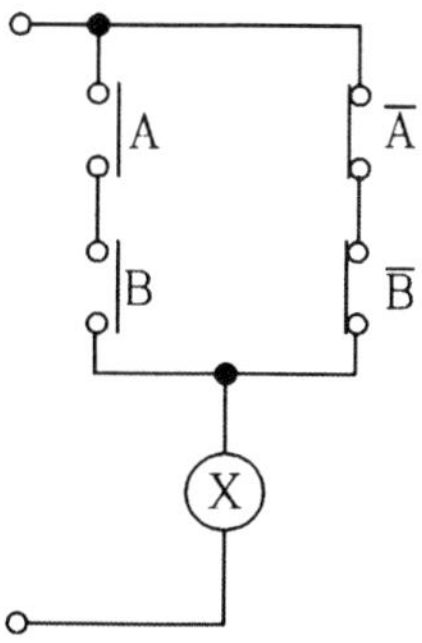

(a) 유접점 회로

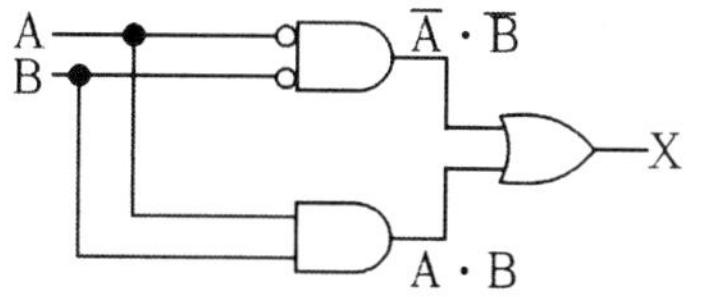

(b) 무접점 회로

A	B	X
0	0	1
0	1	0
1	0	0
1	1	1

(c) 진리표

그림 11-11 일치회로

11.4 논리 대수와 드 모르간 정리

11.4.1 논리 대수

논리 대수는 1847년에 영국의 수학자 George Boole이 논리의 수학적 해석을 하려고 창시한 사실에서 부울 대수(Boolean Algebra)라고도 한다. 논리 대수에서 취급하는 변수로는 보통의 대수와 달리, 2진법의 "0"과 "1"만으로 된다. 부울 대수는 기본 연산의 정의에서 다음의 3가지 공리와 그것으로 부터의 정리가 있고, 어느 것이나 취급하는 값은 "0"과 "1" 2가지 뿐이다.

공리 1 부정(NOT)

A가 "1"이 아니면 A는 "0"이고, A가 "0"이 아니면 A는 "1"이다.

공리 2 논리합(OR)

$$\left.\begin{aligned} &0+0=0 \\ &0+1=1+0=1 \\ &1+1=1 \end{aligned}\right\} \qquad (11\text{-}8)$$

이 공리는 2개의 변수의 논리합은 2개의 변수 가운데 1개라도 "1"이 있으면 "1"이라는 것을 의미한다.

공리 3 논리적(AND)

$$\left.\begin{aligned} &0 \cdot 0 = 0 \\ &0 \cdot 1 = 1 \cdot 0 = 0 \\ &1 \cdot 1 = 1 \end{aligned}\right\} \qquad (11\text{-}9)$$

이 공리는 2개의 변수의 논리적은 2개의 변수의 양쪽이 모두 "1"인 때에 한하여 "1"이 된다는 것을 의미한다.

논리 대수는 복잡한 논리회로의 동작을 이해한다든가, 각종의 정리를 이용하여 논리식을 간단히 하여, 회로를 간소화하는 데에 유효하다.

실용적인 기본법칙을 요약하면 다음과 같다.

(가) 교환의 법칙

2가지 변수 A, B에 대하여

$$\left.\begin{aligned} &A + B = B + A \\ &A \cdot B = B \cdot A \end{aligned}\right\} \qquad (11\text{-}10)$$

가 논리합, 논리적의 양 논리식에 있어서 성립한다.

$$A + B = B + A$$

$$A \cdot B = B \cdot A$$

그림 11-12

(나) 결합의 법칙

변수 A, B, C에 대해서

$$\left.\begin{aligned}(A+B)+C=A+(B+C)\\(A\cdot B)\cdot C=A\cdot(B\cdot C)\end{aligned}\right\}\tag{11-11}$$

가 성립한다.

$$(A+B)+C=A+(B+C)$$

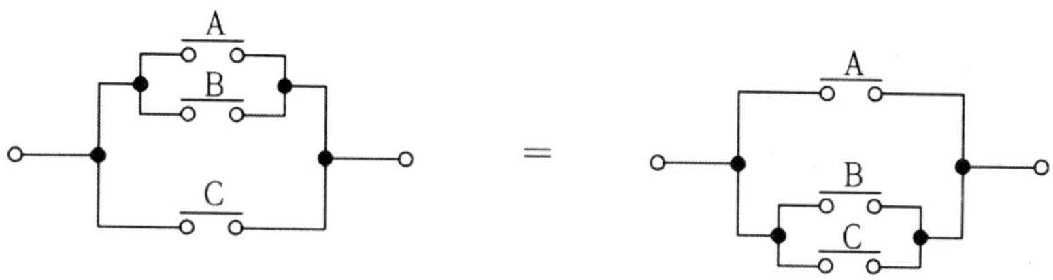

$$(A\cdot B)\cdot C=A\cdot(B\cdot C)$$

그림 11-13

(다) 분배의 법칙

$$A\cdot(B+C)=A\cdot B+A\cdot C\tag{11-12}$$

$$A+(B\cdot C)=(A+B)\cdot(A+C)\tag{11-13}$$

가 성립한다. 특히 식 (11-13)은 논리합과 논리적이 완전히 독립이 아니고 부정을 조합하면 상호 교환이 가능하며, 부정과 논리합 또는 부정과 논리적의 그 어느 조합만으로, 모든 논리를 구성할 수 있다는 것을 의미한다.

$$A\cdot(B+C)=A\cdot B+A\cdot C$$

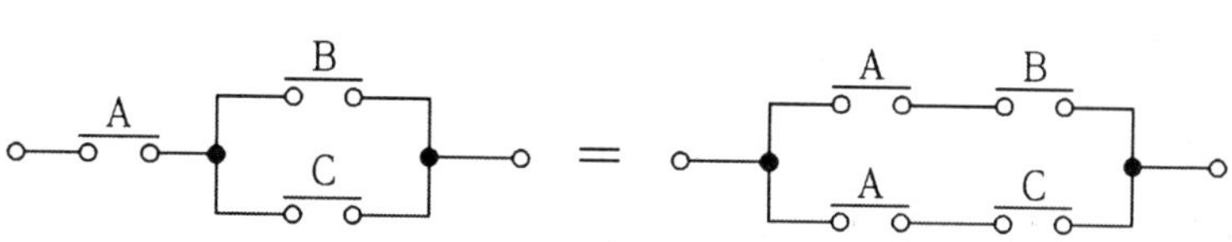

$$A+(B\cdot C)=(A+B)\cdot(A+C)$$

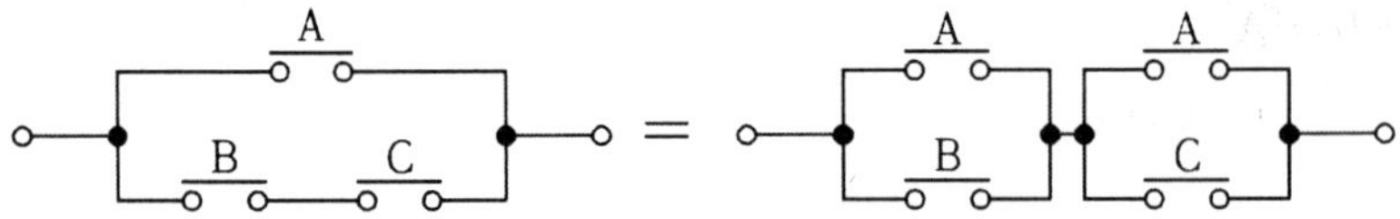

그림 11-14

(라) 동일의 법칙

변수 A에 대해서

$$\left.\begin{array}{l} A+A+A+\cdots+A=A \\ A\cdot A\cdot A\cdots A=A \end{array}\right\} \qquad (11\text{-}14)$$

가 성립된다. 이 것은 A에 "1"과 "0"을 대입하여 계산하면 쉽게 알 수 있다.

$$A+A+A+\cdots+A=A$$

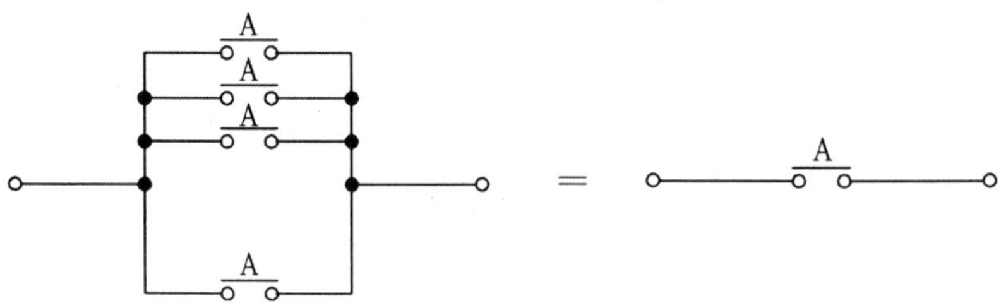

$$A\cdot A\cdot A\cdots\cdots A=A$$

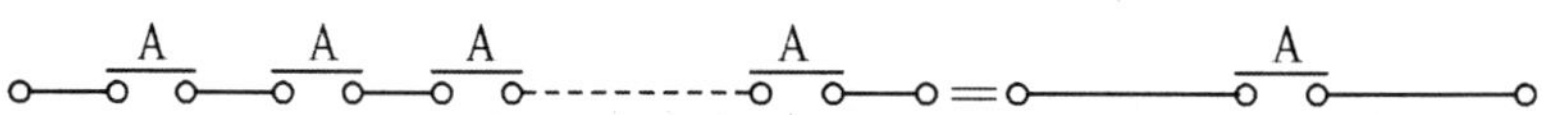

그림 11-15

(마) 흡수의 법칙

$$\left.\begin{array}{l} A+0=A,\ \ A\cdot 1=A,\ \ A+1=1,\ \ A\cdot 0=0 \\ A+A\cdot B=A\cdot(1+B)=A\cdot 1=A \\ A\cdot(A+B)=A\cdot A+A\cdot B=A+A\cdot B=A \end{array}\right\} \qquad (11\text{-}15)$$

$A+0=A$

$A \cdot 1=A$

$A+1=A$

$A \cdot 0=0$

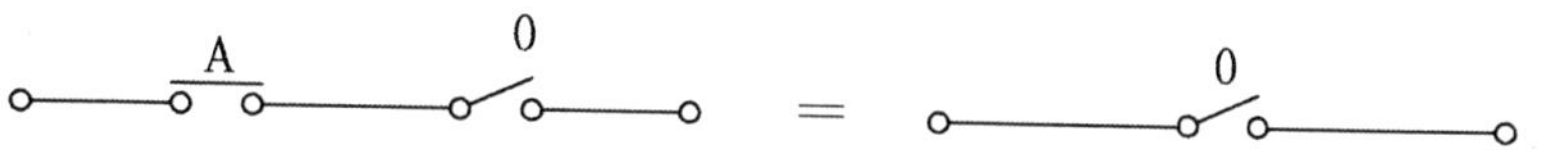

$A+A \cdot B=A \cdot (1+B)=A$

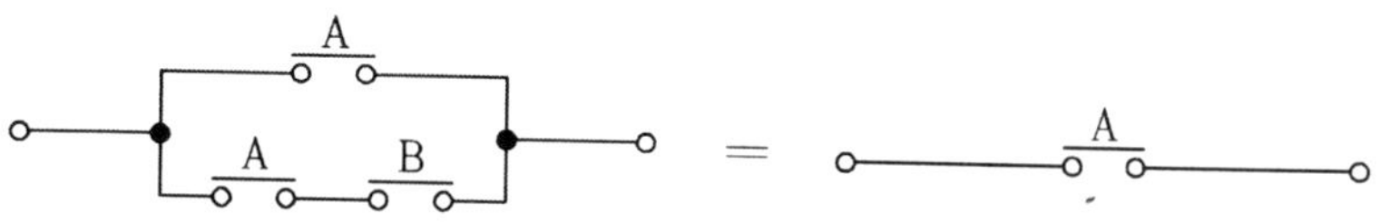

$A \cdot (A+B)=A \cdot A+A \cdot B=A+A \cdot B=A$

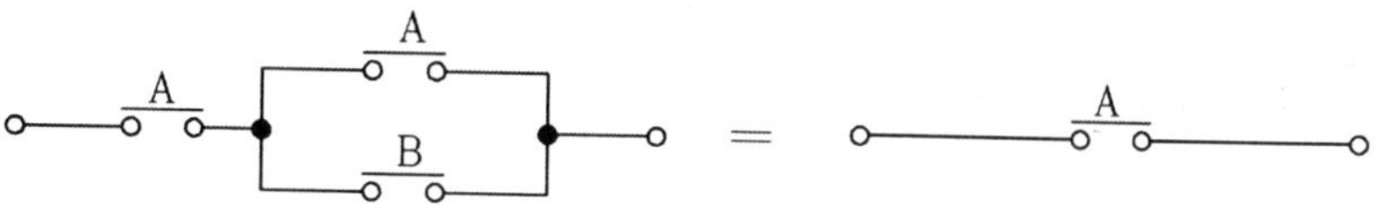

그림 11-16

(바) 부정의 법칙

$$\left.\begin{array}{l} A+\overline{A}=1 \\ A\cdot\overline{A}=0 \\ A=\overline{\overline{A}} \end{array}\right\} \qquad (11\text{-}16)$$

$A+\overline{A}=1$

$A\cdot\overline{A}=0$

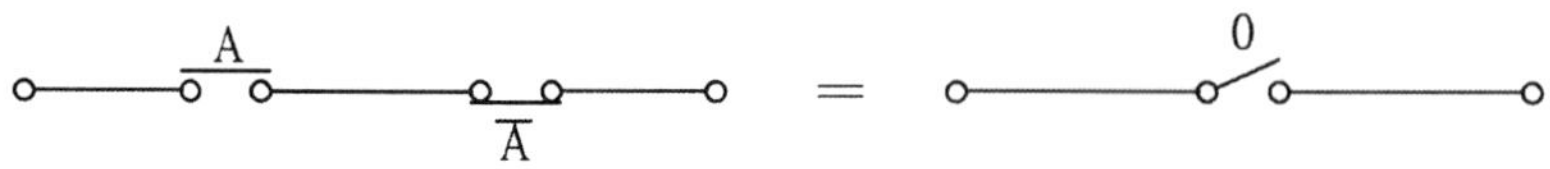

$A=\overline{\overline{A}}$

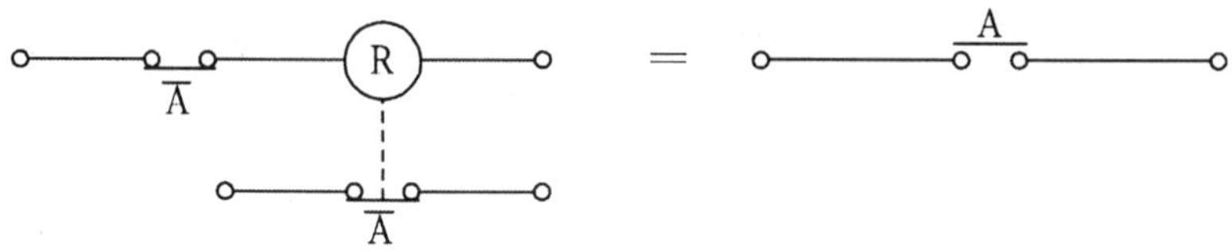

그림 11-17

11.4.2 드 모르간 정리

① 쌍대(duality)의 원리 : 논리대수의 식에서 0과 1, +와 ·를 동시에 교환한 식은 반드시 성립한다.

$$\left.\begin{array}{l} \overline{A+B}=\overline{A}\cdot\overline{B} \\ \overline{A\cdot B}=\overline{A}+\overline{B} \end{array}\right\} \qquad (11\text{-}17)$$

$\overline{A+B}=\overline{A}\cdot\overline{B}$

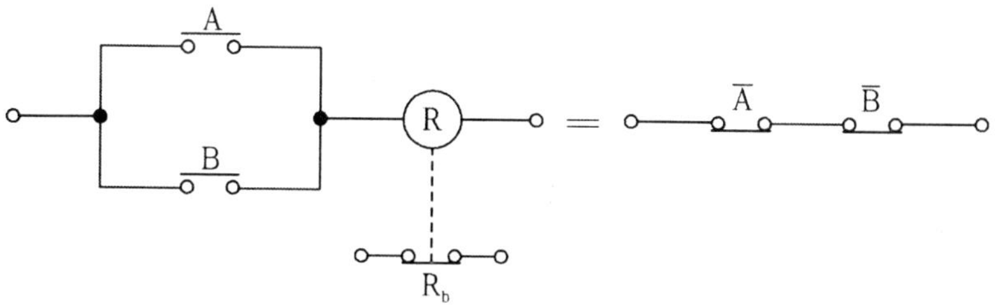

$\overline{A\cdot B}=\overline{A}+\overline{B}$

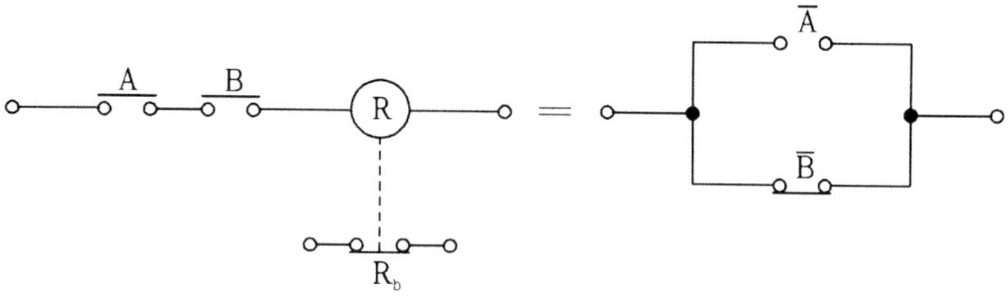

그림 11-18

② 일반화 된 드 모르간의 정리

$$\left.\begin{aligned}\overline{(X_1+X_2+X_3\cdots X_n)}&=\overline{X_1}\cdot\overline{X_2}\cdot\overline{X_3}\cdots\overline{X_n}\\\overline{(X_1\cdot X_2\cdot X_3\cdots X_n)}&=\overline{X_1}+\overline{X_2}+\overline{X_3}\cdots+\overline{X_n}\end{aligned}\right\}\qquad(11\text{-}18)$$

이것은 논리합(OR)과 논리적(AND)이 완전히 독립되어 성립하는 것이 아니라 부정(NOT)을 조합시켜서 상호 교환이 가능하며, 부정과 논리합 또는 부정과 논리적의 그 어느 조합만으로, 모든 논리를 구성할 수 있다는 것을 의미하며 논리적 결합의 구성상 필수적인 성질이다.

예제 논리식 $L=\overline{x}\cdot y+\overline{x}\cdot\overline{y}$를 간단히 하라.

풀이 $L=\overline{x}\cdot\overline{y}+\overline{x}\cdot y=\overline{x}(y+\overline{y})=\overline{x}$

예제 논리식 $L=\overline{x}\cdot\overline{y}\cdot\overline{z}+\overline{x}\cdot\overline{y}\cdot z+\overline{x}\cdot y\cdot z+\overline{x}\cdot y\cdot\overline{z}$를 간단히 하라.

풀이 변수 x, y, z에 대하여 분배법칙을 적용하면

$L=\overline{x}\cdot\overline{y}\cdot\overline{z}+\overline{x}\cdot\overline{y}\cdot z+\overline{x}\cdot y\cdot\overline{z}$

$=\overline{x}\cdot(\overline{y}\cdot\overline{z}+\overline{y}\cdot z+y\cdot z+y\cdot\overline{z})$

$$= \bar{x} \cdot [\bar{y} \cdot (\bar{z} + z) + y \cdot (z + \bar{z})] = \bar{x} \cdot (\bar{y} + y) = \bar{x}$$

예제 그림 11-19와 같은 계전기 회로의 논리식을 구하라.

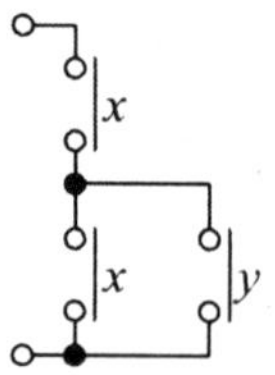

그림 11-19

풀이 x와 y는 병렬이므로 OR 회로 $(x+y)$이고, 이것과 x가 직렬이므로 AND 회로이다. 따라서 논리식은 $x \cdot (x+y)$가 된다.

예제 그림 11-20과 같은 회로의 논리계에서 출력 y를 구하라.

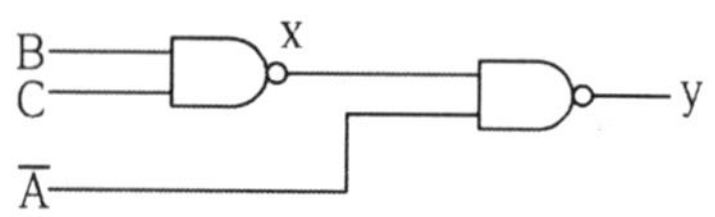

그림 11-20

풀이 드 모르간의 정리에 의해서

$x = \overline{(B \cdot C)} = \overline{B} + \overline{C}$ 가 된다 따라서 출력

$y = \overline{(x \cdot \overline{A})} = \overline{(\overline{B} + \overline{C})\overline{A}} = B \cdot C + A$

11.5 시퀀스제어 기본회로

11.5.1 자기유지 회로

외부로부터의 신호를 일시적으로 기억하는 회로를 자기유지 회로라 하며 기억회로라고도 한다.

정지 우선 자기유지 회로와 기동 우선 자기유지 회로가 있는데 일반적으로 정지 우선 자기유지 회로를 많이 사용한다.

(가) 정지 우선 자기유지 회로

① 평상시는 ST(Pb)과 릴레이 R의 a접점이 열려있어 릴레이 코일에는 전원이 인가되지 않는다.(무여자).

② ST 버튼 스위치를 누르면 화살표와 같이 회로가 구성되어 릴레이 코일 Ry에 전류가 흐르게 된다.(여자)

릴레이 Ry가 여자되면 ST 푸시버튼과 병렬로 접속되어 있는 a접점이 붙는다.

③ 전류는 릴레이 코일로 흐르게 된다.(코일은 여자 상태를 유지).

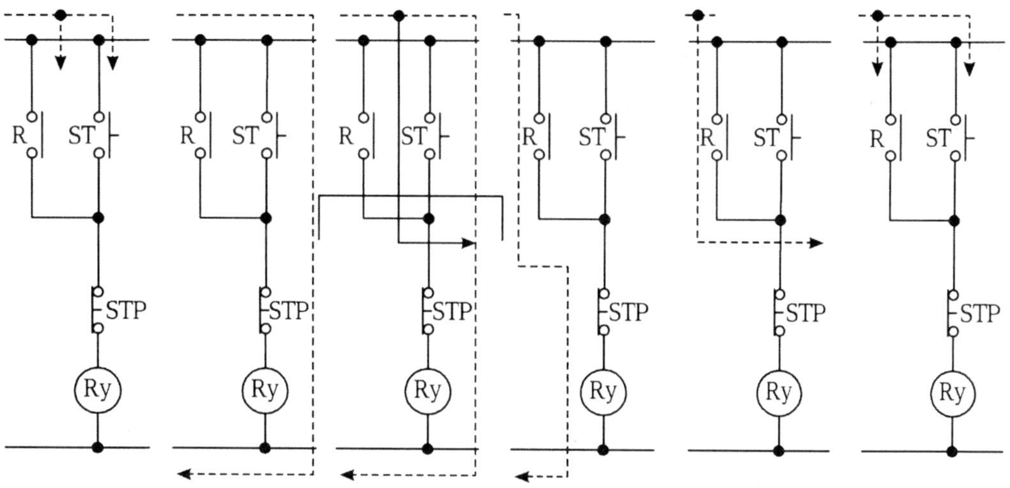

그림 11-21 자기유지 회로의 동작

ST 버튼 스위치를 OFF하여 스위치를 복귀 시켜도 전류는 계속하여 a접점 쪽으로 흘러 코일을 여자시켜 주고 또 코일이 여자되어 있으므로 a접점은 계속하여 붙어 있게 된다.

즉 ST 버튼 스위치와 병렬로 연결된 a접점은 코일 Ry의 여자상태를 계속 유지하는 자기유지 회로이다.

④ 자기유지 상태를 해제하려면 자기유지 회로와 릴레이 코일의 중간에 있는 STP 푸시버튼을 ON하여 코일에 흐르는 전류를 차단시켜 주면 코일이 무여자 상태가 된다.

⑤ 자기유지 접점이 원위치로 복귀되고 STP 푸시버튼 스위치 회로가 연결된다 하여도 자기유지 접점이 이미 OFF되어 있어 릴레이 코일은 무여자 상태가 된다.

ST 스위치와 STP 스위치를 동시에 누르면 릴레이 코일 Ry는 무여자 상태가 되는 자기유지 회로를 정지 우선 자기유지 회로라 한다.

(나) 기동 우선 자기유지 회로

ST 푸시버튼을 누르면 릴레이 Ry가 여자되고 릴레이가 여자되면 릴레이 Ry의 a접점이 붙어 ST 푸시버튼과 a접점 쪽으로 전류가 같이 흐르게 된다.

ST 푸시버튼에서 손을 떼어 복귀하여도 a접점 쪽으로 전류는 계속 흘러 자기유지회로를 구성하게 된다. 자기유지를 해제하려면 자기유지 접점과 직렬로 접속된 STP 푸시버튼 스위치를 ON한다.

이 회로에서 ST와 STP 푸시버튼 스위치 2개를 동시에 ON하면 여자 상태가 되는 회로를 기동 우선 자기유지 회로라 한다.

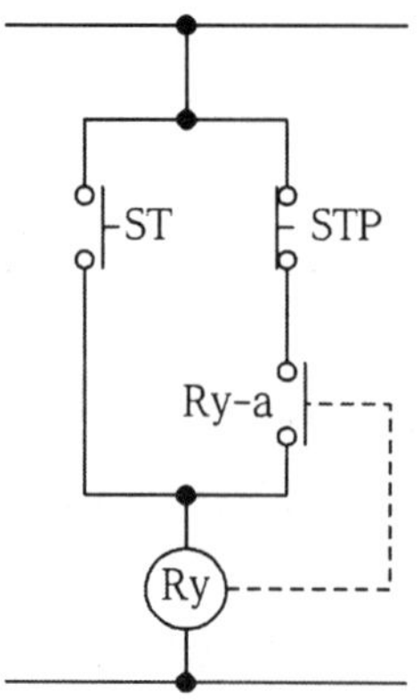

그림 11-22 기동 우선 자기유지 회로

11.5.2 인터록 회로

(가) 선행 우선 회로

여러 개의 입력 중 가장 먼저 들어온 신호를 우선으로 하여 회로가 작동하고 다른 신호는 무시하는 것이다. 그림 11-23에서 3개의 입력 A, B, C 중에서 입력 A 신호가 가장 먼저 들어왔다고 하면 전류는 신호 A-Y_1접점-Z_1접점-코일 X를 통해 흐르므로 코일 X는 여자된다.

코일 X가 여자되므로 코일 Y, Z에 직렬로 연결된 코일 X의 b접점 X_1과 X_2가 각각의 회로를 차단하게 된다.

이 상태에서 입력 신호 B나 C를 눌러도 이미 X의 b접점으로 차단되어 Y, Z는 동작할 수 없게 된다.

가장 먼저 들어온 신호만이 유효하고 나중에 들어오는 신호는 무효가 되는 것을 선행 우선 회로라고 한다.

입력 신호가 2개의 경우일 때 먼저 입력된 신호만이 유효하고 나중에 들어온 신호는 무효가 되며 입력 신호 둘 중에 하나가 동작하면 다른 하나는 동작을 하지 못한다.

두개의 입력 신호 중 반드시 둘 중 하나만이 동작 할 수 있게 하는 회로를 인터록(inter lock)회로라 한다.

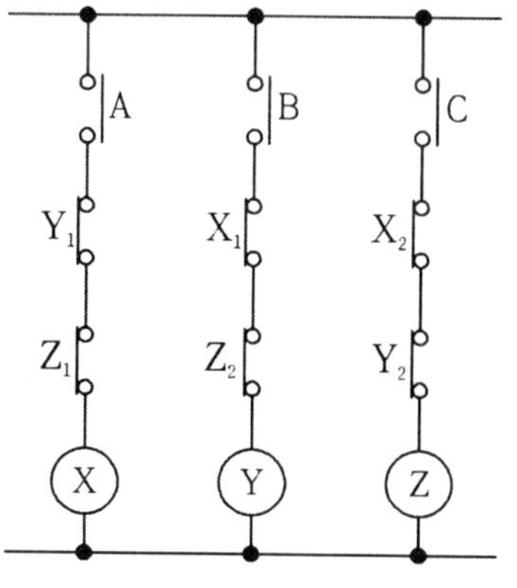

그림 11-23 선행 우선 회로

(나) 후선택 우선 회로

여러 개의 입력 중 가장 늦게 입력된 신호를 우선으로 하며 먼저 입력된 신호가 있으면 그 회로의 동작을 정지시키고 새로운 입력에서만 출력을 내는 것이다. 그림 11-24에서 제일 먼저 입력신호 A가 들어왔다면 코일 X를 여자하여 입력 신호 A와 병렬로 접속된 X_1 접점이 닫혀 자기유지 된다.

신호 A가 없어져도 Y 및 Z의 자기유지 접점과 직렬로 접속된 X_2, X_3 b접점이 Y 및 Z를 차단하고 있다.

그 후 입력신호 C가 입력되면 Z가 여자되어 Z_3의 a접점으로 자기유지 되고 Z_1 b접점으로 코일 X의 자기유지를 해제하여 X는 출력이 OFF된다.

Y 또한 X_2 b접점이 ON 되지만 Z_2로서 차단하고 있어 마지막으로 신호가 입력된 Z만이 출력이 나타난다.

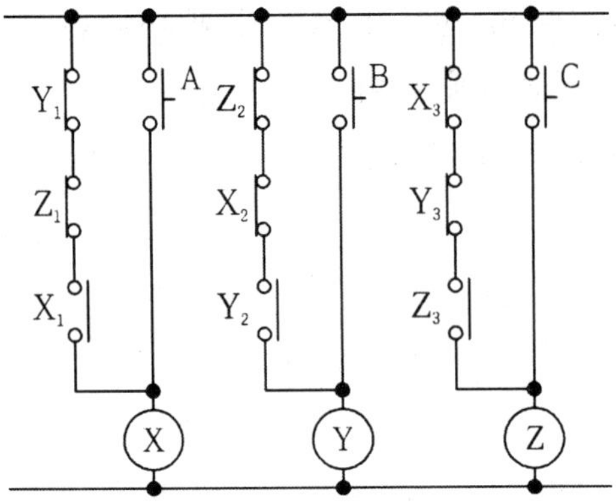

그림 11-24 후선택 우선 회로

11.6 시퀀스 제어 응용 회로

11.6.1 유도전동기의 기동

(가) 1개소 직입기동

전동기에 전원 전압을 인가하여 기동시키는 방법이며 전동기 제어 방법이 간단하다.

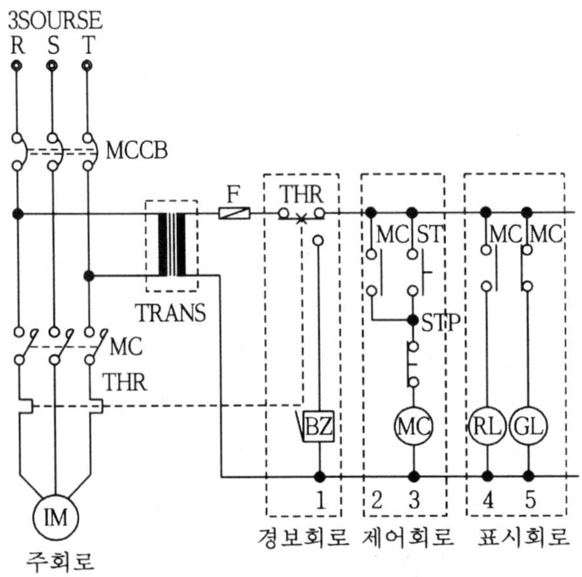

그림 11-25 농형 유도전동기의 1개소 직입 기동

기동시 정격 전류의 4~9배의 전류가 흐르기 때문에 큰 전동기에는 사용되지 않으며 5[kW] 이하의 소형 전동기에 많이 사용된다.

기동 시간이 길어질 경우 과열이 발생될 수 있으며 다음과 같이 삼상 유도전동기를 연결하여 사용한다.

점선으로 표시된 부분의 380[V]/220[V] 트랜스는 전원 전압이 220[V] 이상의 경우에 해당된다.

(나) 리액터 기동회로

유도전동기에 전전압을 인가하여 기동할 경우 기동전류는 정격전류의 4~9배 정도의 기동 전류가 흐른다.

기동 전류 제한 용도로 리액터 기동법을 사용하며 농형 유도전동기의 1차 권선(고정자 권선)에 직렬로 철심이 든 리액터를 연결하여 기동함으로서 리액터의 전압강하 나머지 전압만 농형 유도전동기의 고정자 권선에 인가되어 기동하고 기동 후 리액터를 분리하여 전전압으로 운전하는 일종의 감압 기동방식이며 고압 전동기의 기동 방식으로 많이 사용된다.

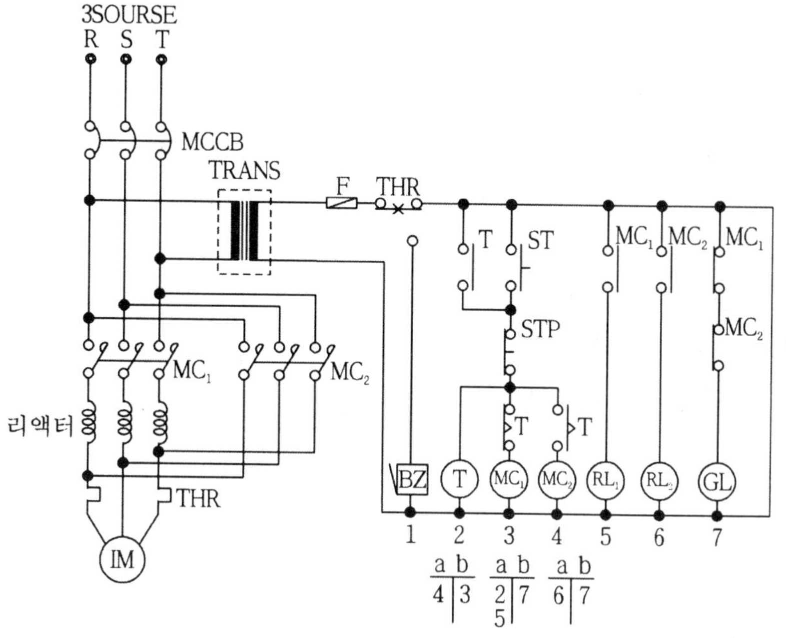

그림 11-26 리액터 기동회로

11.6.2 3상 유도전동기 운전

(가) 촌동 회로

조그(Jog), 인칭(Inching)회로라고 하며 전동기를 운전하는데 기동 스위치를 ON하여 자기유지시키고 계속 운전하다 정지시키는 것이 아니고 별도의 푸시버튼 스위치를 두어 이 스위치를 ON하고 있는 동안만 운전되는 것을 촌동 운전이라 한다.

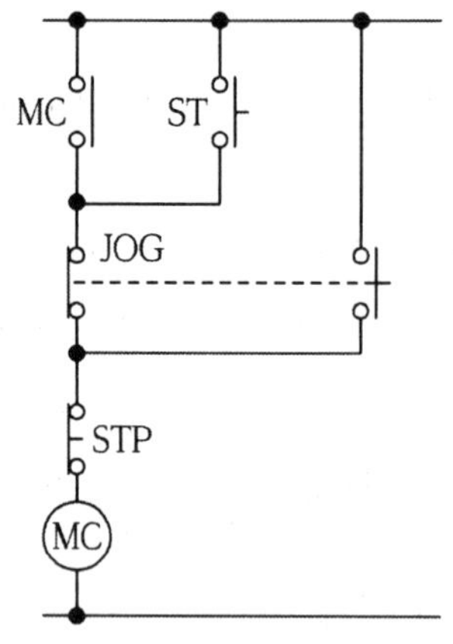

그림 11-27 촌동 운전 회로

그림 11-27에서 1a 1b 푸시버튼 스위치를 b접점은 자기 유지를 해제하기 위한 목적으로 또 a접점은 자기유지 회로와는 관계없이 MC로의 전류 통로를 구성한다. b접점이 없는 푸시버튼 스위치를 사용하면 전동기의 운전 중에는 촌동 운전을 할 수 없으며 또한 정지시에는 촌동용 a접점을 누름으로서 MC의 a접점으로 자기 유지되어 촌동 운전이 되지 않는다.

촌동 운전은 선반에서 테이블의 미세(微細)이동, 바이트의 미세 이동 등 공작기계의 미세 위치 조정에 적합하며 호이스트 운전에 적합한 운전회로이다.

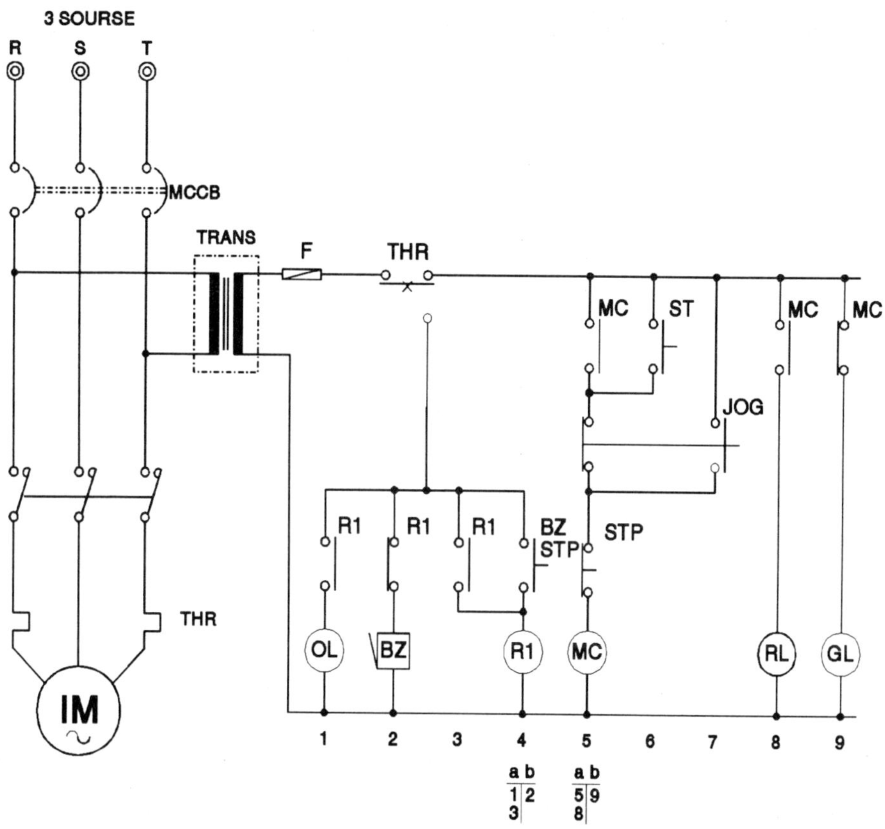

그림 11-28 촌동 운전 회로

(나) 정·역 운전회로

삼상 유도전동기를 정회전 운전으로부터 역회전 운전으로 전환하자면 전동기를 일단 정지시키고 전동기에 공급되는 3선중 2선을 서로 바꾸어 전원을 공급하면 유도전동기는 역회전하게 된다.

그림 11-29는 두 개의 전자 접촉기를 이용하여 전동기에 공급되는 전압 상을 변경하는 기본적인 회로이다.

그림에서 MCF는 정회전용 전자 접촉기이고 MCR은 역회전용 전자 접촉기이다. 정회전용 전자 접촉기 MCF가 여자되면 전원의 R상은 전동기의 U단자에, S상은 V단자에 T상은 W단자에 접속되어 정회전 운전을 한다.

역회전 전자접촉기 MCR이 여자되면 R상은 W단자에 T상은 U단자에, S상은 그대로 V단자에 접속되어 R상과 T상의 전원이 변경되어 역회전 한다.

제어 회로에서는 전자 접촉기 MCF와 MCR이 동시에 여자되면 주회로에 단락이 발생되어 2개의 전자 접촉기는 인터록(Inter lock)으로 동시에 여자되지 않아야 한다.

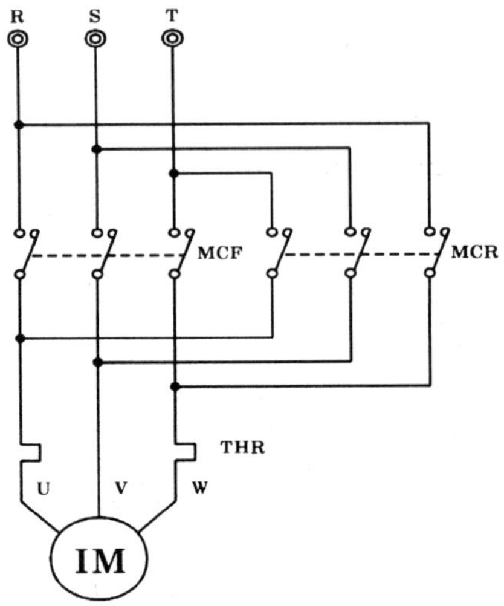

그림 11-29 유도전동기 정 · 역 운전

전동기의 과부하에 대해서는 정회전, 역회전 운전이 똑같은 조건이므로 열동형 과부하 계전기는 전동기 바로 앞에 1개만을 설치하여 정회전 운전이나 역회전 운전시에 부하 전류가 흐르게 한다.

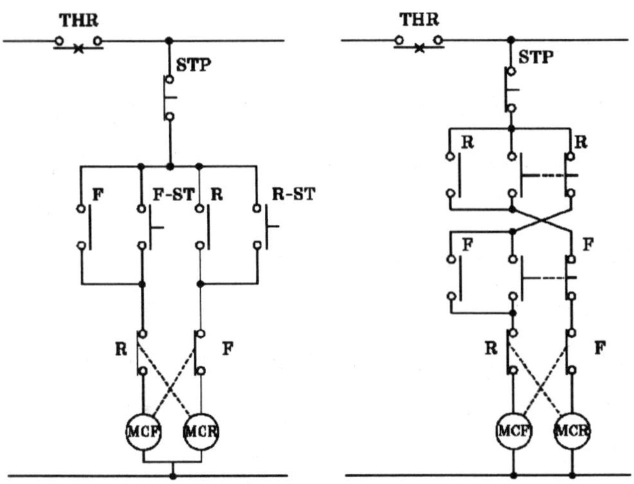

그림 11-30 유도전동기 정 · 역 제어회로

(다) Y-Δ 기동회로

기동시에는 고정자 권선을 Y결선 기동하고 운전속도에 가까워지면 개폐기를 Δ결선으로 접속을 변경한다. 고정자 각 상의 권선에는 정격 전압의 $1/\sqrt{3}$의 전압이 인가되어 기동 전류가 Δ결선으로 기동할 때의 1/3이 되므로 기동전류는 전 부하 전류의 200~250[%] 정도로 제한되며 토크는 전압의 제곱에 비례하므로 기동 토크는 1/3로 감소된다.

Y-Δ 기동법에는 3전자 접촉기법과 2전자 접촉기법이 있으며 Y결선용 접촉기의 용량은 Δ보다 낮은 것을 사용할 수 있다.

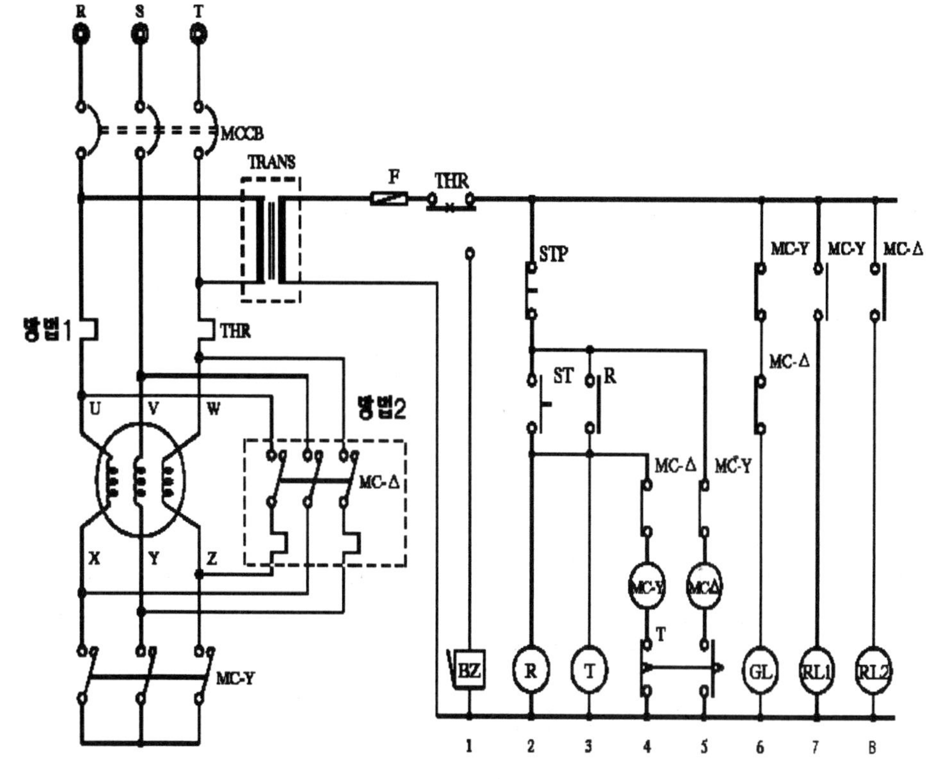

그림 11-31 Y-Δ 기동회로

연 습 문 제

1. 논리식 $X=\overline{AB}C+A\overline{BC}+A\overline{B}C$를 간단히 하라.

2. 그림 11-32와 같은 계전기 접점 회로의 논리식을 구하라.

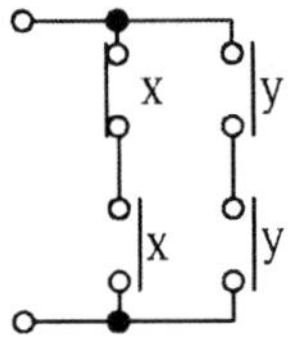

그림 11-32

3. 그림 11-33과 같은 계전기 회로의 논리식을 구하라.

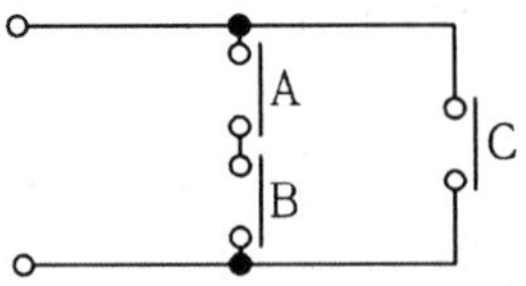

그림 11-33

4. 그림 11-34와 같은 회로에서 A=1, B=1인 입력에 대한 출력 x, y를 구하라.

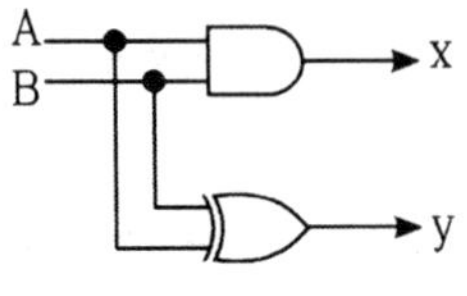

그림 11-34

5. 그림 11-35와 같은 회로의 출력 Y를 구하라.

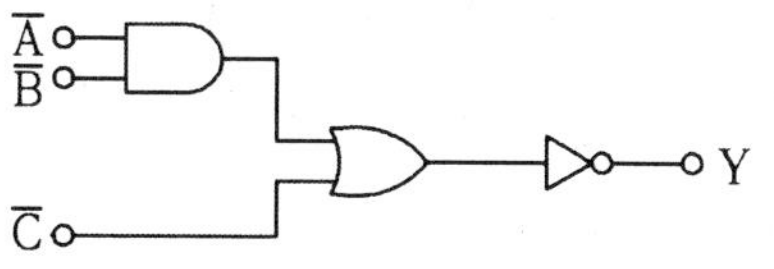

그림 11-35

6. 그림 11-36과 같은 논리회로의 출력 Y를 구하라.

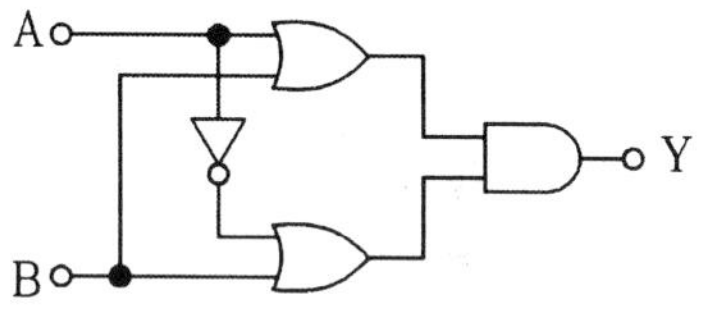

그림 11-36

7. 그림 11-37과 같은 회로에서 출력 Y를 구하라.

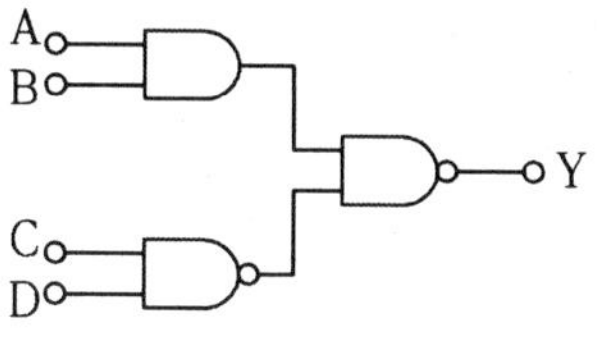

그림 11-37

8. 그림 11-38과 같은 논리회로의 출력 Y를 구하라.

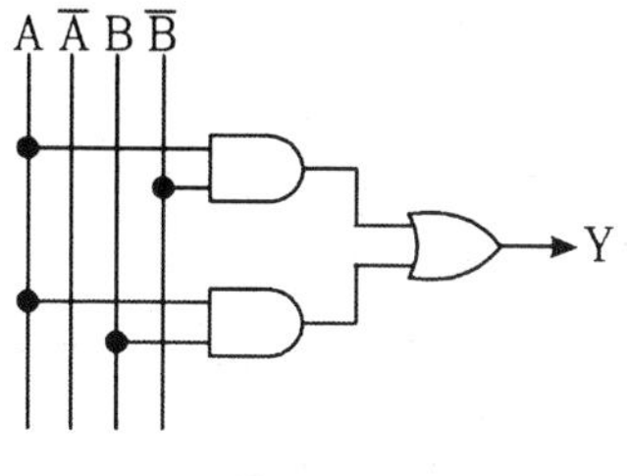

그림 11-38

9. 그림 11-39와 같은 논리회로에서 출력 D를 구하라.

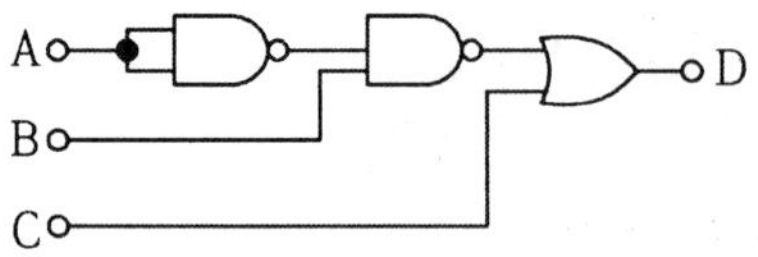

그림 11-39

10. 그림 11-40과 같은 게이트의 명칭은 무엇인가?

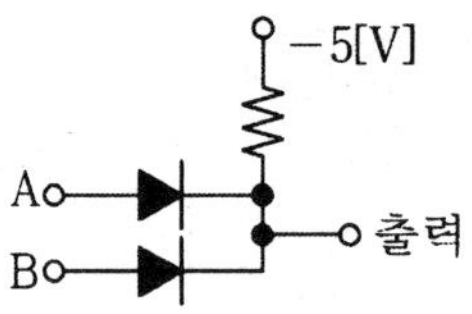

그림 11-40

11. 그림 11-41과 같은 회로는 어떠한 게이트의 회로인가?

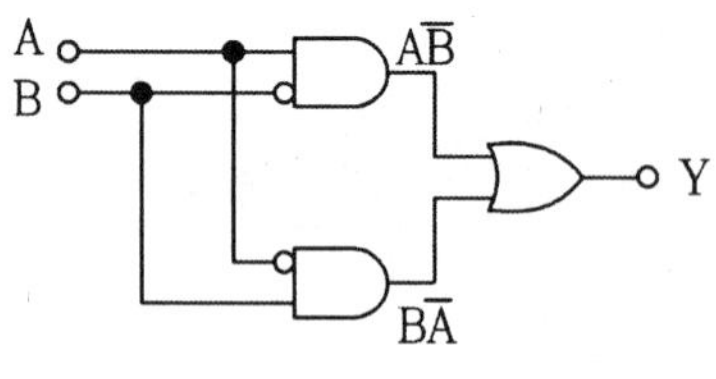

그림 11-41

12. 그림 11-42와 같은 논리회로에서 3개의 입력 단자에 각각 1의 입력이 인가될 때 출력 단자 A와 B에는 어떠한 출력이 나타나는가?

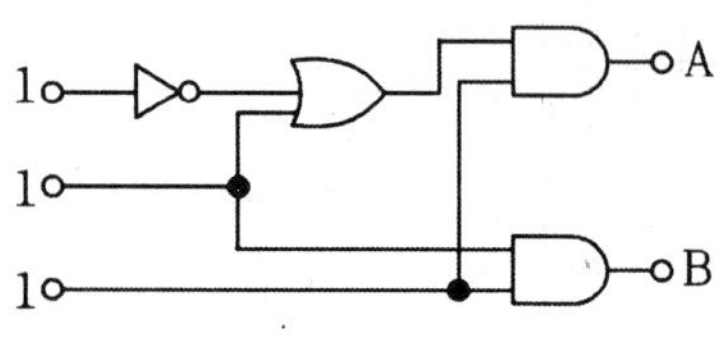

그림 11-42

13. 그림 11-43과 같은 기동 우선 자기유지회로에 대한 논리식과 로직 회로를 구성하라.

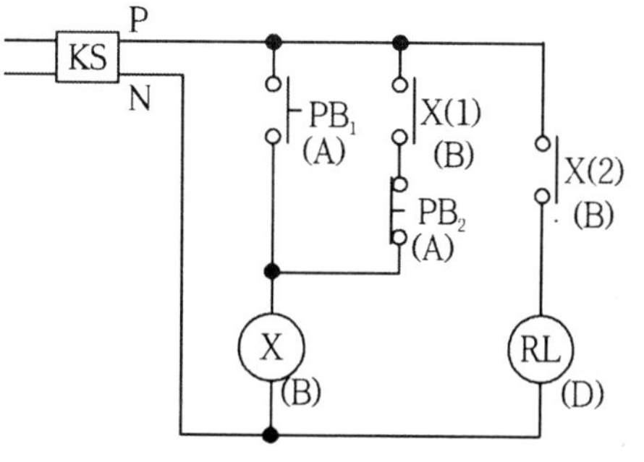

그림 11-43

14. 그림 11-44와 같은 배타적 논리합 회로에 대하여 논리회로를 그리고 논리식을 구하라.

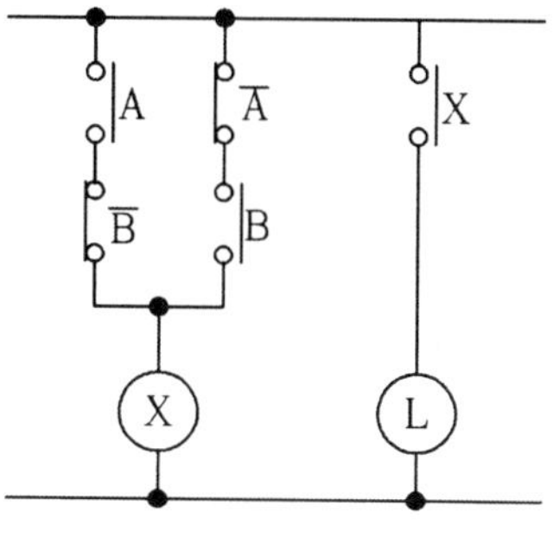

그림 11-44

15. 그림 11-45와 같은 회로에서 출력 C_0와 S를 구하라.

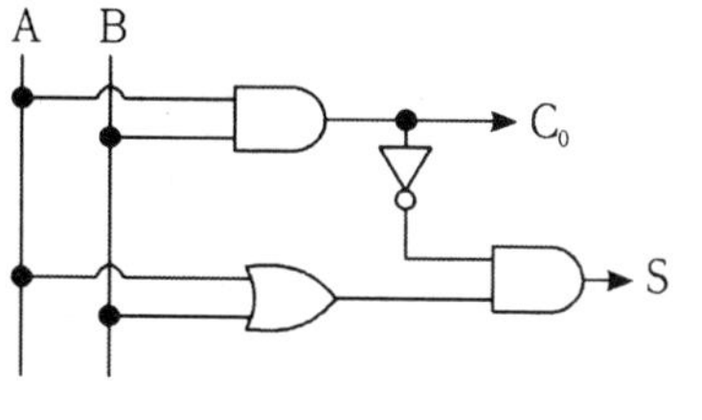

그림 11-45

연습문제 해답

1. $X = \overline{AB}C + A\overline{BC} + A\overline{B}C = \overline{B}(\overline{A}C + A\overline{C} + AC)$

$= \overline{B}(\overline{A} + A(\overline{C} + C)) = \overline{B}(\overline{A}C + A)$

$= \overline{B}(\overline{A + A})(A + C) = \overline{B}(A + C)$

2. $\overline{x}$와 y가 AND 되며 x와 $\overline{y}$가 AND 되어 전체가 OR 되었다. 따라서 $(\overline{x} + y) \cdot (x + \overline{y})$가 된다.

3. A와 B가 직렬, 그리고 C와 병렬, 따라서 $A \cdot B + C$가 된다.

4. x는 AND 조건, y는 Exclusive OR 조건을 만족하여야 한다. 그러므로 $x = 1$, $y = 1$

5. $Y = \overline{\overline{AB} + \overline{C}} = \overline{\overline{AB}} \cdot \overline{\overline{C}} + (\overline{\overline{A}} + \overline{\overline{B}})C = (A + B)C$

6. $Y = (A + B)(\overline{A} + B) = A \cdot \overline{A} + \overline{A} \cdot B + A \cdot B + B \cdot B$

$= B(\overline{A} + A) + B = B + B = B$

7. $AB + CD$

8. $Y = A \cdot \overline{B} + A \cdot B = A(\overline{B} + B) = A$

9. $D = \overline{\overline{A \cdot B} \cdot B + C} = (\overline{\overline{AA}} + \overline{B}) + C$

$= (AA + \overline{B}) + C = (A + B) + C$

10. OR 게이트

11. $Y = A\overline{B} + \overline{A}B$이므로 Exclusive OR 회로이다.

12. $A = 1$, $B = 1$

13. 논리식 $X = PB_1 + X_1 + X_1 \cdot \overline{PB_2}$

로직 회로를 구하면 그림 11-46과 같이 된다.

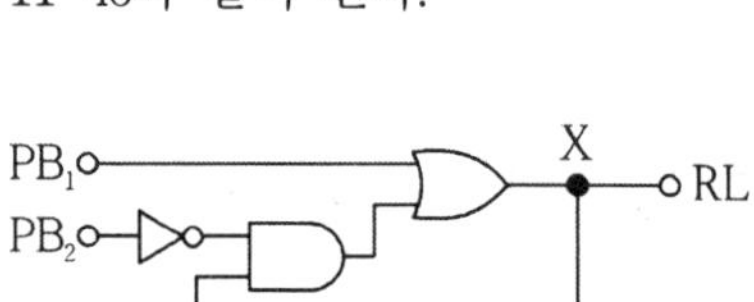

그림 11-46

14. 논리식 $X = A\overline{B} + \overline{A}B$

논리회로

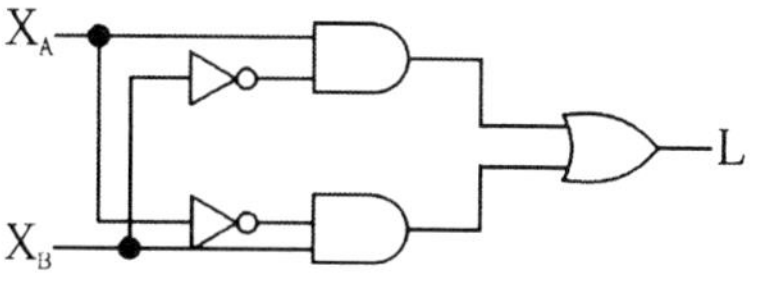

그림 11-47

15. $C_0 = AB$

$$S = \overline{AB}(A+B) = (\overline{A}+\overline{B})(A+B) = \overline{A}B + A\overline{B}$$

제어공학

2025. 2. 5 인쇄
2025. 2. 10 발행

저 자 : 김상길 저
발행자 : 이진권
발행처 : 도서출판 **태영문화사**

주 소 : 서울특별시 강서구 초원로 38
전 화 : 2661-8751
F A X : 2661-8798
등 록 : 1998년 11월 12일 제 2-2682호

판권 소유

정가 20,000원

ISBN 978-89-6354-271-3